JN223730

＜金沢大学人間社会研究叢書＞

ローカルな伝統食の消費，認識，その変容

北陸・魚食の「見える化」事例から

林 紀代美 ［著］

丸善出版

目　次

はじめに
地域の人々の食行動・認識に注目してみよう……………………………… 1

第Ⅰ部　石川県の事例から①
　　　　日常の食にみる地域のひろがりと活用上の課題

第Ⅰ部で注目すること……………………………………………………… 15

第Ⅰ部1章　海藻・魚醤油の利用からみた「能登地域」のひろがり………… 17
　1．はじめに……………………………………………………………… 17
　2．調査方法……………………………………………………………… 18
　3．取り上げる食材の概観……………………………………………… 19
　4．海藻類の利用状況と地域のひろがり，世代別の利用傾向…………… 23
　5．魚醤油の利用状況と地域のひろがり，世代別の利用傾向…………… 33
　6．おわりに　―地域資源の持続的利用にむけて―………………… 38

第Ⅰ部2章　献立の消費や評価，その変容
　　　　　　　―奥能登の「なれずし」の事例―……………………… 57
　1．はじめに……………………………………………………………… 57
　2．調査方法……………………………………………………………… 59
　3．アンケート調査からみえること…………………………………… 59
　4．おわりに　―なれずしの継承の今後と課題―………………… 72

コラム①　奥能登での市場を介さない食品のやり取りの実態と人々の認識… 77
　1．はじめに……………………………………………………………… 77
　2．市場を介さない食品のやり取りに関するアンケート結果…………… 77
　3．おわりに……………………………………………………………… 86

コラム②　白山市における発酵調味料の販売・消費とその課題……………… 88
　1．はじめに……………………………………………………………… 88
　2．調査方法……………………………………………………………… 89
　3．発酵調味料の購入・消費の現状…………………………………… 90

　　4．スーパーマーケット等での味噌・醤油・酢の販売状況······················95
　　5．学校給食での白山市産発酵調味料の利用状況··························97
　　6．おわりに··99

第Ⅱ部　富山県から他地域へ
　　　　食材の移動，魚食習慣の地域差とその変容

第Ⅱ部で注目すること··103

第Ⅱ部1章　飛騨地域におけるブリ・サケ消費と年取魚ブリへの認識·······105
　　1．はじめに···105
　　2．調査方法···105
　　3．日常の食事でのブリ・サケ消費の動向····························106
　　4．現在の年取りでのブリの利用，販売の状況························111

第Ⅱ部2章　木曽・伊那地域の年取りでのブリ食の実態と認識··············126
　　1．はじめに···126
　　2．現在の年取魚ブリの販売状況····································127
　　3．現在の年取魚ブリの消費状況····································127

第Ⅱ部3章　両地域の考察結果からみえること····························139

第Ⅲ部　石川県の事例から②
　　　　ハレの日の食にみる地域資源の活用，献立の変容

第Ⅲ部で注目すること··147

第Ⅲ部1章　「キリコ祭り」での会食の特徴・機能と人々の認識············151
　　1．はじめに···151
　　2．調査方法···153
　　3．アンケート結果からみえるキリコ祭りでの会食の実態··············154

第Ⅲ部2章　「ほうらい祭り」での会食の特徴・機能と人々の認識··········172
　　1．はじめに···172
　　2．調査方法···174

　　３．アンケート結果からみえるほうらい祭りでの会食の実態……………… 174

第Ⅲ部３章　両地域の考察結果からみえること………………………………… 191

コラム③　葬儀の会食の実施状況と変化…………………………………………… 196

コラム④　地域らしい，あるいは伝統的とされる食と令和６年（2024 年）
　　　　　能登半島地震…………………………………………………………… 203

第Ⅳ部　福井県の事例から
　　　　地域らしい，あるいは伝統的とされる食の販売と消費

第Ⅳ部で注目すること………………………………………………………………… 213

第Ⅳ部１章　奥越地域における半夏生鯖の販売・消費実態と発揮される役割
　　　………………………………………………………………………………… 215
　　１．はじめに…………………………………………………………………… 215
　　２．奥越地域における半夏生鯖の販売状況………………………………… 216
　　３．アンケート調査の結果…………………………………………………… 218
　　４．おわりに…………………………………………………………………… 231

コラム⑤　各地の鯖料理の継承・価値創造　―伝統と変容―………………… 235
　　１．はじめに…………………………………………………………………… 235
　　２．福井県のサバ水揚げ，加工と「サバつながり」の地域……………… 235
　　３．サバを糠に漬ける………………………………………………………… 237
　　４．かたちをかえることで…………………………………………………… 240

結びにあたり
　　地域らしい・伝統的とされる食の変容と継承……………………………… 245

参考文献………………………………………………………………………………… 271
索　引…………………………………………………………………………………… 283

地域の人々の食行動・認識に注目してみよう

　2019 年年末から猛威を振るった新型コロナウイルス感染症（COVID-19）の流行は，我々の食の環境，行動，質にも影響を与えた．食事前のアルコール消毒，黙食の推奨，アクリルボード越しの食事風景の日常化，外食や酒宴の自粛，バイキング形式での食事提供の減少，テイクアウト・お取り寄せの利用増加やそれに対応する献立・販売方法の開発と容器廃棄の増加，食事提供・配達に関わる新業態の出現・普及，買い物に出られなくなった時のセーフネットの必要性，飲食・宿泊業に対する経済対策の実施，食事行為が有する多面的機能への気づきなど，その内容や経験については人それぞれいくつも挙げることができるだろう．

　外食や遠方への旅行の減少，「おうち時間」増加のなかで，日常の食事や地域ならではの食品，伝統的な献立などに改めて目を向けるきっかけが得られたり，時間や手間をかけてそれらを手にして調理，消費を試みたりした，という人もあるだろう．観光振興策の県民割，飲食クーポンなどを活用して，これまでは知っていても手を出したことがなかった地元の食を経験するチャンスを得た，という人もあるかもしれない．オンラインでの学びの機会も現れ，不便さ，もどかしさもあるが，そこに地域内外から参加者が集まり好評を博している[1]．筆者の例だが，近隣（福井県）の美術館で開催された発酵食品に関する展覧会[2]に密を避けて出かけた．若年層も含む，多くの来館者があり，各地の食との出会いを楽しんでいるようすが見受けられた．これら多様な場や方法による接点の開発・提供が，地域内外の人々の食への理解をうながし，実際に作る，食べる行為に結びつく可能性もある．人々が何らか興味を抱き，魅力を感じ，経験したいものととらえているからこそ，（変則的なかたちでも）これら試みが成立し，活況を呈するのであって，この点も興味深い．グローバルな食品，全国的に利用がある食品の大規模流通・消費，その商品開発の場面だけでなく，各地の地域らしいあるいは伝統的とされる食品・献立とその食文化の利活用でも，人々が食に接近する目的・期待，評価観点は，QOL，コト消費，SDGs・エシカル消費，地域再認識など多様化している．

　他方，COVID-19 の流行下（コロナ禍）では，感染対策の徹底のため各種イベント，地域の祭り・仏事が中止になったり，あるいは実施方法・規模が変わることもあった．これにより，食品・献立の調理・消費機会，継承機会を失う，提供方法

や献立の内容などを変えざるを得ないケースが各地で多々みられた．食生活の変化や観光需要の縮小により，地域ならではの食品・献立を製造，提供する中小零細企業の経営が苦境に立たされた例も，各地で多数報道された．この間，一時芽生えた関心や挑戦で，昔ながらの，地域ならではの食品・献立を手にした人々もあっただろう．しかし，それら食品・献立には，食の簡便化，製造の効率化に対応しきれないもの，コストパフォーマンスの低いものなど，人々（とくに若年層）からの支持が得られにくい特性をもつものも多い．そのため，それら食品・献立の利用がコロナ禍終焉後も継続，定着するとは限らない．

　地域らしいあるいは伝統的とされる食品・献立，それを取り巻く環境は，この数年間の状況から正負両面の効果・影響を受けたことに疑いはない．そのなかで，自他の地域の食，昔から用いられてきた食に，一人ひとりが改めて向き合い，それらが持つ良さ，機能などを再評価するチャンスを（強制的，消極的であったかもしれないが）得たこと，地域内外の関係者が新しい切り口，方法で（再）資源化を試みる機会となったことは，後に振り返るとコロナ禍での貴重で意義のある収穫であったといえるかもしれない．さらに，ロシアによるウクライナへの侵攻行為の発生と世界的な経済状況の変化，頻発する災害などを契機として，（大規模流通による）食料調達が容易でなくなったときに身近な地域の食のよさ，果たせる役割などを改めて実感し，考える人もあるかもしれない．もちろん，COVID-19 の流行拡大などの問題発生以前から，高度経済成長期を経て現在に至るまで私たちの食には多様な変化，それにより生じた課題がみられた（秋谷・吉田 1988；井上忠司・サントリー不易流行研究所 1993；奥村 1996；矢野 2007；石毛 2009・2015；岩田 2009；江原ほか 2009；横山ほか 2013；山田 2014；品田ほか 2015；林 2015）．これと同時に，昔から用いられてきた地域ならではの食への人々の関心喚起，利用拡大のための試行錯誤も，各地で試みられてきた（水谷ほか 2005；中村 2008；若林 2008・2021；村上 2009；内藤・佐藤 2010；中村均司 2012；橋爪ほか 2015；阿部・林 2017；中村 亮 2018；河原 2019）．これらは，今後の食のあり様，食が発揮する機能，それらの持続可能性を考えるうえで興味深い事象である．

　筆者が先に上梓した『魚食と日本人』（古今書院：2015 年）では，日本市場で扱われる水産物に関わる海外産地の形成，全国で流通，消費される水産物・水産献立に関する流通構造や販売展開とそれらの変化，社会状況や活動条件の変化に即して創造される新しい水産製品や食行為・場面に注目した．これにより，取り上げた水産業・水産物に関わる地域が果たしうる役割，流通上の位置づけ，そして食を通じて結びつく地域の広がりとその構造，関係地域の抱える課題の可視化（「見える化」）を試みた．あわせて，それら水産物・水産献立を生産・流通させる関係者・地域と消費する人々とのあいだでのよりよい関係構築にむけ，相互理解の重要性，

働きかけ・場づくりの工夫にも目を向けた．詳細は林（2015）に譲るが，地域の食の風景，構造に目を向けることで，当該地域らしさ，地域が抱える課題，人々の食への志向とその背景，資源と人，社会とのかかわりを垣間見る魅力，意義を例示できた．

　しかし，水産物の消費・活用実態とその変容や，人々が食に対して抱いている認識の考察は前書では充分手が届かず，残された課題であった．前書の事例でも，高度経済成長期以降，地域外の事情・影響を受けて資源利用の方法，内容，発揮される役割・価値が変わっていく様も確認された．ただし，広範な流通・消費がなされる品，それに関わる地域，活動の扱いが主で，比較的狭い地域で長きにわたり利活用されてきた食品・献立に関する調査は充分取り組めなかった．そもそも，消費・認識の実態考察は，対象となり得る地域や食材・献立が多岐にわたること，多くの消費者から網羅的・継続的に情報を得難いことから，地理学だけでなく関係分野での従前の研究において手薄な領域で，事例の多様性に限りのある研究課題であった．

　高度経済成長期の著しい食生活の変化を経験してきた団塊世代も後期高齢者となった．彼らが親世代で，昔ながらの地域の食文化をうまく使いこなせていないと折々批判の的となる団塊 Jr. 世代である筆者としては，激しい食の変化のなかで親世代は昔から用いられてきた地域らしい食とどう付き合ってきたか，どのような考えを抱いているか，それを記録できる時間がもう限られてきていることが気にかかっていた．自分たちの世代とその前後の各世代とのあいだで，消費状況，認識には高い壁があるか，若い世代でも伝統的な食のどのような点なら関心を抱くかも気になっていた．これら知見の収集，継承に，前世紀の食の実経験（とそれに関する比較的明瞭な記憶）がまだある我々世代が関わる意義があると思う．各地で出会う人々は経験的に「ここらでは昔からよく食べてきた」，「地域らしいものだ・地域の伝統だ」，「みんな食べている」と語るが，現在の地域全体でみたときに指摘はどの程度当たっているのか，共有されるのかにも興味があった．食品・献立や食文化は時代や環境が変わるなかでどう変容したか，時代を経ても大きくは変化しない「ぶれない軸」はどのような側面にあるか……も気になった．

　これらを見つめることで，食品・食材の消費・継承環境，地域資源としての食の活用のありようの改善の示唆を得ることができるのではないか．食を通して地域の特性や課題を知ること，地域の魅力・可能性を見出すことにもつながるだろう．足元の地域の営みやローカルな魚食，伝統的な食文化をみつめることは，広範な流通・消費，グローバルな性格を持つ水産物・水産製品，現代的な食品への注目と同様に価値ある，興味深い課題と考える．

　そこで本書では，「各地でみられる地域らしい，伝統的であると人々が指摘する

食品・献立，それに関連，付随してみられる食行動，それらの成立背景である食環境，そしてこれらから形成される食文化」（以下，「地域らしいあるいは伝統的とされる食」と記す）に注目し，消費の現状，質の変容，人々が抱く評価，食が地域に対して発揮する役割・影響を考察する．

「地域らしい食」に関しては，意味や扱いが近い「郷土食」，「郷土料理」や「地元料理」などが対象とする地理的空間の範囲や，それらの意味するところは，個々の研究や扱う食品・献立により多様で，家政学など食に関連ある分野でも統一された定義や指標が存在せず，時代により扱われ方や期待される役割も異なる（矢野 2007；古家 2008・2010；岩田 2009；江原 2009；花輪 2016；村瀬 2020；黒石 2021：湯澤 2022）．「食文化」という用語の定着も比較的新しく，この理解には関係分野の知見の相互活用や総合化が重要とされる（石毛 2009；江原 2009；今田 2018）．この状況を踏まえて本書では，「得られる資源を活用し，あるひろがりに所在する多数の人々が一定期間食すことで，習慣化，一定様式の形成がみられてきた，他地域に比して調理，消費が盛ん，あるいは独自性がある食品・献立，関連する食の行動・環境，これらで構成される食文化」を「地域らしい食」として扱う．

「伝統的な食」も，どの程度の期間をもって「伝統がある」といえるかは，個々の食品・献立の性質や歴史的背景，人々の判断などが影響し，食品・献立，地域，個人間でも扱いに差がある．後章での調査時に回答者に対して，「一般的に伝統的な食品・献立ととらえることができるものは，どの程度以上古い時代からあるものを指すか」とあわせて問うた．その結果，「約 30 年前から」，「親世代のころから」あるものと挙げる者もあれば，「江戸期には用いられていた」ものとする者まで，人々の考える伝統的な食と感じられる時間幅の解釈は割れている．また，文化庁の「100 年フード宣言」[3]でも地域の広がりのなかで二世代以上にわたって継承され現存する食文化を認定対象としているが，江戸時代以前から存在するもの，明治・大正期に生み出されたもの，昭和期以降に登場したものと，認定対象を区分して扱い，定着・継承に関わる時間経過の幅への考慮がみられる．本書では，ここ 50〜100 年で習慣化や様式の形成がみられたような比較的新しいものも含めて，「一定期間継続した利活用が確認された食品・献立や食文化」を「伝統的な食」として注目する．

　考察対象となり得るものは多岐にわたり，全国各地に存在するが，筆者の専門や勤務地との兼ね合いもあり，本書では北陸地方に関わりのある食品・献立，とくに魚食（水産物消費）を中心に扱うことをあらかじめ断っておく．本書での試みを礎として，他の地域，さまざまな食材・献立，食文化に関する事例の考察にも今後取り組んでいこうと思う．

　まず第Ⅰ部では石川県を取り上げ，日常の食で用いられる地域ならではの食材・

献立（海藻類・魚醤油・なれずし）を事例に，それらの消費に関わる地域のひろがりを可視化（「見える化」）し，資源活用上の課題を見出す．関連して，これら食材を含む市場を介さない食品のやり取りに関する実態，地域ならではの味をもち献立形成に欠かせない発酵調味料の販売・利用にみられる特徴と課題にも目を向ける．

　第II部では，1県にとどまらないより広範な地域での食材利用，それによりみられる地域間のつながり，地域差へ目を向ける．事例として，富山県からの食材移動がみられ，現在も習慣が継続する岐阜県飛騨地域（飛騨市・高山市），長野県の中信南部（木曽地域）・南信（伊那地域）での年取りにおけるブリ利用を取り上げる．現在の食材利用の実態，献立に対する認識を把握するほか，販売状況を観察し，伝統的な食の形態・役割の変容に目を向ける．

　第III部では，再び石川県内に目を向け，「ハレの日」の食を取り上げて，地域資源の活用，献立の変容を考察する．能登地域各地で開催されるキリコ祭り，加賀地域の白山市鶴来地区で開催されるほうらい祭りでの会食を事例に，用いられる食材・献立の購入・調理・消費の実態，献立に対する認識を把握する．関連してコラムでは，葬儀での会食に注目する．また，ごく短かいコラムではあるが，第I・III部の内容に関連する記録・覚書として，令和6年能登半島地震による地域らしいあるいは伝統的とされる食にかかわる影響に目を向ける．

　第IV部では，福井県を事例に，地域らしいあるいは伝統的とされる食の販売・消費の実態，その変容，人々の献立・習慣に対する認識，食文化に関わる地域意識に注目する．具体的には，奥越地域の大野市・勝山市でみられる半夏生の日に食される半夏生鯖を取り上げ，アンケート調査，販売現場の観察から考察する．またコラムでは，福井県で利用が盛んなサバ加工品の特徴，活用の工夫に注目し，サバ利用で共通点がみられる隣県の様子にも触れる．

　本書の最後では，各部の事例考察で得た結果，食に関わる諸分野で蓄積されてきた先行研究の指摘・成果，筆者が各地で出会った食の事例をあわせて，地域らしいあるいは伝統的とされる食の変容や継承に関わる構造や課題，取りうる工夫などについて若干だが整理する．

　従前の消費実態をとらえる研究例は，家政系大学・学科の授業履修者，婦人会・食生活改善推進員など比較的食に関心が高い特定の属性，特定・少数の集落・地区関係者を対象とした取り組みが主となっていた．本書では，悉皆調査とはいかないが対象地域内の多様な属性，多くの人々を対象としたアンケート調査を基に，地域の人々が実際には地域らしいあるいは伝統的とされる食材・献立をどの程度，どのように食べ，どのように認識・評価しているか，その規模感・程度，質，観点をとらえ，一定のひろがりをもった地域でみられるおおよその食の特徴・傾向の「見える化」を試みる．また，アンケート調査と並行して，実際に現地へ「出かける」，

食材・献立を「買う・食べる」活動を通して得られた情報，実感も踏まえながら，人々と資源・献立，食文化との接点の存在とその工夫，課題を見出すことを心がけた．本書では地域の人々が調理をする場面，祭事などに立ち会って観察や聞き取りを実施するなどの質的調査は充分できなかったが，アンケートの自由記述で得られた地域の人々の指摘を参照しつつ，対象とした食材・献立，食文化が抱える課題，今後取り組む価値がある役割や魅力を伸ばすための工夫・アイデアなどを見出す．

　これら知見を活かすことで，当該の食がみられる地域，関わる人々に向けて，地域らしいあるいは伝統的とされる食の持続可能性，地域資源としての活用策を考える契機を提供できる．地域での「現在の消費実態」，「変容の中身」と，地域の多くの人々がある食に対して抱いている「ぶれない軸」，「利用・継承上のネック」とが分かれば，「ぶれない軸」を大事にしつつ弱点を減じる改善，長所を伸ばす工夫を適切，効果的に検討し，多くの人々に許容される継承・活用可能な食の内容・スタイル等への変更，新たな価値の創造，発揮の場の確保につなげていくことができる．結果として，人々が食べ続ける，あるいは食に関わることで何らかメリットを得続けること，地域意識をもつこと，活動・仲間づくりの後押しになれば幸いである．

　食は，地域が抱える自然条件，資源のあり様や人の営み，一人ひとりの「たべること」に関わる目的・価値判断や行動が重なり合って特性が生じる．どのような食をどう用いるか，地域を取り巻く社会・時代や他地域に影響されながら人々に選択され，食はその姿や質，役割を変えてきた．こうして創造された現在の食は，関わる人や地域の特性，社会課題の一端を映し出し，人々の試行錯誤や価値判断・創造の結果として存在している（石毛 2009；林 2015）．比較的長期間用いられてきた食や様式を重視する行事食に関しても，形や質，期待される役割や食され方が過去と異なることもある（井上・サントリー不易流行研究所 1993；谷口 2017；石井 2020）．「郷土食」と言われるような食品・献立も，歴史性と地域性，人々の緩やかな共通認識・合意に基づいて形成してきたものであり，変化の側面をなおざりにはできない（古家 2010）．たとえば，おやき（三田 1999；水谷ほか 2005；湯澤 2022）や笹団子（矢野 2007），ばらずし（中村均司 2012）のように，過去の質・量，活躍の場・方法とは異なるかたちで，しかし多くの地域の人々が「××は〇〇である（べき・のが正しい）」と考える側面は残し，食べることに託す期待・願いを大事にしながら，「地域らしいあるいは伝統的とされる食」として今日でも地域内外の人々から消費，活用されている例もみられる．

　各地で継承されてきた食文化の特徴，食材・献立の利用方法の調査は，家政学や調理科学などで盛んに取り組まれてきた．ただし，あくまでも食材・献立自体への注目が主目的で，それらの分布は有無の提示にとどまるものが多い（今田・藤田

2003；峰ほか 2007；冨岡ほか 2010；須谷ほか 2015），食材の生産や地域の歴史・文化，世代間伝承，買い物環境などの背景にも考慮した研究を試みるものもみられる（三田 1999；中澤・三田 2004；高橋ほか 2006；江原ほか 2009；亀井ほか 2009：塩谷 2011；露久保・石井 2011；根立ほか 2012；今田 2018）が，それらも地域のひろがりや地域性に主な関心を置くわけではない．家政学や調理科学などでは，「食品・献立」そのものとそれを扱う（調理する）「人」から接近する．

　民俗学・文化人類学・社会学・経済学などでは，特徴的な食が現れた時代における人々の営み，形成経緯・背景，地域内外の文化や調理形態などとの融合の程度，関連する道具や調理方法の詳細の記録，食し方や活用方法にみられる慣習・ルール，政策やブランド化・特産品化などの資源活用とそのマーケティング，流通構造・戦略，食材や食行動に込められた意味や役割，思想などを分析しており，考察の中心的対象は関わる「人の活動・考え，仕組み」，その背景となる「社会・時代」にある（たとえば，波積 2002；ワトソン 2003：フリードマン 2006；安田ほか 2007；矢野 2007；池上ほか 2008；佐藤 2008；古家 2008・2010；岩田 2009；石毛 2015；品田ほか 2015；奥村 2016；グプティルほか 2016；阿良田 2017；中村亮 2018；佐藤 2019；濱田 2019；原田 2020；村瀬 2020；青柳 2021；岩間 2021）．

　一方，近年の地理学的研究でも，産業構造分析にとどまらず食の地域差の析出や地域ならではの食行為・食文化の成立条件，地域固有性，献立利用の実態とそこにみられる課題，献立や食のあり方の変容，食を活かした地域・人づくりや場所の商品化などの考察が試みられている（升原 2005；中村周作 2009・2012・2014・2018；橋村 2008・2011；篠原 2013；須山・高橋 2013；横山ほか 2013：池田 2015；橋爪ほか 2015；淡野 2017；阿部・林 2017；河原 2019）．食を通して「（ある）地域」の特徴や課題を垣間見ること，食が地域に果たす役割・影響をみつめること，食に関わる「分布・空間構造」に関心を向けることが，地理学からの接近の特徴である．

　これら先行研究に続き，本書の試みにより，より広い対象から得た知見を基にして食の共通性がみられる地域範囲，地域事情と食の変容とのかかわり，人々が食に込める地域意識を明らかにできる．蓄積がまだまだ少ないローカルな食の実態，魅力・課題の把握を進めることにもつながる．食にかかわる「地域・空間」，「ひろがり・結びつき」をとらえ，「食で／を通じて」地域の特徴や課題を浮かび上がらせる（「見える化」する）本書の活動・視点は，食や地域の理解の深化を助け，関連諸分野，地理学の従前の研究では充分作業が行き届いていなかった「すきま部分」を多少ではあるが埋めるものとなり得る．石毛（2009）がその必要性を指摘する「総合的な食の学問」の発展に寄与する学術的意義もあると考える．

　初出論文・記事は，以下のとおりである．本書にまとめるにあたり，いくつかの基論文や記事に分散して情報を発信していたものを再整理，加筆，修正して各トピックを再構成した．調査当時の人々の様子を考察したもの，地域の人々が語った食の記録であるため，内容の多くは執筆当時そのままのもので示し，必要に応じて現況などを補足した．また本書は，広く一般の方々に，地域の食資源とそれを取り巻く環境がもつ魅力，その利活用に目を向けたり，身近な（食）生活の振り返り，食品・献立や食文化への接触を喚起し，各地でみられる時代に即した食文化の継承，献立開発などの試みを後押しすることも刊行の目的，願いとしている．そのため，詳細は必要に応じて初出論文等を参照頂くとして，そこで示していた細かなデータ，記述の一部は本書中では省いている．代わりに，食材・献立の写真，調査で得られた自由記述の例をできるだけ掲載した．各地のローカルな食に関わる人々の生き生きとした営み，具体的な食品・献立や提供のイメージがわき，それらに関心を寄せる契機になれば幸いである．

【はじめに】
林紀代美 2023b．地域の伝統的な食に関する消費，評価，その変容―奥能登地域の「なれずし」の事例から―．歴史地理学 65-1：71-89．
【第Ⅰ部1章】
林紀代美 2016b．海藻・魚醤の利用からみた「能登地域」のひろがり．E-journal GEO 11-1：135-153．
林紀代美 2016c．地域食材の消費・伝承をどう維持するか？―能登の魚醤―．地理 735：48-53．
林紀代美 2016d．能登地域における「海藻類」「魚醤」の世代別の利用動向．地域漁業研究 57-1：95-113．
林紀代美 2017a．能登地域の海藻食文化．『Vesta』107，農林漁村文化協会：24-29．
はやしきよみ 2024．能登半島の水産加工品．地理（古今書院）830，37-47．
【第Ⅰ部2章】
前掲，林紀代美 2023b
【コラム①】
林紀代美 2023a．奥能登地域での市場を介さない食品のやり取りの実態と人々の認識．地域と環境 17：126-144．
【コラム②】
林紀代美 2017b．白山市における発酵調味料の利用実態．金沢大学人間科学系研究紀要 8・9：1-29．
【第Ⅱ部で注目したいこと・1・2章】

林紀代美 2019．飛騨地域におけるブリ・サケ消費と年取魚ブリへの認識．E-journal GEO 14-1：130-151．

林紀代美 2020．鰤街道沿線地域における今日のブリ・サケ利用実態と「越中・飛騨鰤」の真正性に関する考察．食生活科学・文化，環境に関する研究助成研究紀要 33：121-137．

林紀代美 2021c．木曽・伊那地域の年取りでのブリ食の実態と認識．地域漁業研究 61-1：21-31．

林紀代美 2022a．今日の長野県南信・中信南部における年取りでのブリ食の実態．食生活科学・文化，環境に関する研究助成研究紀要 35；107-123．

はやしきよみ 2019．楽しく地図を描く旅たまにリターンズ24「飛騨地域の「塩鰤」を訪ねて」．地理 768：92-99・口絵 8．

はやしきよみ 2021．楽しく地図を描く旅たまにリターンズ28「年取魚ブリを訪ねて　木曽・伊那地域を中心に」（前編）．地理 799：11-15・口絵 4．

はやしきよみ 2022．楽しく地図を描く旅たまにリターンズ29「年取魚ブリを訪ねて　木曽・伊那地域を中心に」（後編）．地理 800：93-98．

【第Ⅲ部で注目したいこと，1・2章】

林紀代美 2021a．会食の特徴・機能と人々の認識：「キリコ祭り」に注目して．日本海域研究 52：31-49．

林紀代美 2021b．会食の特徴・機能と人々の認識：「ほうらい祭り」に注目して．日本海域研究 52：51-66．

【コラム③】

書き下ろし

【コラム④】

林紀代美 2024b．令和 6 年能登半島地震の水産業への影響．地理 831：99-105，口絵 2-3・2-4・8-3・9-2・9-3．

前掲，はやしきよみ 2024．

【第Ⅳ部で注目したいこと，1章】

林紀代美 2022b．福井県奥越地域における半夏生鯖の食実態と人々の認識．地域漁業研究 62-2：57-66．

はやしきよみ 2017．楽しく地図を描く旅たまにリターンズ18「半夏生鯖を訪ねて」．地理 748：8-13・口絵 6．

【コラム⑤】

書き下ろし

【結びにあたり】

前掲，林紀代美 2023b

　また，初期の調査（第Ⅰ部1章など）は，多くを私費で賄っていた．その後，以下の研究助成を受けることができた．これら支援がなければ，多くの人々を対象としたアンケートを含む調査は実現できなかった．記して厚く御礼申し上げる．

●公益財団法人アサヒグループ学術振興財団2018年度学術研究助成（第Ⅱ部1章）
●一般財団法人冠婚葬祭文化振興財団第20回社会貢献基金助成金（第Ⅲ部1・2章，コラム③）
●公益財団法人アサヒグループ学術振興財団2020年度学術研究助成（第Ⅱ部2章）
●日本学術振興会科学技術研究費補助金（基盤研究（c）：21K01028）の一部（第Ⅰ部2章，コラム①，第Ⅳ部1章，コラム④・⑤）
●文部科学省科学研究費助成事業（特別研究促進費：23K17482・研究分担者（研究代表者：平松良浩））の一部（コラム④）

　あわせて，出版にあたっては，金沢大学より「人文社会科学系学術図書出版助成」を受けることができた．本書の刊行に向けて，大江様はじめ丸善出版の方々に諸々お手間をかけたが，丁寧に作業して頂いたことに改めて謝意を表したい．
　そして，なんといっても，いきなり各家庭に届けられた郵便アンケートに対して，実施地域の多くの方々が回答，返信にご協力くださった．お一人おひとりに直接お礼ができないが，この場を借りて感謝申し上げたい．本書は，筆者が執筆したものではあるが，各地の多くの皆様との協働があって完成に至った作品でもある．
　しかも，自由記述で回答を求めた設問にも，ぎっしりと，詳細に答えたり，資料を添付下さったりした方も多くあった．得られた回答を基に，販売・提供の現場に赴き，利用状況，商品などを確認できたものもある．調理方法や食べ方の詳細，アレンジの工夫なども，多く示唆・提案を頂けた．自分が持ち合わせている情報・経験や意識などを前向きに振り返り，（貧しかったころの食事なども一見ネガティブな内容が含まれていても，）生き生きと回答されたようすを，文面の端々から感じ取ることができた．「この食がある地域は誇り」，「そういえば最近，調理したり食べたりしていなかったけれど，これ（＝アンケートで問いかけられたこと）を機会に，今年は久々に家族と食べてみます」，「今度，子や孫と一緒に作ろうと思う」といった記載も散見された．そんな様子から，食材・食文化は多くの人々にとって関心の高い事象であり，地域のなかで「資源になりうる事象・可能性を秘めたもの」，「人と時代，場・ふるさとをつなぐもの」であり，単にお腹を満たすだけではない「食の多面的機能」をもつものであることを改めて感じ，意識させられた．今回，本書を世に発信することで，ご協力いただいた皆様，地域の食の可能性の維持・発展，（再）発見の情報源として，多少でも将来につながるものとなれば嬉しい．

　前書（林 2015）以降，地域の人々による調理・購入・消費の動向，食材・献立
や食文化に対する考えに注目することを研究課題としたため，調査手法はアンケー
トを軸としてきた．前述のように，（地域らしいあるいは伝統的とされる）食に関
わる統計調査が公的に実施されているわけではないので，食に関わる人々に直接様
子を尋ねて実態を把握したり，聞き取りや観察などから調理・加工方法や商品開発
に関わる知見・情報を収集したりすることになる．前書までの研究で残されていた
課題（消費段階への注目，大学院生では経済的に手に負えない調査対象・方法）を
追求，実施するためにこのような内容・方法の研究ステージに足を踏み入れた．同
時に 2010 年代から現在にかけては，私事だが，ちょうど子育て奮闘期と重なり，
ワーク・ライフ・バランスを考慮した研究生活のスタイルを模索したタイミングで
もあった．そういう背景もあり，段取りをうまく調整すれば，日常業務や家事・子
育てをある程度納得いく状態でこなしつつ，日々少しずつでも・地味に研究も進む
この方法をこの時期に選んだ，という事情もあることも正直に述べておこう．

　以前に，母校（大阪教育大学）でワーク・ライフ・バランスや学生のキャリア形
成に関わる授業に出講協力したり，研究者の活動の工夫やワーク・ライフ・バラン
スに関する書籍刊行に書評を寄せたことがある．その際に，直面している環境条件
に合わせて「おいしく」，「前向きに」共生する策を模索すること，その結果として
研究スタイルに変えていくこと，新しいテーマを生み出すことは，決してネガティ
ブなものではない，と話したことがある．その考えは今も変わりない．実際にこの
約 10 年間，地域らしいあるいは伝統的な食に関わる消費調査を積み重ねできたこ
とで，今回の情報発信に至ることができ，活動を通じて様々な知見，経験，ご縁に
恵まれたことは財産となった．本書の本題からは脱線するが，自分のような対応・
考えが後進の方々にいくらか参考になればこれも幸いである．

　事例の現地調査，あるいは（本書は近県の事例で構成しているが）考察の視点，
素材の発見のために，全国に出かけた食材・献立，食文化に触れる「走る・買う・
食べる」旅を，給料・ボーナスをつぎ込んで実施してきた．四季折々，気になる
品，おいしい魚，おもしろそうな食イベントがあると分かると，ほいほいとお出か
け決定．特に，はやし家恒例の年末年始の調査旅では，狭い車内に同乗し，営業車
並みの距離を爆走して，道の駅の直売所やおもしろそうな食事処，地元スーパーを
発見するとその都度立ち寄り，食道楽な日々を過ごした．その結果，どんどん体重
が増え，グルメ舌になってしまった．それでも我が家族は，疲れ，呆れながらも楽
しんで同行してくれた．そして日々の買い物・ごはんタイムでは，食材・献立を囲
み，味わいながら，ああだこうだと議論してくれた．そんな家族と愛車に改めて感
謝したい．

　それでは，地域らしいあるいは伝統的とされる食のようすと，それに対する人々
の行動・認識，接点づくりの工夫に注目してみよう．

注：

1）　例として，「世界農業遺産能登の里山里海オンライン WS おうちで手作り発酵食大根ずしを作ろう」https://notostyle.shop-pro.jp/?pid=165778282（最終確認：2022 年 9 月 14 日）

2）　「発酵ツーリズムにっぽん／ほくりく」（金津創作の森美術館（福井県坂井市）：2022 年 9 月 17 日〜12 月 4 日）

3）　文化庁「100 年フード宣言」https://foodculture2021.go.jp/hyakunenfood/od/（最終確認：2022 年 9 月 14 日）．下記①〜③を満たす地域の食文化を「100 年フード」として認定し，関係者，地方自治体の継承活動を支援している．①風土や歴史・風習の中で個性を活かしながら創意工夫され，育まれてきた地域特有の食文化（全国一律の食材や加工食品ではなく，地域に根差したストーリーを持つ食文化），②世代を超えて受け継がれ，食されてきた食文化（単に一人，一店による料理ではなく，地域の広がりの中で，二世代以上に渡って継承され現存する食文化），③その食文化を，地域の誇りとして，100 年を超えて継承することを宣言する団体が存在する食文化．

第Ⅰ部

石川県の事例から①

日常の食にみる地域のひろがりと活用上の課題

（2022年3月，七尾市（別所岳SA）で撮影）

付記

　本書の執筆中に，2024年能登半島地震が発生し，本書で取り上げた能登地域は深刻な被災を受けた（林 2024a・b）．これに関連する情報は，コラム④で若干だが触れる．

　ここでは，被災前（調査時点）の地域の実態を報告している．地震にともない，半島沿岸各所の漁港では，港湾施設・漁具等の損壊，漁船の流出・転覆，港湾内外の海底面が見えるほどの地盤隆起などが確認されている．漁業集落自体も，建物の倒壊や土砂災害，場所によっては津波の襲来もあり，多くの人々の生活に影響が生じた．海域環境への影響，漁業活動，漁業集落の生活，水産物が関わる諸産業への影響に関する詳細な調査，そして当該地域の復興の検討はこれから進むし，その展開にも長い時間を要することが予想される．

　この部で注目する海藻類，魚介類に関連し，生育環境，流通・消費環境，採取・漁獲・加工などの担い手・集落・組織等に甚大な災害の影響が生じている．魚醤油，なれずしの製造業者らの店舗・工場・作業場，経営者・従業員，道具類にも，被災の影響を受けた．これら食材を人々に提供してきた観光業も被災を被った．食材を活用した会食が営まれてきた祭事・仏事（第Ⅲ部参照）も，しばらく平時のような実施は見込めない，被災前と同じ内容で会食を構成することが困難になる場合があるだろう．集落の被災により，生産・加工活動やおすそ分け，祭事などを担ってきた人々が，各地に分散して生活することを余儀なくされるケースもある．能登地域の魅力のひとつである「食」が大きなダメージを受けた．採捕，流通・加工，販売，調理，消費，発信・教育の各段階の継続が相当厳しい状況へと急激に陥った．地域らしい魚食の今後の利活用，文化の継承を，継続的に注目していきたいと思う．

第Ⅰ部で注目すること

　第Ⅰ部では，地域内で産出される豊かな食材とそれらの加工品の活用が日常的にみられる石川県能登地域を取り上げ，現在の消費実態，過去のそれとの違いを把握したうえで，日常の食にみる地域のひろがりと，継承上の課題に注目する．

　食材・献立の事例として，食文化の紹介や観光の場面で「能登らしい」と称されることが多い，地域内で採取される多彩な「海藻類」，「魚醤油」（Ⅰ-1章），「なれずし」（Ⅰ-2章）を取り上げる．関連してコラム①では，これら水産食材を含む地域の食材・献立を人々がやり取りをする様子（市場を介さない食品のやり取り〔おすそ分け・物々交換〕）について，その実態把握を試みる．コラム②では，Ⅰ-1章の魚醤油の事例でもみられる「食べ慣れた味」に関連して，石川県加賀地域の例になるが，日々の食事作りに用いられ，地域らしい献立の形成に影響を与える「発酵調味料」（醤油・味噌・酢）に注目し，地域資源としてこれを活用する上での課題を垣間見る．

　各地域の諸特性・条件が反映され，選択，開発され普及，定着し，継承されてきた食材や献立，食文化が全国でさまざまみられる．調理・献立や，食材の種類や加工方法などについて，「これは○○地域ならではのものである」と人々が評価をする場面は多々みられ，経験的に食と地域（のひろがり）を結び付けて語ることも多い．たとえば，それら食材・献立が地域物産を扱う土産物店や郷土食を提供する飲食店などで用いられ，「○○産」，「○○町ならではの」，「地元の食材」，「故郷の味」といったような表現で地域情報を強調する場面がある．ただし，同じように「ある地域らしい」とされるものでも，食材により多用される地域のひろがり，利用頻度，評価などに差がある可能性もある．先に考察した全国の県庁所在都市間の水産物購入傾向とその類似地域の区分（Hayashi 2003；林 2011）では，購入傾向が類似するとして山口県は九州地域と，北陸3県は鳥取・島根両県と，沖縄は関東甲信地域とグループ化されるなど，行政上の地域区分と食材利用からみた地域区分とのあいだで違いがみられた．同様の現象は，都道府県の内部（県内の地域区分，市町村の単位）でも生じ得る．

　このことを鑑み，第Ⅰ部では能登地域の住民を対象としたアンケートを基に，地域の資源のひとつである食材・献立を人々がどの程度・どのように食卓に活用しているか，その現状を把握する．食を通してみられる地域性，共通する食の傾向を持つ地域の範囲に関する知見は，人々の地域の生活文化の理解や地域に対する意識を深め，商品販売や観光などの場面での資源の有効活用や価値創造，固有性などの説明を助ける有益な情報となる．また，食材・献立の利用を指標とした場合に共通性

を持つ地域のひろがりを明らかにし，この結果と行政上の地域区分との違いの有無を確かめる．地域間の食材の利用動向の違いに注目することにくわえ，世代間での特徴の違いの把握も試みる．明らかになった地域・世代毎の特徴は，流通・消費活動や食文化伝承，地域社会の持続性にかかわる課題に迫るヒントを提供し得る．あわせて，販売店へのアンケート調査，販売している場の観察から，食材の販売状況，取り扱いにかかわる考えや工夫などについて，実態を把握する．

　上述した作業によって食材・献立の販売や調理・利用の実態，人々の認識，食材・献立の販売のようすなどを捉えることで，人と資源とを結びつけるしくみ・工夫，今後の利活用・継承で課題となる側面を確認することができる．人々が食材・献立をどのように意識し，評価して用いているか，どのような点に使い勝手の悪さなどを感じているかが分かれば，短所・長所を踏まえ，多くの人々が大事にしたいと考える食の「ぶれない軸」に配慮しつつ，対象，状況，ニーズに合わせた方法・スタイルで食材・献立を利活用するための改善・工夫に着手することが可能になるだろう．

　なお，各章の事例考察では，魚・海藻類の生産環境や漁獲・採取の方法，食材・献立の流通構造・販売戦略に関する詳細な調査は充分できていない．また，アンケート調査で得られた自由記述の詳細な分析，実際に家庭内で食材を献立に調理する過程，消費する場面の観察による情報収集には着手できていない．これらは今後の課題としたい．

海藻・魚醤油の利用からみた
「能登地域」のひろがり

1．はじめに

　ここでは，石川県能登地域（宝達志水町以北の能登半島に所在する市町で，ほぼ旧能登国にあたる範囲）を事例とし，地域で生産・製造される水産食材の利用が盛んな地域を把握することで，食を指標として地域（の特性・良さ）を説明する材料を得ることを試みる．

　取り上げる食材はさまざま考えられるが，ここでは，地域らしさをより見出しやすい食材（地域で伝統的に多用されてきたもの，独自性が高いもの，地域の特徴的な品として販売時に紹介され，観光等でも活用がみられることが多いもの）として，能登地域で採捕・消費される特徴的な海藻類（以下，「海藻類」と記す）と，「いしる・いしり・よしる」などと地域住民が呼ぶ能登地域で製造されてきた水産発酵調味料である「魚醤油」[1]を用いる．なお，ここで取り上げた海藻類は，能登地域での採取，流通が活発な「アオサ（ウスバアオノリなど），アカモク（ダイズルなどとも呼ぶ），イワノリ・ハバノリ，ウミゾウメン，エゴ（エゴノリ），カジメ（ツルアラメなど），ホンダワラ（ギバサ・ジンバソウなどとも呼ぶ），クロモ，ツルモ，絹モズク・岩モズク（モズク・イシモズク）」[2]である．

　海藻食や魚醤油は，全国的にみても魚介類食以上に消費実態や利用地域の分布を明らかにする研究は少ない（海藻は今田 1992，1994，1995，2003；佐々木・大石 1994．魚醤油は藤井 2002；今田・藤田 2003）．能登地域でのこれらの利活用では，過去の食文化調査での断片的記録や食材開発研究での若干の記述に限られ（日本の食生活全集石川編集委員会 1988；佐渡 1995；今田 2003；森 2014；森・小柳 2016），消費減退が懸念されているが当該地域一

図 I-1-1　「能登」「地元」を謳って海藻類・魚醤油が販売されている事例
（左：2014 年 10 月志賀町で撮影，右：2015 年 7 月珠洲市で撮影）

帯での近年の利用状況は未確認である．なお，取り上げた海藻類や魚醤油は，地域のスーパーマーケットや土産物店などでの販売や飲食店で提供される献立で多用され，「能登の」あるいは「地元の」食材として強調されて用いられることがある（図 I-1-1)[3]．

2．調査方法

　食を指標とした「能登地域」[4]の範囲をとらえることを考慮し，行政上の地域区分で能登地域とされる宝達志水町以北の市町と，比較のため隣接する加賀北部（かほく市，津幡町，内灘町）を加えた範囲を対象とした（図 I-1-2)．石川県婦人団体協議会（以下，県協議会）の協力を得て，協議会下部組織である各市町協議会・女性団体を通じて 20 歳以上の会員（合計 1,854）に 2015 年 6 月にアンケートを配布し[5]，9 月初旬まで郵送で回答を回収した．県協議会に未加盟である旧門前町域，羽咋市域では，門前地区食生活改善推進協議会（以下，旧門前町食改．配布数 105），羽咋市食生活改善推進協議会（以下，羽咋市食改．配布数 66）を通じて県協議会と同様のアンケートを会員に配布し，郵送回答を依頼した[6]．回収率は，県協議会分 50.5%，旧門前町食改分 82.9%，羽咋市食改分 48.5% であった．高齢化が顕著に進む地域であること，全国的にも指摘されている地域住民，とくに若年層の地縁的組織・活動への参加の弱まり（永冨ほか 2011）もあり，本アンケートで回答に占める若年層の回答割合が少ない[7]．しかし得られた情報は，現在の能登地域の食の現状を一定程度映し出したものではある．

　調査ではあわせて，対象地域内に所在する小売業者（スーパーマーケット，食料品店，直売所など）を対象として，海藻類・魚醤油の販売の状況や工夫を確認する郵送アンケートを実施し[8]，各市町の一部業者の店舗で販売状況を観察した．これら知見と，関係者への聞き取り[9]，文献資料から得られた情報を

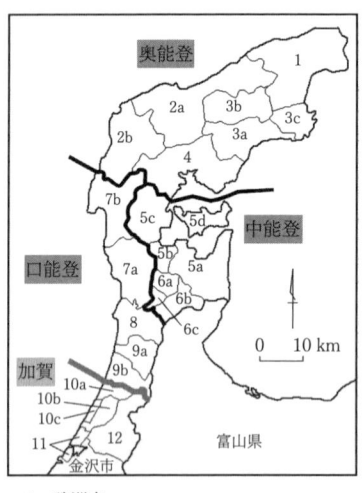

1　珠洲市
2　輪島市（a 旧輪島市 / b 旧門前町）
3　能登町（a 旧能都町 / b 旧柳田村
　　　　　c 旧内浦町）
4　穴水町
5　七尾市（a 旧七尾市 / b 旧田鶴浜町
　　　　　c 旧中島町 / d 旧能登島町）
6　中能登町（a 旧鳥屋町 / b 旧鹿島町
　　　　　　c 旧鹿西町）
7　志賀町（a 旧志賀町 / b 旧富来町）
8　羽咋市
9　宝達志水町（a 旧志雄町 / b 旧押水町）
10　かほく市（a 旧高松町 / b 旧宇ノ気町
　　　　　　c 旧七塚町）
11　内灘町
12　津幡町

図 I-1-2　研究対象地域
（林〔2016b〕より転載）

活用し，今日の能登地域での海藻類，魚醤油の消費実態をとらえる．

3．取り上げる食材の概観

1）　能登地域で特徴的な海藻類

　ここで考察対象とする海藻類は，種類により生息場所・地域やその量の多少はあるが，能登半島の沿岸各所で採捕可能な資源となっている（池森・田島 2002；池森 2012）．住民にとって海藻は地域資源であるという認識が強く，多様な海藻類を採取，加工し，調理してきた．特に，雪に見舞われ葉物野菜の生産量が減る冬季の食卓において，冬に旬を迎える海藻類は過去には重要な食材とされてきた（日本の食生活全集石川編集委員会1988）．採捕・流通は，海女を含む漁業者（林2015・2016a）（図 I-1-3）のほか，地域によって

図 I-1-3　漁家が採取したカジメを家族でゆで上げ，裁断し，地域住民に販売
（2015 年 2 月，輪島市で撮影）

は多くの住民が携わり，集落等で活動・場の管理体制が構築されている[10]．イワノリを採取する「のり島」や住民が寒風，荒波のなか採捕する姿，干しノリが並ぶようすなどは，人々から地域らしい風景ととらえられる（図 I-1-4）．採取期の初めには報道でその様子が季節の風物詩として報じられる．2007 年に能登半島地震が発生し，「のり島」が隆起してイワノリが生育しなくなった際にも，地域住民からの強い要請があり，採捕場所を再整備する工事が行われた[11]．
　海藻類は，旬の時期には生の状態で流通，消費されることが多いが，乾燥・塩蔵など保存可能な商材が作られ，旬以外にもこれらの活用がみられる．直売所や土産物店でも，能登地域の産品，地元食材として販売されている．能登地域のスーパーマーケットでは，海藻商材が種類豊富に陳列されていることも多い（図 I-1-5）．

a　　　　　　　　　　b　　　　　　　　　　c

図 I-1-4　イワノリに関わる地域の風景の例
【a：「のり島」（2023 年 12 月，輪島市〔旧門前町〕で撮影）／b：干しノリづくり（2023 年12 月，志賀町で撮影）／c：卒業制作の題材に取り入れられたイワノリ採りの風景（2016 年2 月，志賀町〔道の駅〕で筆者撮影）】

図 I-1-5　種類豊富に販売される海藻類
（2016 年 2 月，輪島市で撮影）

図 I-1-6　自宅に保存されていた海藻類
（2015 年 8 月，輪島市〔旧門前町〕で撮影）

小売業者へのアンケート結果では，約 6 割の店舗で生・生鮮，乾燥を問わず何らかの海藻類の販売がみられ，3 割強は常時販売していた．扱いが多い海藻は，アオサ，カジメ，ホンダワラ，イワノリ・ハバノリ，絹・岩モズクであった．販売理由としては，「顧客からの需要が高い」を半数の店舗が挙げている．次いで，「季節感がある」，「身近な地域で生産される海藻だから」，「地元らしい食材だから」が挙がった．ただし，販売現場の観察では，海藻類を惣菜にして提供する例はみられなかった．地域で採取される海藻類は，自宅で常時保管されていることも多く（図 I-1-6），採捕者と親類や知人，沿岸部の住民と農村・山間部の住民とのあいだでやり取りされ，コミュニケーション・ツールとしての役割も発揮している[12]．

　過去の利用について，日本の食生活全集石川編集委員会（1988）の「能登外浦（輪島市鵜入）」（pp295-298）では，「おしきはば，はばの味噌和え，かじめの煮つけ，ぎばさのなんば味噌あえ，もぞこの味噌汁・澄まし汁，ながもの味噌汁，くろものあえもの，海そうめんの三杯酢，こころてん（ところてん），ぼたのりの粕汁，すいぜん，えご羊かん」が記されている．旧門前地区食改や石川県漁協輪島支所の海女グループへの聞き取りでは，海藻類の主な調理方法としては，味噌汁や粕汁の具としての利用や酢の物，煮物，天ぷらや和え物，鍋ものが挙がった（図 I-1-7）．日本の食生活全集石川編集委員会（1988），今田（2003）では，能登地域の冠婚葬祭の料理に食材としての重要性が指摘されている．

2）魚醤油

　石川県では古くから能登地域，とくに珠洲市，輪島市，能登町で，地域で得られた水産物を活用した魚醤油の製造がみられた．外浦地域（珠洲市や輪島市）では，水揚げが盛んなイワシやサバなどを主原料とした．イカの漁獲が盛んな内浦地域（能登町）では，イカの内臓を用いた製造が主とされる．これら「魚醤」の呼称は，「いしる」，「いしり」，「よしる」，「よしり」のように多様で，詳細は東四柳・高澤（2022），東四柳（2023）が詳しい．石川県の魚醤油は，秋田県のしょっつる，香川県のイカナゴ醤油とともに日本三大魚醤と称されている．能登地域での「魚醤」製

a：カジメの煮物　　　　　　　b：アカモクの粕汁

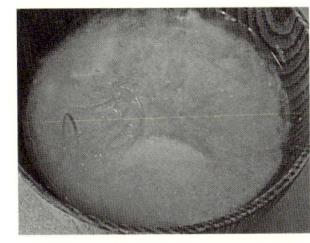

c：ツルモとジャガイモの味噌汁　d：エゴようかん
図Ⅰ-1-7　海藻を用いた献立の例
（a：2022年5月，珠洲市で撮影／b：2016年2月，珠洲市で撮影
／c：2023年12月，輪島市で購入し，調理，撮影／d：2015年8
月，輪島市〔旧門前町〕で旧門前地区食改メンバーが調理したも
のを撮影）

造の開始時期などの詳細は不明だが，『日本水産製品誌』（農商務省水産局 1913）
には，「鱐醤油」と「烏賊腸醤油」の項で主要産地として能登国が挙がり，製法の
説明やその品質の高さを評価する記述がみられる．奥能登の各市町村史[13]でも魚醤
油への言及があり，イカの内臓で作る魚醤油がより上等とされ，一番いしるは高価
なため搾りかすに塩水を入れて再製造された二番・三番いしるが流通していたこ
と，古くは醤油が高価であったため日常の調味料として用いられていたこと，製造
が盛んであった宇出津・小木（ともに現在の能登町）の品の評判が高く遠方から樽
を背負ってあるいは船を出して買い出し・（米との）交換に向かっていたこと，過
去には自家で魚醤油を作っていたことなどが確認できる．旧門前町食改への聞き取
りによると，過去には地域の多くの家庭で自家消費用に魚醤油をつくっていたが，
現在では家庭内製造はほぼ見られない．
　森（2014），森・小柳（2016）や諸資料[14]によると，家庭内製造から業者による
製造への移行，うま味調味料としての評価の高まり（特に工業的需要の拡大）か
ら，業者による製造量は昭和50年代には20 t程度であったものが，2010年頃には
250 t程度にまで拡大しているという．魚醤製造業者は，石川県内には約20業者あ

a：かいやき（具材にアカモク〔画面手前〕も利用）

b：夏野菜の浅漬け

図 Ⅰ-1-8　魚醤を用いた献立
（a：2016 年 2 月，珠洲市で撮影／b：2015 年 8 月，輪島市〔旧門前町〕で撮影）

図 Ⅰ-1-9　「魚醤」を活用したメニューの例（いしるラーメン）
（2021 年 9 月，能登町〔旧柳田村〕で撮影）

るとされる．2020 年 11 月に能登町の魚醤製造業者での聞き取りによると，大手食品メーカーなどから魚醤油に対する引き合いが多くあり，製造が追いつかないため取引を絞って対応しているという．スナック菓子や鍋用だし調整品などに用いられる「うま味調味料」として魚醤油が活用され，多くの人々は魚醤油を含むと知らずに消費している可能性もある．また近年，石川県工業試験場では，石川県立大学，能登町商工会と連携し，成分分析や機能性の検証をすすめ，特徴を生かした新規商品の開発や情報発信を行う「JAPAN ブランド育成事業」に取り組んだ．魚醤油は，遊離アミノ酸（旨味成分）が豊富で，高い抗酸化性，血圧降下作用などが期待される機能性成分を多く含む（佐渡 1995；藤井 2002；寺沢ほか 2010；石田 2013；森 2014；森・小柳 2016）．

　旧門前町食改での聞き取り，各市町村史[15]，日本の食生活全集石川編集委員会（1988），船下（1995），森（2014）によると，野菜（ダイコン，ナス，ジャガイモなど）とイカ，海藻などを薄めた魚醤油で煮る「かいやき」（図 Ⅰ-1-8a）が地域の伝統的な献立として認知されており，現在も地域の食卓に継承されている．過去には銘々の貝殻に具材，魚醤油をのせ，囲炉裏端で調理していたが，現在では観光・飲食場面を除くと，コンロで加熱され，鍋でまとめて調理される．季節の野菜（ナス，キュウリ，ダイコン）を魚醤油で浅漬けにする方法（図 Ⅰ-1-8b）も一定の継承がみられる．近年では，魚醤油を利用し，商品名にも明示して人々に消費を訴求する飲食店のメニューも増加し，ラーメンなど郷土料理の枠にとどまらない利活用もみられる（図 Ⅰ-1-9）．

　能登地域の小売業者へのアンケートでも，彼らは「地域独自の・地域らしい」食材として魚醤油を評価していた．取扱状況は，「常時複数の商材を販売している」，「少なくとも 1 種類は販売している」とした店舗が 3 割半程度，「たまに販売あり」も 1 割強確認された．したがって，地域内で入手が困難な食材ではない．販売理由

も，「地元らしい食材であるから」，「身近な地域で製造されているから」，「顧客の需要が高いから」と，販売側は食材に対して比較的好意的な評価をしていた．奥能登の店舗では，「住民からの需要が高い」ため魚醤油商材を置くとする指摘も多く，少なくとも1種類は魚醤油商材が販売されており，過去と比べても販売を維持している．小売店の側では，魚醤油は「地域で一定の需要や支持があり，地域らしい食材である」と位置付けているため，現段階では商材の扱いを中止・削減する考えはないという．

4．海藻類の利用状況と地域のひろがり，世代別の利用傾向
1）利用状況

　ここでは，海藻類の利用に関するアンケート調査の結果を見ていく．

　「利用頻度」を問うたところ，全体では年間でおおよそ平均すると「2，3か月に1，2回」程度以上の頻度で食卓に上っているとした割合が6割を超えた（図Ⅰ-1-10）．能登地域のうち，前掲図Ⅰ-1-2で示した奥能登では「月に3，4回」程度以上の割合は4割を超え，口能登や中能登で2割程度，加賀北部では1割弱であった．市町別に利用頻度みると（図Ⅰ-1-11），穴水町を除く行政上の奥能登，口能登のうち旧志賀町・旧富来町，中能登の旧鹿西町・旧中島町・旧田鶴浜町で，「2，3か月に1，2回」程度以上の頻度とする者が半数を超えている．さらに，珠洲市，旧輪島市，旧能登町と旧門前町食改の回答では4割以上が，旧柳田村・旧中島町・旧富来町では3割前後が「月に3，4回」程度以上の頻度とした．

　「海藻類の調達先」（複数回答）には，「スーパーマーケット」（全体の30.0%）や「個人の食料品店・鮮魚店」（28.1%），「道の駅・直売所」（14.3%）が挙がっ

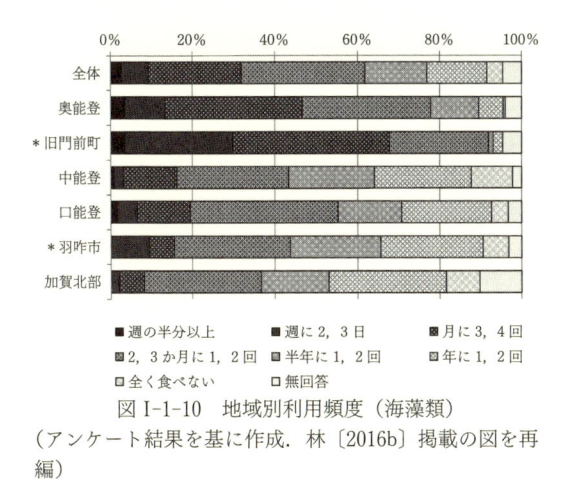

図Ⅰ-1-10　地域別利用頻度（海藻類）

（アンケート結果を基に作成．林〔2016b〕掲載の図を再編）

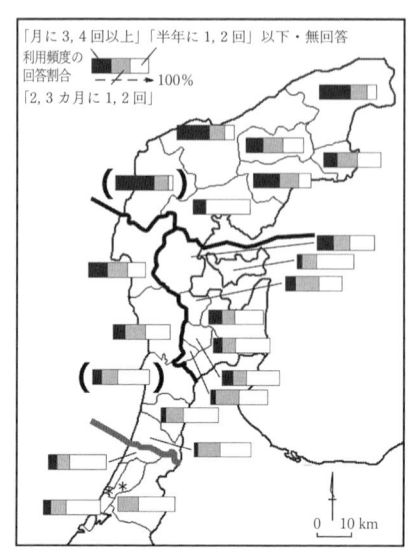

図 I-1-11　市町別利用頻度（海藻類全体）
（アンケート結果を基に作成．林〔2016b〕
より転載）
注：旧七塚町・旧宇ノ気町は，回答数が少
なく割合を示すことが不適であるため，図
中の表示を＊としている．

た．また，「親類・知人から」の調達
（53.0％）が多く挙がり，商業流通にの
らない資源のやり取りが重要とわかる．
「自分で海藻を採取」との回答も，60 歳
代以上を中心に奥能登・口能登で 52 名，
旧門前町食改でも 18 名みられた．

　次に，「2, 3 か月に 1, 2 回程度」以
上の利用頻度とした者のうち，各海藻の
利用頻度や献立を問うて何らか回答を得
られた 550 人に，「海藻類 10 種を用いる
程度」を尋ねた．奥能登では，調理に
度々用いるとされる種類が多く（「よく
使う」「使うことがある」が選択された
種数の平均値：5.0），バラエティーに富
んだ海藻食になっている．口能登（同
3.3），中能登（同 2.6）と南下するとと
もに用いられる種数平均値が低下し，加
賀北部（同 2.6）ではよく用いている回
答に挙がる海藻種はアオサと絹・岩モズ
クにほぼ限られている．

2）　各海藻の地域別の利用状況

　では，10 種の海藻について，利用程度を平成の合併進行前の市町村単位でみて
いく．

(1)　能登半島全域で多用されている種

　10 種の海藻のうちアオサ（図 I-1-12a），イワノリ・ハバノリ（図 I-1-12b），
絹・岩モズク（図 I-1-12c）は，能登半島全域で用いる程度が高いと回答する者の
割合が高い．なお，加賀北部でもこれらは多用されている．

　この 3 種は，能登地域の各地で採捕され，販売量も比較的多く，ほぼ年中何らか
の形で販売されている．他地域産の同種・類似種の量販品も地域内に多く流通して
いる．海藻自体の特性や調理方法の認知，情報収集も容易で，人々が使い慣れてい
ることが考えられ，利用のために新たに方法・技能を習得する必要もないことか
ら，若年層も含めて人々が食卓に取り込みやすいと考えられる．また，量販品・他
地域産と地元産との品質の違いが意識，評価されることで，価格差も納得して選択
的に購入され，消費されていると考えられる．アンケートでも，能登地域産の品の
香りや食感の良さを評価して，地元産を選択するとの指摘がみられた．

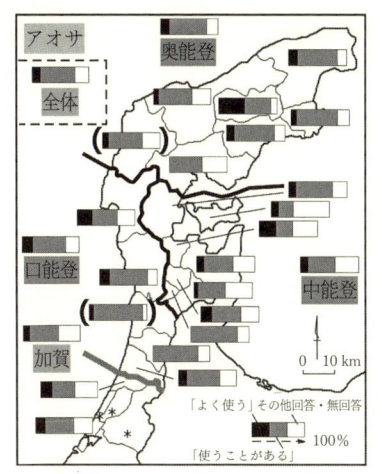

a：アオサ

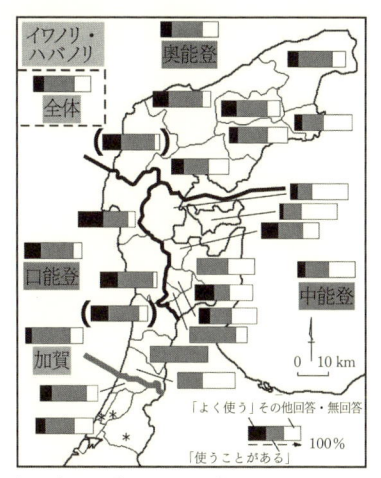

b：イワノリ・ハバノリ

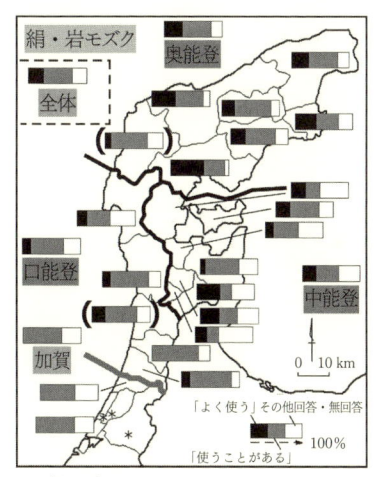

c：絹・岩モズク

図 I-1-12　市町別利用頻度（能登半島全域で多用される種）
（アンケート結果を基に作成．林〔2016b〕より転載）

注：集計対象となる回答が少なく，利用頻度の高低の割合を表すことが不適であった
旧七塚町・旧宇ノ気町・津幡町は，図中で＊としている．

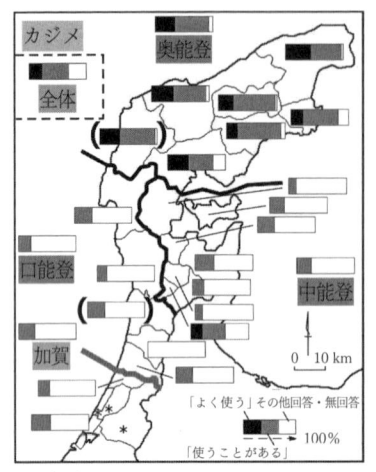

a：カジメ

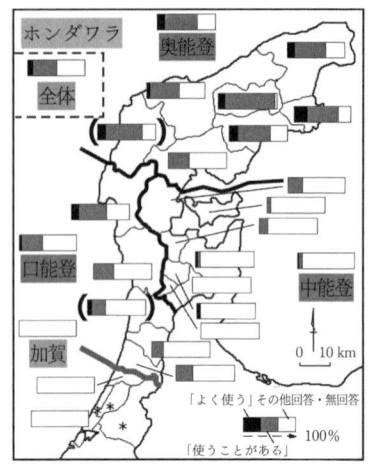

b：ホンダワラ

図 I-1-13　市町別利用頻度（奥能登で利用頻度の高い種）

（アンケート結果を基に作成．林〔2016b〕より転載）

注：集計対象となる回答が少なく，利用頻度の高低の割合を表すことが不適であった
旧七塚町・旧宇ノ気町・津幡町は，図中で＊としている．

(2)　奥能登で利用頻度が高い種

　(1)のアオサ，ノリ類，モズク類は，調査地域でも大量流通する他地域産商材の存在も確認できる．一方，残り7種の海藻類は，一定の生息量がある地域で採捕されたものを地元で消費する流通傾向がみられることから，(1)の種以上に地域らしい海藻類といえよう．

　このうち，カジメ（図 I-1-13a）とホンダワラ（図 I-1-13b）は，奥能登では高頻度での回答割合が高く，中能登・口能登はそれに比べると高頻度での回答割合は低まる．それでも後述する残りの5種の利用状況を考慮すると，カジメとホンダワラは能登地域全域で比較的利用が多い種といえ，奥能登でより特徴的な海藻種であるといえる．

　カジメとホンダワラは，奥能登を中心に能登地域の多くのスーパーマーケットなどで乾燥品を含めて年間通して販売されていることから，比較的手に入れやすい．旬の時期には生・生鮮品も販売されている．また，乾燥品の水戻し時間も短く，灰取りなど面倒な作業がなく，和え物や炒め煮に手軽に調理できることから，調理の心理的障害の程度も比較的低いと考えられる．カジメは，旬の時期に出回る生鮮品は味噌汁や粕汁に用い，年中流通する乾燥品は煮物・炒め物に用いるなど，状態に応じて献立を選択している人が多い．ホンダワラも味噌汁や酢の物，和え物に多用される．カジメ（乾燥品を中心に）とホンダワラは，報恩講や法事，葬儀など地域

内で執り行われる仏事でも利用が継続されている．そのため，地域内あるいは世代間での調理伝承や献立を学ぶ機会も比較的残っている．

(3) 利用地域に偏りがみられる種

　他方，クロモ（図Ⅰ-1-14a），エゴ（図Ⅰ-1-14b），アカモク（図Ⅰ-1-14c），ツルモ（図Ⅰ-1-14d）は，高頻度での回答割合が高い地域の分布に偏りがみられた．これらの種は，奥能登では利用が一定程度あるが，口能登や加賀北部では利用がほとんどみられない．

　クロモは，輪島市域で利用頻度が高まる．旧門前町食改への聞き取りによると，一定量での採捕が可能な場所は旧門前町の一部地域（皆月・黒島・赤崎）に限られ，生息量もわずかであるため，地域内でも豊富に流通しない．採捕者と親族や友人などの縁があると，多少クロモの入手が容易になるという．クロモは，酢の物のほか，食感がしっかりとしていてぬめりもあるので味噌汁，鍋，雑炊に麺のように用いると存在感があり，おいしく頂ける．

　エゴは，利用がほぼ奥能登地域にとどまる．類似する特性や献立をもつテングサと比べると，スーパーマーケットなどでの販売量は少なく，扱いのある店舗も限られる．また近年，エゴの生育状況が悪く，流通量が縮小している[16]．旧門前町食改での聞き取りによると，若年層を中心にエゴを食した経験が乏しく，調理方法，テングサとの違いなどが分からない者も多いという[17]．エゴは，煮溶かして固めたものをところてんのように酢醤油，ゴマだれで食す．果汁やコーヒーを混ぜて寒天寄せのように調理したものは，こどもや女性に好評なデザートとなる．エゴはテングサのように透明感となめらかな喉越しがある仕上がりにはならないが，煮溶かしたのちに濾さずにそのまま型に流し入れると調理が終わる手軽さがある．その点が人々（特に若年層）に充分認知されていないという．

　アカモクは，能登地域の外浦側（半島先端の禄剛崎〔珠洲市〕より西の地域．輪島市や志賀町など）より内浦側（禄剛崎より東・南側で富山湾に面する地域．能登町，七尾市など）で比較的利用がみられた．旧門前町食改や石川県漁協輪島支所の海女グループへの聞き取りによると，アカモクは内浦地域でより生息，採捕がみられるという．ホンダワラとアカモクは，形状が似ていて，調理方法，献立も共通する．外浦側ではホンダワラを用いる回答割合が高く，アカモクよりも歯ごたえあり，気泡の食感がはっきりする特性が好まれるという．アカモクは，粘り気が特徴的で，それを好んで用いるとする内浦側の自由記述がみられる．刻んでごはんとともに食したり，酢の物に用いたりする．能登地域のスーパーマーケットで観察すると，特に奥能登や内浦側に所在する店舗での1，2月の販売では生・生鮮品のアカモクが盛んに扱われていた．

　ツルモは，奥能登，中能登で比較的利用があり，特に輪島市で利用頻度が高い．奥能登の店舗を中心に下処理済み商材での販売が多く確認される．ツルモは，洗浄

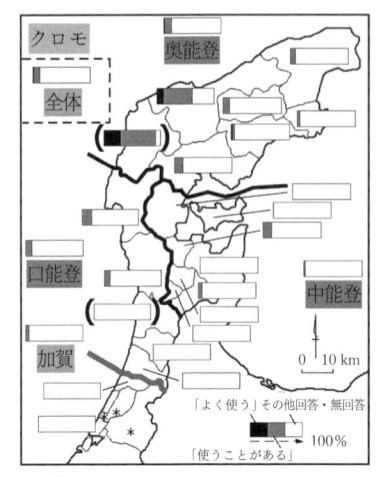

a：クロモ

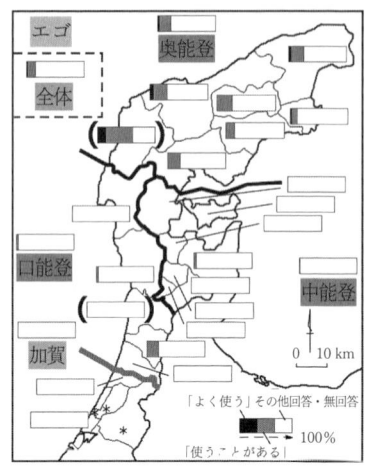

b：エゴ

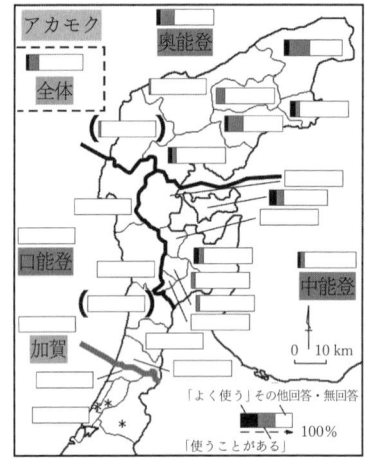

c：アカモク

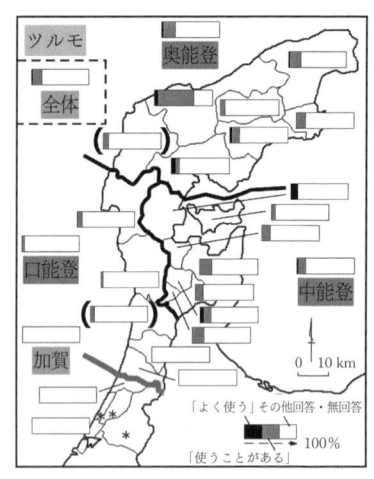

d：ツルモ

図 I-1-14　市町別利用頻度（利用地域に偏りがみられる種）
（アンケート結果を基に作成．林〔2016b〕より転載）

注：集計対象となる回答が少なく，利用頻度の高低の割合を表すことが不適であった
旧七塚町・旧宇ノ気町・津幡町は，図中で＊としている．

を繰り返して表面の皮を取り除いてから調理に用いる．そのため，（特に水戻しも
必要な乾燥品は）下処理が面倒である．下処理済み商材が手軽に調達できるか否か
は，ツルモの利用頻度にも少なからず影響がある．なお，輪島周辺では，ツルモは

ジャガイモとともに味噌汁の具とする.

3）　世代別の海藻類利用傾向

(1)　現在の利用頻度

　世代別の「利用頻度」は，（2015年当時）60歳代と70歳代以上では「月に3，4回」以上の回答が4割前後，「週に2，3回」以上とした回答も1割程度みられた（図Ⅰ-1-15）.　一方，50歳代では「月に3，4回」以上の回答は3割弱，40歳代までの回答では1割程度にとどまる.　40歳代までの回答では，「2，3か月に1，2回」まで含めてようやく回答者全体の4割に達する.　40歳代までの約4分の1は，「半年に1，2回」あるいは「全く食べない」と回答した.

　「2，3か月に1，2回」以上の利用頻度で回答した人を対象に，海藻類をよく使う理由（複数回答）を尋ねると，どの世代でも「自分が好む」，「健康に良さそう」とする回答が半数前後に上る.　60歳代・70歳代以上では，「昔から食べてきたから」との回答が3割を超える.

(2)　利用種のバラエティーと献立

　(1)で「2，3か月に1，2回」以上と回答した者を対象とし，「海藻類10種を用いる程度」を尋ねたところ，一定の利用がある（「よく使う＋使うことがある」）と認識している種が40歳代までの回答では平均で3種程度であるが，60歳代・70歳代以上では4.5種程度であった.　「よく使う」と認識されている種も，40歳代までの回答では平均値で1種に満たなかったが，60歳代・70歳代以上の場合は平均すると1種は何らかよく使う海藻がある.

　種ごとに個人の食行動での利用程度とその世代別の分布をみると（表Ⅰ-1-1），地域内で流通が多い・容易，あるいは周年販売されている種では多くの回答者が一定程度用いているとした.　ただし，調理が容易なもの（アオサやモズク）に比べる

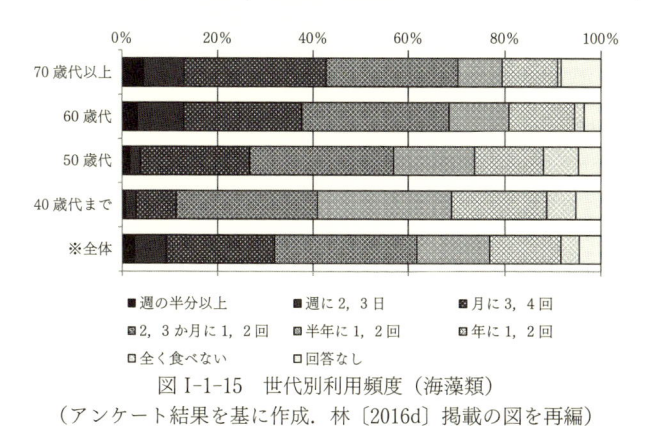

図Ⅰ-1-15　世代別利用頻度（海藻類）
（アンケート結果を基に作成.　林〔2016d〕掲載の図を再編）

表 I-1-1　種ごとの食卓への取り入れ程度とその世代別動向

海藻種		地域らしい海藻種それぞれの利用頻度について，「よく使う」＋「使うことがある」を選択した回答者の割合（単位：％）【回答者数】				
		全体【550】	40 歳代まで【50】	50 歳代【131】	60 歳代【259】	70 歳以上【80】
能登半島全域で利用頻度の高い	アオサ	75.6	66.0	80.2	73.7	77.5
	絹・岩モズク	75.1	58.0	71.0	79.2	81.3
	イワノリ・ハバノリ	71.1	76.0	66.4	71.8	71.3
奥能登地域でより利用頻度が高い	カジメ	69.5	34.0	63.4	74.9	77.5
	ホンダワラ	50.7	28.0	52.7	54.1	47.5
局所的に利用頻度が高い	アカモク	22.0	12.0	15.3	29.3	18.8
	ツルモ	18.2	8.0	16.8	20.1	23.8
	エゴ	15.3	4.0	9.2	18.9	22.5
	クロモ	12.0	4.0	8.4	12.7	23.8

（アンケート結果を基に作成）

と，乾燥品では水戻ししたのちに調理を要するようなひと手間かかる種（カジメやホンダワラ）について，40 歳代までの利用程度と 60 歳代・70 歳代以上のそれとのギャップが大きい．地域内で採取量が少ない，調理に手間がかかる，季節に応じて用いる種や，献立や調理方法が十分理解されていない種（ツルモ，クロモ，エゴ）では，40 歳代までの利用は 1 割に満たない．

　用いた献立として挙げられたものは，10 種全体では汁もの，酢の物・和え物が，煮物が多く，どの世代でも食卓に取り入れられている．70 歳代以上の回答者の記述には，昔は味噌で和えた海藻を串に巻き，囲炉裏端であぶって食べていた旨の回想が散見された．旧門前地区食改や石川県漁協輪島支所の海女グループへの聞き取りでは，ホンダワラなどの海藻類を甘味噌や唐辛子味噌と和えたものを串に巻きつけたり箸に挟んだりして巻き，囲炉裏端で焼いて食べる郷土料理（ぼんばら焼き・味噌焼き・串焼き）は，調理環境の変化もあってフライパンでの焼きつけ，トースターで焼くなどの調理方法に置き換わるなど，過去献立の質から変化もみられるが，現在も献立を用いる人があるという．

　とくに奥能登の高齢層のあいだでは，個々の海藻の特徴に応じて使い分けられ，さまざまな調理法や献立がみられる．若年層でも盛んに利用している回答者の場合には，サラダやパスタのように洋食の献立や，しゃぶしゃぶの具材のように容易な調理法での活用も散見され，食卓に取り入れる工夫も感じられる．一方，高齢層の記述には，「昔は自宅や集落で葬式・法事を営むときに海藻を使った献立を作っていたが会館で仏事を行うようになって調理をしなくなった（摂食機会が減った）」

旨の指摘もみられた（第Ⅲ部コラム③参照）．

(3)　20年前との頻度の変化，その背景

　現在と20年前との海藻類の利用頻度を比較すると，全体では回答者の45.0%は20年前より利用頻度が「減少」している．現在の利用頻度は20年前より「増加」した者の割合は，20年前に海藻類の利用が「2，3か月に1，2回」以上の回答群では18.8%，「2，3か月に1，2回」以下の回答群では11.4%であった．「減少」した者の割合は，「2，3か月に1，2回」以上の回答群では34.3%，「2，3か月に1，2回」以下の回答群では47.1%であった．「食べる人」と「食べない人」の分化が一層進んでいる．

　世代別では，現50歳代（つまり，20年前〔1995年〕に30歳代であった世代）は「減少」したものが45.8%と最多であった．加齢による好みや調理環境の変化などを考えたとき，現70歳代から現50歳代への食習慣の伝承が，現70歳代以上の世代とその親世代とのそれに比べて充実，強固ではなかった可能性もある．現50歳代への今後の加齢による嗜好の変化も，現70歳代以上ほど期待できない可能性がある．一方，現40歳代まで（すなわち，20年前に20歳代以下で，現50歳代の子世代も一定程度含まれる）では，「増加」（19.5%）が他世代より若干高率であった．自由記述では，「他県・他地域から嫁いできてはじめて海藻やその食べ方を知った・食事に取り入れるようになったので」増加した旨の指摘が散見された．

　利用増減の背景・理由（表Ⅰ-1-2）は，どの変化グループでも，「健康によいから」が多く挙がり，とくに高齢層ではその割合が高い．海藻類は，血圧降下作用や抗腫瘍効果，整腸作用など多様な機能性を有している（今田 2003；山田 2013）．また，「自分や家族が好き・食べ慣れているから」，「食材のおいしさを感じて」いる回答者も割合が高い．世代を問わず多くの人々が，海藻という食材に対して，プラスの評価・支持をし，食習慣を継続していると考えられる．積極的な献立採用や地域内・世代間で調理の伝承を行う傾向もみられ，食卓での利用を維持・増加させている．この点は，後項で触れる魚醤油とは対照的である．

　そのうえで，「増加」回答者は「地元産の海藻の販売機会・場所が増えて買いやすくなった」，「手軽に調理や保存ができるようになった」のほか，「家族や自分の加齢による嗜好の変化」，「家族構成・年齢層の変化」を挙げている．一方，「減少」では，「海藻を採取している／くれる親類・知人がいなくなった」，「地元産の海藻が手に入りにくい」を挙げる者が多く，「値段が割高」，「思うような品物が手に入らない」も比較的多い．

　調達の容易さについて，「増加」選択者と「減少」選択者とのあいだで評価が分かれている．海藻を採取している親類・知人からの分配や自家消費のように，市場を介さない地域資源の活用が従前から主であった．そのため，地縁・血縁に依存した資源のやり取りがあった・容易であった人にとっては，採取者の高齢化の進行な

表 I-1-2　「海藻類」の利用増減・維持の背景・理由

利用頻度の増減あるいは維持の背景・理由	各状況を回答した人数に占める各項目を選択した者の割合（％）〈複数選択〉		
	増加	維持	減少
食材のおいしさを感じて	26.6	17.7	11.7
健康に良いから	39.1	33.0	20.1
知人の教えや TV・資料等や学習会などで海藻（食）の良さを知った	6.3	5.5	2.9
調理方法や献立が分かった	6.3	3.3	1.3
自分や家族が好きだから・食べなれている	18.0	27.1	20.1
価格が手ごろになった	2.3	1.4	1.0
地元産の海藻の販売機会や場所が増えて買いやすくなった	14.8	7.2	2.3
手軽に調理や保存ができるようになった	14.8	12.2	4.9
商品の種類が豊富になった	6.3	3.6	1.0
和食を選ぶ機会が増えた	4.7	4.7	2.9
自身や家族の加齢の影響で嗜好が変わってきた	10.2	5.5	10.0
思うような品を購入しにくくなった	2.3	4.7	12.0
地元産の海藻が手に入れにくい	14.1	19.4	29.1
食材のおいしさなどを感じにくくなった			2.6
価格が割高になった	3.1	6.9	15.5
摂取する利点を感じにくい・わからない	3.9	2.2	0.6
調理方法や献立がわからない・少ない	7.8	11.9	10.4
洋食を選ぶ機会が増えた	2.3	1.7	4.2
家族構成・年齢層の変化の影響	8.6	6.6	29.1
身内や知人の海藻採捕者が居なくなった	1.6	8.3	20.4
自分で食事を作ることが少ない・減った	0.8	2.2	3.6
その他	10.9	6.1	4.5

各区分の選択率上位 3 項目は太字．選択率 20％以上／10％以上の項目には，濃灰色／薄灰色の網掛け．
選択者なしの項目は空欄表示．
（アンケート結果を基に作成．林〔2016d〕掲載の表を再編）

どによる分配機会・量の減少の印象が強い．反対に，スーパーマーケットなどでの購入で資源を得ている人にとっては，販売機会・量の増加による資源へのアクセス向上の印象があると考えられる．

　アンケートへの協力が得られた地元資本のスーパーマーケットや個人商店の多くが，海藻類を（採取時期にはできるだけ生鮮品で，周年では乾燥も含めて）できるだけ店頭に置くよう努めていた．多様な種を切らすことなく網羅して販売することは不可能だが，カジメ，絹・岩モズク，ホンダワラのような主要種だけでも，多く

の地域住民にとってアクセスしやすい購入環境が存在することは有意義なことである．今後ますます社会環境が変化していくことを考えると，小売業者らによる一定規模での継続的な海藻類の扱いは，地域の食習慣・文化の継承，食材（資源）の活用のうえで重要な仕掛けといえる．

5．魚醤油の利用状況と地域のひろがり，世代別の利用傾向
1） 魚醤油の利用状況

ここからは，魚醤油の利用に関するアンケート結果を見ていく．

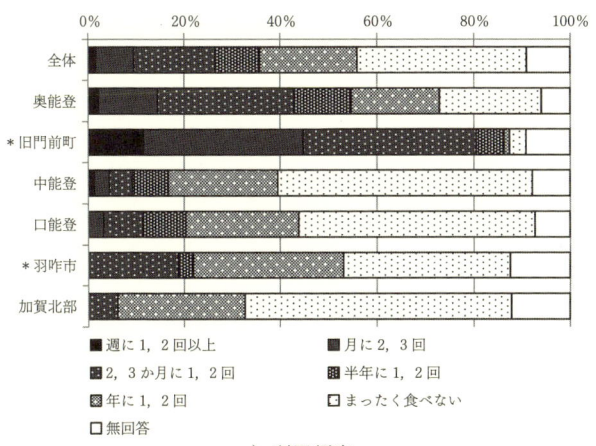

a）利用頻度

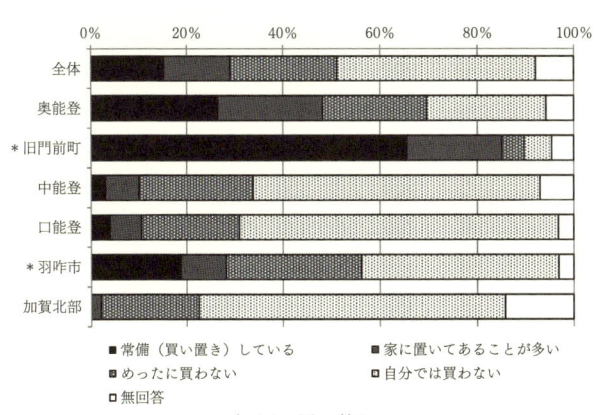

b）買い置き状況

図Ⅰ-1-16　魚醤油の地域別での利用・買い置き状況
（アンケート結果を基に作成．林〔2016b〕掲載の図を再編）

「利用頻度」を問うたところ，全体では年間でおおよそ「2，3か月に1，2回」
程度以上の頻度で食卓に上っている割合が2割強あった（図Ⅰ-1-16a）．しかし，
「まったく食べない」とした者も3割強ある．行政上の地域区分別にみると，奥能
登では，4割以上の者が「2，3か月に1，2回」程度以上用いている．参考値では
あるが，旧門前町食改の回答では8割あった．しかし，隣接する中能登・口能登で
は「2，3か月に1，2回」程度以上とした者の割合が，一気に1割前後へと落ち込
む．加賀北部にいたっては，「月に2，3回」程度以上の利用を選択するものはな
く，「まったく食べない」が6割近くを占めていた．

　そもそも家庭に魚醤油が置かれていなければ，調理に利用する可能性はなく，買
い置きがあれば適する献立の調理を思い立った時に調味料として選択，利用される
機会が生じやすくなるだろう．そこで，「買い置きの有無」も確認したところ，「常
備している」，「家に置いていることが多い」をあわせても全体の回答では3割弱で
しかない（図Ⅰ-1-16b）．奥能登では「常備している」，「家に置いていることが多
い」をあわせると5割弱と高いが，中能登・口能登では1割前後しかない．そして
加賀北部では，家庭で魚醤油を見かける
ことがほぼない状況にあり，「自分では
買わない」との回答が6割を超えてい
る．

　市町村別の魚醤油の利用頻度，買い置
き状況の分布（図Ⅰ-1-17）をみると，
奥能登の市町村の程度と，それら以南に
所在する各市町村の程度との差は大き
い．魚醤油の市町別利用頻度は，海藻類
の市町別の利用頻度（前掲図Ⅰ-1-11）
でみられた行政上の地域区分の奥能登か
らそれに隣接する市町で徐々に利用頻度
が低下していく傾向とは異なる動向と
なっている．

　このように，家庭で魚醤油が一定程度
購入され，調理に利用されている地域の
ひろがりは，行政上の地域区分の奥能登
と一致する範囲にとどまっている．この
点を鑑みると，魚醤油は能登地域の内部
の構造，地域区分である「奥能登」を見
出し，説明する指標（ものさし）のひと
つとして有効といえよう．他方で，口能

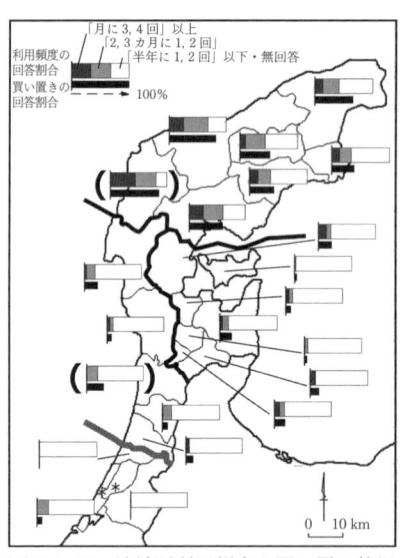

図Ⅰ-1-17　地域別利用頻度と買い置き状況
（魚醤油）
（アンケート結果を基に作成．林〔2016b〕
より転載）
注：旧七塚町・旧宇ノ気町は設問への回答
数が少なく割合を示すことが不適であるた
め図中の表示を＊としている．

登・中能登は，利用が活発な奥能登と比べると買い置き状況や利用頻度が低い．それでも，魚醤油を年に1，2回以下しか用いず，買い置きもほぼない加賀北部に比して，明らかに活用度が高い．

2）　世代別の魚醤油利用傾向

(1)　現在の利用頻度，買い置き状況，用いられる献立

　魚醤油を食卓でどの程度利用しているか，その頻度を尋ねた（図Ⅰ-1-18a）．その結果，全体では，「月に2，3回」以上使っている人は1割程度しかなく，「2，3か月に1，2回」以上でも全体の4分の1程度でしかない．そして，「全く食べない」とした回答者が35%もみられた．先に考察した地域資源（「海藻類」）の利用頻度と比べて，地域住民による当該の地域資源（魚醤油）の利用や支持はより低迷している．

　世代別では，「2，3か月に1，2回」以上の利用が70歳以上の回答者では4割弱，60歳代では3割強みられる．一方，40歳代までの回答者では，約6割が「全く食べない」，約2割が「年に1，2回」としている．50歳代でも「全く食べない」者が4割を超えている．この点を鑑みると，（すべて親子・嫁姑関係があるわけではないが，）地域内の現70歳代以上（親世代）と現50歳代（子世代）とのあいだでの魚醤油利用の伝承は活発ではなかったと考えられ，現時点ですでに地域食材の伝承環境はかなり厳しいといえよう．

　魚醤油の買い置きの有無を尋ねた結果では（図Ⅰ-1-18b），60歳代と70歳代以上では「常備している＋家に置いていることが多い」が35%を超えるが，50歳代では2割強，40歳代まででは1割に満たない．若年層にとっては，魚醤油は調味料の選択肢としてほとんど認識，支持

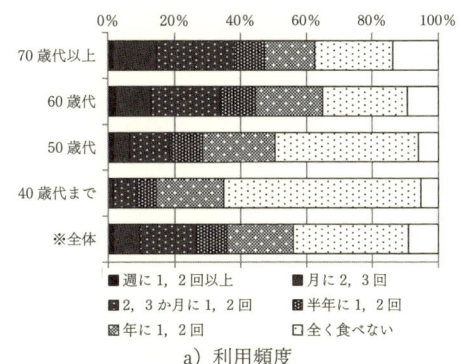

a）利用頻度

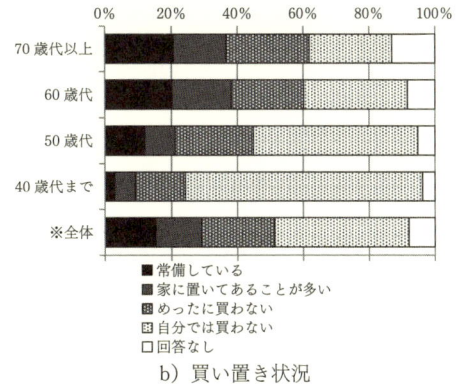

b）買い置き状況

図Ⅰ-1-18　魚醤油の世代別での利用・購入状況（アンケート結果を基に作成．林〔2016d〕掲載の図を再編）

されていない結果となった.

　自由記述では 60 歳代・70 歳代以上の回答者のなかには,「こどもの頃には自分の家庭で祖父母や親が魚醤油を作っていた」旨の記述が散見される. しかし, 旧門前町食改への聞き取りや小売業者へのアンケートによると, 現在では自家製魚醤油を用いることはほぼないとされるので, 消費される魚醤油は業者製造品で小売店での購入, あるいはもらい物で調達していると考えられる. 小売業者へのアンケートでは先述のように, 大半の店ではアイテムの違いや品数に差はあるものの何らかの魚醤油商材を置いていた. したがって, 食材と地域の人々との接触機会(購入の場)は一定程度確保されているので, それを受容する側の食材への接近(購入・摂食行動)の動機づけに課題があるといえる.

　魚醤油を用いる献立は, 地域の魚介や野菜などを魚醤油で煮る「かいやき」(前掲, 図 I-1-8a)が特徴的である.「かいやき」は, 囲炉裏端で銘々の貝殻で煮炊きする調理スタイルから, ガスコンロを使って鍋で家族分まとめて調理する方法に変容はしているものの, 冬の献立として一定の支持はされている. ただし, 旧門前町食改への聞き取りや小売店へのアンケートによると, 大手調味料メーカーから発売されている多様な鍋用調味液の流通により, 魚醤油を鍋のだしに用いる機会は減少傾向にある. なお,「かいやき」には, 海藻類も主要な具材として用いられる. 魚醤油を用いた他の献立としては, 野菜の浅漬けや鍋物,(サト)イモとタコの煮物(いもだこ), ジャガイモとイカの煮物, 水産物の一夜干し製造の漬け汁としての利用, 刺身の醤油の代わりの利用が多い. ただし旧門前町食改への聞き取りや小売店へのアンケートによると, 大手調味料メーカーから浅漬けの素が多種販売され, それらが手軽, 安価で, さっぱりとした味付けであることから若年層に支持されている. そのため, 以前に比べると野菜の浅漬けの漬け汁利用などは減っている. 魚醤油を漬け込み液にした水産物の一夜干しも, 家庭で作る人が減っている.

　他方で, チャーハンなどの中華料理, パスタ, カレーライス, 炒め物などの隠し味に魚醤油を使用しているとの回答は, 利用頻度が比較的高い者で世代を問わず多く得られた. これらは旨味調味料としての特性を活かした利用方法である. 今日の食生活のあり方に即した使用法, 工夫がより多くの人々に理解されることで, 用いられる量は少なくとも地域の食卓での継続的な食材利用を喚起できる可能性もある.

(2)　20 年前との頻度の変化, その背景

　20 年前の利用頻度と現在のそれとを比べると, 全体では 59.5%の者が利用頻度を「維持」しているとしたが, 先述 2)の(1)のように, 現在の利用頻度が必ずしも多くない状況で「維持」あるいは「減少」(27.6%)とした者が多いことから, そもそも 20 年前の時点ですでに魚醤油の利用が活発とは言えない状況であったこと, 現在ではますます食卓で利用されていない状況に陥っていることが伺われる. そし

表 I-1-3　魚醤油の利用増減・維持の背景・理由

利用頻度の増減あるいは維持の背景・理由	各状況を回答した人数に占める各項目を選択した者の割合（%）〈複数選択〉		
	増加	維持	減少
自身や家族が好き・慣れ親しんでいる	10.4	10.8	18.4
美味しさや独特の味・香りを感じて	22.9	12.3	15.5
和食の機会が増加	2.1	0.7	
知人やTV・資料など，学習会などで良さを知った	13.5	2.7	2.4
利用方法や献立が分かった・増えた	15.6	2.9	
価格が手ごろになった		0.4	1.0
いつでも販売されていて購入しやすくなった	17.7	9.0	7.7
自身や家族の加齢から嗜好が変わった	9.4	2.7	4.8
自身や家族は魚醤が嫌い・苦手	8.3	14.1	15.9
魚醤独特の味・香りが苦手	11.5	16.1	15.5
塩分濃度が高い（味か塩辛い）	12.5	10.8	21.7
使い方・献立など分からない	14.6	16.6	7.2
摂取する利点を感じにくい・わからない	6.3	3.8	2.9
価格が割高	2.1	2.2	1.9
販売されている封入量が多くて使いきれない	2.1	2.7	8.7
身近ではあまり販売されていない	3.1	6.3	4.8
洋食の機会の増加		0.9	1.0
健康に悪そうなイメージがある		0.2	0.5
自身の家庭で食べつけてこなかったから	18.8	34.8	16.9
家族構成の変化や年齢の変化の影響	8.3	3.4	17.9
自分で調理する機会が減少	1.0	1.3	1.9
その他	2.1	5.8	3.9

各区分の選択率上位3項目は太字．選択率20%以上／10%以上の項目には，濃灰色／薄灰色の網掛け．選択者なしの項目は空欄表示．
（アンケート結果より作成．林〔2016d〕掲載の表を再編）

て，世代を重ねることで加齢効果が生じて伝統的な食材を受容していくという傾向は，魚醤油では生じなかったと考えられる．
　魚醤油の利用頻度の増減や維持に影響する要因や背景を，表 I-1-3 に整理した．利用の増減あるいは維持に関わらず，多くの回答者が「自身の家庭で食べつけてこなかった」ことを理由に挙げた．また，「増加」では「使い方・献立が分からない」とする者もいるが，それと同程度「知人やTV・資料，学習会などで良さを知った」，「利用方法や献立が分かった・増えた」との指摘もあり，食材への出会いや理解を通じて「美味しさや独特の味・香りを感じて」利用を増やしている動向をみることができる．一方「維持」とした者では，「使い方・献立が分からない」とした

者が多い．食材を実際に経験して認知，理解する機会が十分得られなかったことで，「食わず嫌い」を生み出している可能性もある．類似する調味料として人々に想起される大豆から製造される醤油と比べると，魚醤油の特性や適切な用い方などが人々に十分に周知されていないことや献立や調理方法になじみがないために，能登地域にあってもとくに若年層では家庭での利用が低調となっている．

　「自身や家族が好き・慣れ親しんでいる」とした回答は，増減・維持いずれのグループでも一定の選択率がみられる．「美味しさや独特の味・香りを感じて」利用を増加させる人もある．しかし，それと同時に「維持」，「減少」では，「魚醤油独特の味・香りが苦手」，「塩分濃度が高い（味が塩辛い）」とマイナスのイメージ・評価が同程度なされている．魚醤油は，独特の香りや味を持っており，醤油と同量で用いると味が濃くつき，塩辛さが感じられる．香りや味，塩辛さを好むか嫌うかは，個人の嗜好の問題である．実際に経験を通じてこのような判断をしたか否かは，今回のアンケートでは区別できない．とはいえ，「家庭で食べつけてこなかった」のであれば「食わず嫌い」のまま（周囲の評判を参考に判断して）食材の特性を認知，評価している者も多い可能性もある．魚醤油をマイナスのイメージ・評価でとらえる人（「自身や家族は魚醤油が嫌い・苦手」）が家庭内に多いと，調理に利用されにくくなる．前節で考察した海藻類の場合，「健康に良い」など食材をプラスのイメージ・評価でとらえて，積極的に食事に取り入れられた結果，利用頻度が増えた者が一定程度みられたが，魚醤油の場合は逆の動向をたどっている．「家族構成や年齢層の変化の影響」による「減少」の指摘も目立つ．

　これらから，家庭内に好んで食べる人（高齢層が中心）が存在することが理由となってかろうじて利用が続いている（維持あるいは減少）というのが現状とも推測される．消極的な食伝承であるならば，今後世代交代が進むなかで地域の食材の伝承がさらに難しくなる可能性がある．利用の増減・維持の理由・背景の回答傾向を踏まえると，流通環境以外の側面（魚醤油の特性に対する人々のとらえ方，食習慣の継続性や伝承・学びの有無）がより強く影響しているといえる．

6. おわりに　―地域資源の持続的利用にむけて―
1）　能登地域で特徴的な海藻類の利用状況

　能登地域で特徴的な海藻類は，奥能登 2 市 2 町で特に利用が盛んであり，海藻食に用いられる種の多様さも確認された．中能登・口能登そして加賀北部へと南下するにつれ，利用の活発さが徐々に低下し，用いられる種数も減少していく傾向がみられた．そのことから，海藻類の利用を指標（ものさし）として見出す食文化上の能登地域は，行政上の地域区分で能登地域とされる範囲から若干ずれるが，旧志賀町・中能登町以北の地域ととらえることができる．個々の海藻の利用状況を考慮すると，「奥能登」や「内浦地域」のような能登半島内部の地域構造も浮かび上がっ

た.

　海藻の利用に地域差が生じる背景としては，第一に，海藻の生育に適した岩海岸の分布が能登半島の沿岸部にみられ（他方，羽咋市以南，加賀方面の沿岸域は砂浜海岸が続く），各地の環境条件に適した多様な種が現在でも生育している．地域の沿岸域でどの海藻種がよく生育しているかが，各地で多用される種の傾向に影響すると考えられる．第二に，それら海藻を採取する者が（過去に比べると減少し高齢化しているとはいえ）地域内や身内に一定程度残っているか否かが，人々の地域の海藻類に対する親しみや接近の程度に影響する．第三に，地域内で海藻類が住民のもとに届く経路が確保されているか否かという点である．経路には，スーパーマーケットでの生鮮品・乾燥品での流通のほか，行商などの活用，飲食店や土産物店，直売所などでの提供，地縁・血縁を生かした市場を介さないやり取りも含まれる（第Ⅰ部コラム①参照）．これらの条件がより整っている奥能登では，能登地域のなかでもより活発に海藻類を利用できている．また，奥能登では，農閑期（冬季）の食料確保の観点から海藻類を重視してきた食習慣が存在，継承されてきたこと（日本の食生活全集石川編集委員会 1988；今田 2003）が影響している.

　ここで取り上げた海藻類は，地域の沿岸部から得られる地域らしい資源であり，旬が感じられ，健康にもよい食卓を豊かにする食材であると，ひろく能登地域の多くの地域住民から認知，支持され，現在でも日常の食のなかで多用され続けている．人々は，海藻類を季節や資源特性，食事場面を踏まえて，多様な献立に調理し，年間通じて食していた．くわえて現在では，土産物に採用されるなど能登地域の地域資源として評価され活用されている．回答でも，報恩講（カジメの煮物など）や葬儀（ウミゾウメンの酢の物など），お盆・夏祭り（エゴようかん・エゴもちなど），正月（イワノリの雑煮，ホンダワラを用いた正月飾り）など，折々の行事で海藻が用いられてきた旨の指摘がみられた．能登地域では，仏事がある程度継続されていることや，第Ⅲ部で注目するキリコ祭りなど地域の祭りも多数開催されていることもあり，海藻を用いた行事食の認知や調理，その伝承行為が一定程度続いている.

　なお，アンケートや聞き取りからは，海藻は旬を感じる食材であるとの認知が多数確認でき，「旬の時期に生のものを得て食べることが当然である（乾燥品を用いてまで食べたくない）」，「採捕地域から離れているので食べたいときに手に入りにくい」などの指摘もみられた．しかし，乾燥させた海藻類を保存，活用することで，年中食事に利用でき，急な仏事にも対応でき，祭りの会食などに向けて時間をかけて食材を蓄えていくことも可能で，山間部の集落などへの流通も容易になる．旬の時期の独特な食感，豊かな風味を感じられる海藻に勝るものはないが，乾燥品も重要な役割を発揮している.

　このように，能登地域では海藻類は単に摂取される食材としてだけでなく，風景

や文化，交流を創造する地域資源として重要な存在である．他方で，高齢層の購入・消費傾向と比して，若年層のそれでは選択される「海藻類」が限られ，利用頻度も低い傾向にある．調理が容易な種や流通量が多い種は，若年層でも食事への取り入れが盛んである．逆の特性を持つ種では，利用の活発さは高齢層のそれとのギャップが広がる．

2）　魚醤油の利用状況

　一方魚醤油は，海藻類に比べ，食卓での活用が低迷傾向にある．魚醤油は，能登半島全域で今日の実生活に根付いた食材・地域資源となっているとは言いがたい．海藻類の利用頻度の地域傾向とは異なり，「奥能登」と「中能登（口能登＋中能登）」，「加賀北部」とのあいだで，魚醤の買い置き状況や利用頻度に顕著な差がある．魚醤油を比較的用いている範囲（食文化上の地域区分）の「奥能登」と，行政活動や人々の日常生活で用いられる地域区分としての「奥能登」の範囲とは合致した．魚醤油は，石川県内のなかでも「奥能登」の範囲を海藻類以上に際立たせ，地域にみられる生活文化の理解を助け，当該地域の独自性を説明づける指標（ものさし）と評価できる．

　魚醤油の利用頻度に地域差が生じる背景としては，従前から奥能登の漁業地域を中心に魚醤が製造され，消費の習慣性が一定程度存在してきたことから，当該地域では地域らしい調味料として馴染みがあったが，口能登や加賀北部では調理上の重要度や活用意欲が奥能登ほど高くなかったという歴史的経緯，地域的差違が考えられる．機能が類似する調味料（醤油）のほうが，全国的に食卓へ広く普及しており，利用可能な献立・場面が多様であるなど汎用性も高く，販売の量や種類も豊富で価格的にも手ごろである．金沢市には，江戸期の北前船による物流活動の発展とともに醤油産地（大野醤油）が形成されてきた（青木・林 2020）．そのため，魚醤油の生産が盛んになり一定程度流通，販売されるようになっても，加賀地域では醤油で調味料需要が充分満たされ，奥能登ほど魚醤油の利用の習慣性が高まらなかったと考えられる．

　むしろ魚醤油は，特性（塩分濃度が高く，香りが独特である点など）がマイナスに評価され，利用の方法，メリットが人々に十分理解を得られていない．類似する特性をもつ大豆醤油のほうが，使用場面の多様さなどもあって利用頻度や手に取りやすさが高まると考えられる．奥能登の各市町村市史・誌の記述から，能登地域でも昭和初期から徐々に醤油の流通量が増え，戦後には流通が定着し，金沢（大野）の品や全国ブランドのメーカー品などが多数販売されるようになった．同じ時期に，能登地域で魚の漁獲減少，イカ加工の域外化による魚醤油の原料確保の環境変化もあり，安くて使い勝手の良い醤油への利用転換が顕著に進んだとされる（東四柳 2023）．

　魚醤油を用いるとより風味が増すなどメリットが考えられる献立であっても，今日の調理では常備されている大豆醤油を用いるほうが経済的に合理的とされる可能性もある．既製品のスナック菓子や鍋用だし調整品などの原料に魚醤油が活用されており，消費者はそれら商品を食べて気が付かないうちに魚醤油を頻繁に消費している可能性も考えられる．しかしそのような受容経験は，魚醤油そのものへの理解や評価には必ずしもつながっていない．また，魚醤油は原料となる魚介類の違い，熟成程度によって，風味に幅がある．様々な魚醤油を試す機会も得られにくいため，もしかすると自分の好みに合う魚醤油が存在するかもしれないが，それと出会うチャンスもない者も多いと考えられる．

　魚醤油を用いた伝統的な献立に関しても，魚醤油を使った（浅）漬けを「べん漬け（あるいは，べんなす・べん大根）」として表現・認知している回答はわずかであったし，漬ける・食す機会は限られていた．アンケートや旧門前町食改への聞き取りによると，現在では浅漬け用液体調味料の普及や減塩志向の高まりなどから，以前に比べると魚醤油を漬物液に用いる人が若年層を中心に減っている．かいやきも，さまざまな種類・形態の鍋用調味料が多く流通するようになり，魚醤油を鍋のだしに用いる機会が減少している．他方で，自由記述を確認すると，魚醤油の利用経験を持ち，その特性を理解して用いている人のなかには，（特にイカの）刺身の付け醤油代わりに（イカ原料の魚醤油を）利用したり，昆布巻を炊く汁に加えたり，干物製造の漬け汁として用いることを継続している者もみられる．カレーや中華料理の隠し味に用いるとおいしいと，魚醤油の機能，風味を評価している者も多い．

　魚醤油に関しては，全体でも利用頻度は低調で，過去との頻度の比較でも（消極的あるいは低い利用水準での）維持やさらなる減少が多い．食材に対するイメージ・評価も，マイナス観点により強く反応がみられた．昔から食べ慣れている高齢層では利用頻度や買い置き傾向が比較的継続している．逆に若年層では魚醤油の利用経験が乏しく，大半のものが台所に魚醤油を置いていない．家庭内での食の伝承が充分ではなく，食べつけてこなかった食材であり，食材へのマイナスイメージの先行も相まって，魚醤油の購入や利用を試みる動機づけが働きにくくなっている可能性がある．

　食材を受容するに至る学習行動には，「食材との接触」，「新奇性恐怖の消失」，「食後感の効果」という 3 段階があるとされ，摂食経験を付与することで嗜好性を改善できることや，高い嗜好性にその食品への親近感が関与していること，食材に対する正しい理解を促す情報の付与で嗜好性を改善できるとされる（阿部ほか 2012；真部ほか 2012）．魚醤油は，各家庭で食べつけてこなかったとした者が多数みられたことから，そもそも第 1 段階（食材との接点）で受容・普及上の課題を抱えている．味覚嗜好や調味料選択は食べ慣れにより形成，固定化される傾向が一定

程度あって献立の味の違いは調理（行為・者）への評価にも大きく影響することから（真部 2003；島田ほか 2010；島田ほか 2013），顕著なメリットが見いだされなければ調味料を変更，追加するハードルは高いと推測される．加えて，魚醤油には独特の強い香りがあり，香りのマイナス評価は食品の嗜好・選択により影響を及ぼす（真部 2006；真部ほか 2012）とされる．そのため魚醤油の受容では，第 2・3 段階にも難がある．海藻類と魚醤油はどちらも能登地域らしい食材であるものの，口能登や加賀北部への利用の広がり程度に差が生じた背景は，流通環境だけでなく，これら食材の特質・機能や嗜好形成の特性も影響しているだろう．

　以上から現状では，魚醤油は能登地域に存在する独自性の高い食材であることを多くの人が認め，利用程度が奥能登とそれ以外の地域とのあいだで差が激しいものとなっている．魚醤油は，土産物店での販売や宿泊施設・飲食店での献立提供で「能登らしい」，「能登の」食材として謳われることがあり，地域資源として一定の評価は得られている．アンケートで明らかになった利用実態を踏まえると，魚醤油は「能登らしい」，「能登の」食材・土産というよりも，「奥能登らしい」，「奥能登の」食材・土産ととらえるほうが現状との乖離，誤解はない．ただし現状では，魚醤油は能登地域にあってもその利活用が低迷傾向にあり，能登地域内部でも世代間の利用状況の差が大きい．地域資源の活用においては，実情に即した資源価値の創造，実態ある物語性を活かした PR や地域活性策や，地域との結びつきをより際立たせた活用（食材や地域の固有性や出所などの見える化）が求められよう．

3）　地域資源の利用の持続性の向上にむけて

　奥能登では，海藻類，魚醤油とも利用が盛んである．この食の「ものさし」を用いて石川県を眺めると，奥能登はほかの能登地域，加賀地域とは違った傾向が色濃い空間的ひろがり，地理的空間であると説明できる．これを活用し，当該食品の利用場面や献立を創出し，奥能登ならではの経験ができることを強調したり地域アイデンティティの再認識を試みたりすることで，石川県内の他の地域でみられる食の取り組みとは違った価値や役割のある資源活用，地域活動が展開できる可能性がある．

　現状では，能登地域らしい海藻類，魚醤油とも，地域の食卓での利用頻度が低下しつつある．その一方で，北陸新幹線開業なども影響して観光活性化の機運もあり，地域ならではの食材としてこれらの資源化を試みる主体や地域が増えている．地域住民が食材を日常の食事で継続的に・一定規模で利用していないにもかかわらず，地域食材・資源として外向きに発信していくことは，実態がともなわない見せかけの資源化，イメージ先行の食文化利用になる．

　幸いアンケートでは，海藻類では 66%の人が，魚醤油では 69%の人が「能登地域らしいものととても感じる・感じる」と回答している．地域の人々自身が地域の

食文化を支える食材，地域資源として海藻類，魚醤油を位置付け，その生産・製造や流通，消費を維持しようと考えるならば，これら食材に人々がアクセスしやすい環境づくり，使いたくなるアイデアの提供と，食材やそれを生み出す地域環境・産業への理解を促す工夫が求められよう．

　海藻類に関しては，温暖化のような海域環境の変化にともなう海藻類の資源量の減少や生育場所の環境悪化，範囲縮小などが懸念されている．能登半島沿岸では，過去に比べてこれまで漁獲が少なかった魚種（シイラなど）が増加してきている．海藻に関しても，地域の人々や海女らからは，イワノリやエゴの不作が指摘されている．生育状況が悪化することで，採捕が中止されたり，域内流通量が縮小したりしている．採捕活動が低調になることで，藻場とその周辺の環境管理の体制が維持されにくくなること，採捕者の確保，技術や在来知・伝統知の継承が難しくなることも課題である．

　人間の側の資源への向き合い方，流通過程に関連する課題としては，住民や採捕者の高齢化や人の減少，住民間のコミュニケーションの希薄化，身の回りの食材の多様化による，海藻類への価値評価の相対的低下が挙げられよう．「高齢者が採捕した自家消費用の海藻が，地域内でおすそ分けにより流通し，消費される現象」は，現時点では成立しているものの，20年後には現在のような資源のやり取りを維持できているとは考えにくい．調理・消費の段階では，調理や伝承の機会の減少や，資源と人々との接点の不足，時間的・経済的負担などの心理的障害，現代の食生活に合致した献立が限られることも，地域資源としての海藻類の持続的利用を考えるうえで影響が大きい．

　海藻自体の性質に影響を受ける傾向，課題としては，カジメとホンダワラは，奥能登を中心に能登地域の多くのスーパーマーケットなどでは乾燥品を含めて年間通して販売され，比較的手に入れやすい．また，乾燥品の水戻し時間も短く，灰取りなど面倒な作業がなく，和え物や炒め煮に手軽に調理できることから，調理の心理的障害の程度も比較的低いと考えられる．行事での食材利用も，海藻利用が継続される契機となっている．季節感や地域らしさを感じられる食材である点が評価され，地域住民が消費を継続している側面もある．

　一方，利用頻度が低い海藻類は，そもそも資源量が限られ，採捕海域が限定的であることから，地域内の流通量がわずかである．同時に，アンケート回答では，調理の手間・技術に関わる点（調理前に水戻しや灰の洗い流し，表皮取りが必要，など）や，献立のバラエティーの少なさや味の単純さ，割高感のある価格，家族構成の変化（高齢化，少人数化），調理方法がわからない・伝承されていないこと，などが消費減退の背景，利用に至らない理由として挙げられている．たとえば自由記述では，昔は葬儀の時に皆で料理をし，献立にウミゾウメンの酢の物など海藻の献立があったが，今では会館で葬儀をして仕出しを取るため，それら献立の調理，摂

食機会がなくなった旨が散見された（第Ⅲ部コラム③参照）.

　能登地域内のスーパーマーケットや惣菜店などを観察してまわっても，食材としての海藻類の販売は盛んだが，惣菜部門で地域らしい海藻類を使った品は扱われていない．たとえばカジメの煮物などは，少量調理するより大鍋で作るほうがおいしく，効率もいい．しかし，高齢者の夫婦世帯，独居世帯や多忙な若年層世帯などでは，自宅で作ると負担感や割高感もあり，多量で作り数日同じ献立を食べ続けると飽きも出てくる．もちろん，販売業者らの経営上の都合もあって，同じ海藻の煮物であれば（量産品で広く人々に馴染みがある）ヒジキを用いるほうが効率がよいだろう．それでも，惣菜売り場に地域の海藻を使った品が置いてあれば，人々が「地域資源を理解する」きっかけや「食べたいと思ったときに食べることができる・食べ続けることができる」環境となりうる.

　島根県隠岐でスーパーマーケットを観察した際，地域の海藻である「アラメ」が

図 I-1-19　「アラメ」献立の販売・提供例
（2015 年 9 月，隠岐の島町で購入，撮影）
上：スーパーマーケットの総菜売場に並ぶアラメの煮物
下：定食屋の小鉢に用いられるアラメの煮物

食材（乾物）として販売されるだけでなく，煮物にして惣菜売り場で扱われていたり，弁当のおかずに詰められていた（橋2016）（図 I-1-19）．島内の飲食店でも定食の小鉢でアラメが用いられ，宿泊施設で提供される夕・朝食にもアラメの煮物が提供された．これは，地域内の消費者が（思い立った時に容易に）食べ続ける機会を確保するだけでなく，地域外の人が地域資源に触れるチャンス，経済活動につながる機会にもなり得る．提供・販売が日常的にみられ，接点があることで資源が地域内外の人々から評価されることで，地域外に販路を得たり，外からの好意的評価が地域内の人々の地域資源への再評価，活用場面・スタイルの再発掘を後押しする可能性もある.

　食材を用いる際の手間の問題に関しては，乾燥品を調理するときに表皮を何度も洗い流して水戻しする必要があるツルモを業者が下処理をし，すぐに使える状態にして販売している例もみられる（図 I-1-20）．食材のよさや調理方法などが分からない，手に入りづらいという声には，能登

地域のスーパーマーケットなどで一定の販売
があり，おすそ分けを得られない人でも食材
を得る場は存在する．最近では人口が多く，
能登地域出身者も一定割合住まう金沢市域で
も，地元資本のスーパーマーケットが意識し
てカジメやアカモクなどを店頭に並べる取り
組みも見られるようになってきた．

　接点が確保されると次の段階として，売り
場にある食材の存在に消費者が気づく工夫，
手に取りたくなる工夫と，地元食材である旨
や資源の特徴，食材・商品が有するメリット
や役割，調理方法や洋食を含む多様なレシピ
を人々に知らせる情報発信の工夫が重要となってく
る．地域の特徴的な海藻類の「おいしさ」・メリッ
トの見える化も，研究，情報発信等が進むことを期
待したい．地域の特徴的な海藻類は，食べなくても
深刻に困ることはない食材で，それ自体にはっきり
した味などがない，量産品に比べると高価なもので
ある．それだけに，食べるきっかけを人々（とく
に，これからの食文化を創る若年層）が獲得でき，
かつ食べる利点を実感できる機会がなければ，採
取，消費は他産地産を含む量産品の販売・利用に置
き換えられかねない（あるいは海藻の消費自体が減
少するだろう）．

　魚醤油は資源を無駄なく活用した食品であり，食
材を作り食べ続けることが食文化の継承にとどまら
ず現代的課題（循環型社会の構築，SDGs など）へ
の対応にもつながる．この旨を訴求する工夫もある
（図 I-1-21）．食材の特性を踏まえ，新たな顧客に
むけてそれを発信し，活用場面や市場を開拓する試
みもみられる．また，デザインに工夫を凝らした瓶
やおしゃれなラベル，商品の特性説明や食材を食べ
ることの意義などを付記するラベル添付などの工夫
が増えつつある．

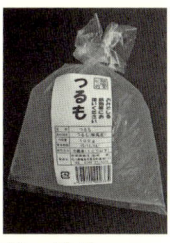

図 I-1-20　下処理前の乾燥ツルモ
（左）と外皮除去の下処理済みのツル
モ（右）の販売例
（2015 年 7・11 月，輪島市で購入，撮
影）

図 I-1-21　商品のコンセプ
トやラベルに工夫を凝らした
魚醤油
（2022 年 3 月，羽咋市で購
入，撮影）
ラベルには，魚醤油の特性，
利用方法のほか，残渣の再資
源化による環境への配慮，ノ
ンアルコール調味料でムスリ
ムの方でも利用できる旨など
が記されていた．

　アンケートからは，食材の利用頻度の増減あるいは維持の背景として，「知人の
教えや TV・資料等，学習会で食材の良さを知った」，「調理方法や献立が分かっ

た」を選択する者が思いのほか少なかった．この部分での対策強化は，まだ余地があると考えられる．海藻類でも魚醤油でも頻度が増加した者はこれら項目を一定程度選択していて，とくに魚醤油の場合は増加の主要因となっている．外食での食材の喫食経験も，食材との接点を得てどのようにして調理すればおいしくいただけるかを出来上がりの観察や実食をともなって学ぶことができる受容の第１段階として重要なものである．最近では，海藻類，魚醤油を定番の和食に限らず洋食に活用したメニュー開発，提供も，能登地域内や金沢市街地でみられるようになり，若年層や観光客も含めて人々に消費する魅力や利点，方法などを形にして示してくれている（図Ⅰ-1-22）．家庭内での消費・伝承が困難・皆無であっても，家庭外で食材との接点が得られたことがきっかけで，食材を手に取り家庭での調理に取り込んだり，家庭外で外食をする際に意識して食材が用いられた献立やそれを提供する店を選択する消費者も少なからず出てくるだろう．

　北陸新幹線の開業にともない増加した石川県，能登地域への観光客に向けて，地域資源として海藻類を活用した商売やもてなしをする人や場面も増えている．能登地域の宿泊施設でも，能登地域の海藻食の多様さを地域らしい献立作りに活用したり，海藻類それぞれの特徴や食べ方をメニューやおしながき，従業員からの説明を通して人々に示す試みもみられる（図Ⅰ-1-23）．ただし，能登地域のある飲食業者の話だが，参加者の年齢層が高めで高価格帯の旅行企画で，ローカルな食や文化を味わうことをテーマにしたツアー客に，能登地域で採取された生鮮を含む数種類の海藻を使った「海藻しゃぶしゃぶ」（一人前3,000円）が昼食提供された際，参加者の多くは食にこだわりがある人だが「いろいろ出てきたのは驚いたが，さすがに飽きる」，「海藻ばかりでこの値段なのは……（同じ値段でカニやブリなら……）」，「おいしさがわからない」，「満腹感がない」のような感想が出たという．地域の人々が認識，受容している地域資源のよさ，機能や，資源の存立条件・歴史などについて，地域外の人々に向けて十分な説明がなされ，彼らがそれを理解，納得し，手に取る必要性や魅力などを実感しなければ，地域の人々と同様に（容易には）その資源とそれが有する価値を受け止めにくい．この点には留意を要する．

　地域外の人々が能登地域らしい海藻類や魚醤油を食した結果，味，機能性，珍しさ，物語性，献立の面白さ，使い勝手などに関心を抱き，高く評価をすることもあり得る．彼らの情報発信に触れて食材・献立を食す別の来訪者が現れたり，さらに新しい調理法などのアイデア提案をする者も出てくる可能性もある．これら地域外からの評価が刺激となり，地域の人々の資源価値の再認識，評価向上，活用への着手，工夫も生まれる可能性もある．個人による評価だけでなく，関係機関などによる評価・働きかけも，地域内外の人々がより積極的に行動や意識をもつ契機となることもある．魚醤油に関連して，（一社）能登半島広域観光協会は，文化庁の令和３年度「食文化ストーリー」創出・発信モデル事業「能登における発酵食文化の発

図Ⅰ-1-22　海藻類や魚醤油を活用した洋食メニュー
左：こな（ハバノリ）ピッツァ／右：いしる海鮮パスタ
（2022 年 8 月，珠洲市で撮影）

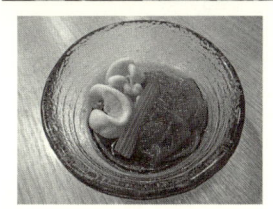

図Ⅰ-1-23　さまざまな海藻類を活用した旅館の食事提供
上段：海藻しゃぶしゃぶ（左写真の右奥）と絹モズクの酢の物
（左写真の左手前）．提供時に，旅館従業員から口頭で海藻の種
類や特徴などの説明があった．右写真は，海藻をだしにくぐら
せることで，鮮やかな緑色にゆで上がったところ（2022 年 5
月，珠洲市で撮影）
下段：前菜盛り合わせに含まれていたウミゾウメンの酢の物
（左）とツルモの酢の物（右）（2022 年 10 月，能登町で撮影）

掘・発信事業」を展開した．この活動では，能登地域にみられる多様な発酵食品に
注目し，その製法，歴史，産業，食文化，担い手などの情報を整理，記録，発信す
ることや，地域内外の人々に調理・消費を体験するワークショップを開催するなど
した．この活動で得られた成果も注目され，2023 年 3 月には「能登のいしる・い
しり製造技術」は国指定登録無形民俗文化財に登録された．また，2024 年 3 月に
は「いしり・いしる」が地理的表示保護制度に登録された[18]．地元の食の魅力，独
自性が評価されたことは，地域住民，魚醤油の製造販売業者，飲食店らにとって製

図 I-1-24 ミニボトルで販売される魚醤油の例
（2021 年 11 月，輪島市で購入，撮影）

図 I-1-25 粉末化された魚醤油商品
（2016 年 2 月，輪島市で購入，撮影）

図 I-1-26 減塩魚醤油や魚醤油と他食材との組み合わせ商品の例
（2022 年 10 月，羽咋市で購入，撮影）

造・継承活動の励みとなっている．

　アンケートからは，海藻類や魚醤油を購入・利用する上での障害となる点も見出すことができた．海藻類では，「販売されている量が多い」，「保存時にかさばる」，「賞味期限や産地が不明」といった指摘が散見された．魚醤油に関しては，「販売されている封入量が多くて使いきれない」が該当する．魚醤油は，かつては野菜の浅漬けや干物づくりの漬け汁として多用されてきたが，今日では 1 回の利用量が当時と比べて少なくなっている．これらの指摘に関しては，商品開発や販売展開で工夫の余地があると考えられる．たとえば魚醤油の場合，近年の販売では，従前からみられる一升瓶や（醤油販売でも用いられる）1.8 リットルペットボトル詰めでの販売のほか，350〜500 ml ペットボトルを利用した販売が増えている．さらに，観光客など初めて用いる人，たまにしか使わない人向けに，手に取り味わうことを試みやすくするよう，100〜200 ml 程度の小容量のペットボトル詰めの魚醤油の販売も，直売所や土産店などを中心に見かける機会が増えてきている（図 I-1-24）．魚醤油を用いたレシピや魚醤油の特性などを記した説明を付した商品，瓶の形やラベルなどの包装のデザインを洗練した商品の開発もみられ，複数の業者の商品の特性比較を示すなど工夫された売り場づくりも増加しつつある．

　あわせて，海藻類でみられた「欲しい・食べたい時に手に入らない」，「価格が割高」との指摘は，流通の問題のほか，全国的に周年・大量流通する商材とは異なり，生産量がそもそも小さく，旬に限定・集中した扱いにならざるを得ないなど，資源特性や流通課題を消費者も理解する必要がある．魚醤油でみられた「価格が割高」の指摘も，消費者が大量製造される醤油と同列に特性や価格を考えようとしているのであれば注意を要する．

　使いやすさや保存の便利さを考慮して，元々の食材の形態を変えることで，人々からの評価獲得や利用継続を実現させる方法もある．例として，粉末化された

魚醤油商材も開発，販売（図 I-1-25），脱塩・減塩あるいは脱臭化された魚醤油の研究，商品化がみられる（図 I-1-26）．魚醤油と他の食材を組み合わせた商品開発，魚醤油の成分を用いたサプリメントの開発もある[19]．「食材の現代化」は，伝統的に用いられてきた地域食材の特性と今日的生活のかたち・ニーズとのギャップを埋め，資源・産業と人とを再結合する可能性を秘めている．その一方で，このようにアレンジされた食材は，「本物」でない，「伝統」が守られていないなど，真正性に欠けると感じる人もあるかもしれない．これらはもはや，魚醤油とは別カテゴリの食材として区別され，多くの人に認識されるようになるかもしれない．

　食材がある商品の原料と化すときに，食材自体の存在やよさ，特性などが直接人々に伝わらない，「見えない化」されることもある．ラベルや食品表示欄に「いしる・いしり」や「魚醤（油）」と明記されていれば，原材料に魚醤油が含まれていることを人々が認識できる．しかし，表示等に魚醤油と視認性が高い状態で記されなかったり，「天然（由来の）うま味調味料」のような記載であると，魚醤油が活用されていることや活用により生まれたメリットに人々は気がつきにくくなる．商品の原材料の重量比で魚醤油の使用がわずかであれば，ラベルに積極的に表示されず食品表示のなかでその存在が埋もれてしまい，人々から注目されない可能性もある．ラベルで「（能登の）魚醤（油）使用」など目立つ表現で記され，存在は注目されても，食材の性質や地域固有性など何らかの解説がなければ，その食品全体の風味のなかで魚醤油の風味の特徴や効果などをとらえきれない人や，食品全体の味の印象や評価で魚醤油の認識，理解をしてしまう（誤解をしてしまう）人もあるだろう．食材の適切な理解，評価につながるような利用の量や方法・場面，情報の発信の仕方を検討，調整するさじ加減は難しい．

　地域資源（食材）を維持，継承していくにあたり，人々が資源を使い続けることが不可欠である．そのときに，どのような形や程度で利用を実現するか，どのくらいまでの変容は許容されるのか．そもそも，地域資源に対して人々が抱く正当さや真正性，伝統の要件は何か．取り上げた地域資源は継承されるべき価値があるものか否か．これらの判断や対応を固めていく作業は，地域外からの目や技術・場の提供の影響も受ける．しかし基本的には，地域の人々の食行動，営みのなかでの共通の認識，合意に基づいて，継承や変容の判断基準や食材の加工・調理や利用のありようが徐々に選択され，定まっていくだろう．

　先述した食材受容に関する学習行動にみられる 3 つの段階に関しては，魚醤油の場合，「自分の家庭で食べつけてこなかった」とした者が多数みられ，受容を促す学習行動の第 1 段階（食材との接点）で課題を抱えており，「食わず嫌い」も多く含まれると推測される．第 1 段階の克服には，先述の例のような手に取ってみようと動機付ける場や環境の工夫，食べやすい調理方法や献立での出会いの提供が求められる．また魚醤油については，旧門前町食改への聞き取りによると，類似のポジ

ションにある調味料の醤油と魚醤油の特性の違いを充分理解していない人が多く，醤油と同じように調理に用い，量を多く使ってしまって「塩辛い」「味がくどい」「香りがきつすぎる」等のマイナス評価をする場面が多々あるという．手に取ったとしても，封を切ってあるいは蓋を開いて魚醤油の独特の香りを感じたときに，苦手意識が持たれることも多い．第1段階をクリアしたとしても，これらのようなマイナスイメージの獲得や利用での失敗に至ると，食材・献立のリピーターにはならない．食品受容の第2段階（新奇性恐怖の消失），第3段階（食後感の効果獲得）の克服には，この点の失敗やマイナスイメージの発生を回避する情報や支援が求められよう．筆者自身も，金沢に住むようになって最初に手にした際に適量がわからず，料理の味付けに失敗して，魚醤油の良さを実感できなかったため，しばらく利用していなかった．この調査のなかで，地元の方々に適切な使い方やコツ，作りやすい献立を教わり，また魚醤油を活用した献立を実際に食してみる機会を得て，改めて調味料としてのよさがわかり，自分でも購入し，調理に用いるようになった．おかげで我が家では，魚醤油はよく用いる調味料となっているし，当時保育園児であったわが子も苦手意識を持たず受容し，いまも食べ続けている．

　「家庭で食べつけてこなかった」ことに加えてこのような調理の失敗経験から，「塩分濃度が高い」「魚醤独特の味・香りが苦手」と感じ，その結果「自身や家族は魚醤が苦手」という状況に至っている人が多いとすれば，魚醤のもつ優れた特性（藤井 2002；寺沢ほか 2010；森 2014；森・小柳 2016）が充分評価されていない実にもったいない現状にあるといえよう．魚醤油は調味料であることを考えると，特性を十分踏まえてそれを活かせば，さまざまな食材と組み合わせて多様な調理場面で利用できる可能性を有している．においが苦手という声が多いが，魚醤油は加熱するとにおいが比較的抑えられる．そのまま食するのではなく，水で薄めて鍋のだしとして用いたり，煮物や炒め物に醤油を用いる際より控えめの量を（少しずつ加えて味をみながら）加えて使えばよい．天然のうま味調味料である点は，現代の食生活のなかで多くの人々から評価を得やすい観点，特性であると考えられる．

　家庭内・親子間での食の伝承が困難になっている点に関しては，地域内で何らかの仕掛けを設けて学習をする機会を若年層に提供することや，スーパーマーケットなどの小売店や飲食店での食材の体験（試食，多様なメニューでの実食）やPOPなどでの食材の特性や用い方などに関する説明伝達の充実が重要となる．アンケートや店頭観察を踏まえると，すでに一部の地元資本のスーパーマーケットや飲食店では，これら食材の販売や商品アピールの方法を工夫し，消費者が一層認知しやすく手に取りやすい環境づくりに努めている．先述のように，食品の加工業者らも，商品に使用方法・レシピの情報を付記するなど配慮をしているケースも増えつつある．魚醤油は，常備可能な食材で，比較的長期の保存もできる．魚醤油は今日では家庭で作られずほぼ小売店で購入されるものである．地域内の小売店などでは常時

販売されているので，人々と魚醤油との購買面の接点は現状でも存在する．自家消費やおすそ分けによる調達・消費が一定程度生じ，手に入れやすさやその量に地域差，個人差が生じやすい海藻類とは異なる流通特性をもつ．販売に関わる者による資源の存在の見える化や特性の分かりやすい説明，利用方法の紹介など，学習機会の提供の充実が（次世代・新規の）地域の購買層の獲得に与える影響はある．また，学校教育や地域活動を通じた次世代（とその保護者を巻き込んで）への学習機会の提供も重要である．これら取り組みの継続，一層の充実を期待したい．

　「資源と人，地域，自然・社会環境との共生」を模索，実現するには，関わりある人々が資源を理解，利用できる機会，特徴や問題点などの情報を共有するための学びや働きかけが重要である（林 2015）．資源や食文化と人々とをどのように結び付けていくか．「見える化」のなかには 2 段階あり，人々からその存在を認知されやすくする段階と，資源が持つ特性や価値をわかりやすく伝えて人々に魅力や必要性を実感してもらい，利用経験を積んでもらう段階がある．能登地域の海藻類や魚醤油の流通や消費に関しても，この 2 つの「見える化」を考慮すると，まだまだ工夫の余地はあるように感じられる．地域資源を適切に持続的に利用することで，あるいは資源に関わる人々の営みが評価されることで，結果として地域の環境や産業，生活文化を継承，活用でき，過ごしやすく満足度の高い生活（QOL）・地域社会の構築や SDGs の実行にもつながる．実現のためには，生産・流通にかかわる者と消費者とがともに社会的責任や質の高いものづくり・場づくりに与える自らの影響を意識し，学びや相互交流を重ねて，配慮や工夫ができる面を探求することが不可欠である．

　なお，能登地域は，著しい過疎高齢化に直面している．特に，特徴的な海藻種，魚醤油の消費が盛んである奥能登地域の各市町では高齢化率が 45％以上（2020 年国勢調査）となっており，珠洲市，能登町では 50％を超えている．この状況にあって，これまで能登地域らしい特徴的な海藻種，魚醤油を扱ってきた地元資本のスーパーマーケット，中小零細の食料品店・飲食店などが，経営を継続できない事態が各地でみられる．代わりに増加しつつあるドラッグストア[20]では，地域らしい海藻種，魚醤油の販売はほぼ見られない．特に，地元で採取された生の海藻類の継続的な販売は難しいと考えられる．現時点では，おすそ分け・物々交換での海藻のやり取り，自家採取での確保が地域らしい海藻種の重要な調達経路となっている．これも，採捕者自身の加齢による作業離脱，コミュニティ内での交流の希薄化，人間関係や食品の非経済的なやり取りに対する考え方の変化などにより，将来的にはその継続が難しくなるだろう．地域ならではの食文化，資源活用による「おいしさ」の享受とその継承は，危機に直面していることを指摘しておく．能登地域の実態は，人口減少社会に突入した日本の他の地域でも将来起きうる状況，課題の先取りでもある．

注：
1）　石毛・ラドル（1990）や藤井（2002）を踏まえると，【（広義の）魚醤】には発酵した魚体の固形部分の食用を意図した「塩辛」と，より積極的に魚肉を分解させる（液体化する）ことを意図し，調味料としての利用に適した品となった「魚醤油」【（狭義の）魚醤】が含まれる．両者の明確な区別は難しく，世界各地で中間的な形態の加工品も存在する．この魚介発酵調味料の表記は，資料や利用場面，使用者により「魚醤」とするものと「魚醤油」とするものがみられ，食品科学や水産学などで指し示す際には「魚醤油」と記されることが多い．商品の流通・販売場面，本章のアンケート調査で地域の人々が自由記述で語るときなどでは，当該の品に対して「魚醤」の呼称が多用される．以下では，文献中やアンケートの設問記載，自由記述以外の箇所では，「魚醤油」と記すこととする．
2）　なお，ワカメも地域で多用されるが，能登地域でも大量に流通している他地域産の生鮮ワカメ，乾燥ワカメと地元産ワカメとの判別が難しいため，考察対象から除いた．モズクは，沖縄産の養殖モズクも能登地域で多く流通しているが，域内で採取，販売される絹・岩モズクのみを対象とした．また，ウミゾウメンに関して，図鑑での記載（多紀・近江 2000），能登地域での販売状況なども踏まえ，ウミゾウメンとナガラモを併記し，その利用を尋ねていた．しかし後日，アカモクの地方名のひとつに「ナガラモ」も含まれることが判明し（池森 2012），富山県での当該海藻の扱いにかかわって，富山県氷見市観光情報サイト（「きときとひみドットコム」http://www.kitokitohimi.com/news/2013/01/post-39.html〔最終確認：2016 年 02 月 01日〕），富山県「海産物業（奥田屋の商品解説文）http://www.kobujime.jp/detail.php?item_id=cat02_20〔最終確認：2016 年 02 月 01 日〕」や，道の駅ひみ番屋街内の店舗での関連商品（アイスクリームや天ぷらのほか，海藻を練り込んだ氷見うどん）の販売でも，地域特産の海藻「ナガラモ」としてアカモクが扱われていた．近年，加賀北部でもアカモクの販売がみられる．この状況から特にウミゾウメンになじみがない（・アカモク〔＝氷見などでナガラモと呼ばれているもの〕に若干認知や利用がある）中能登や加賀北部では，ウミゾウメン（ナガラモ）の回答のなかにアカモクの利用が含まれている可能性が排除できないことから，個別の海藻類の考察結果ではウミゾウメンを除いて紹介する．
3）　たとえば，石川県が能登地域の観光キャンペーン「能登ふるさと博」に関連して作成，配布しているパンフレット（「冬グルメを満載　能登おたのしみガイド　2016 冬」）に掲載された能登地域の「うまいもんメニュー」では，掲載されている献立の写真や解説から確認できるだけでも，能登地域産の海藻類を活用した献立（生かじめラーメン，海藻しゃぶしゃぶなど）を提供している店が 14 軒，魚醤油を活用した献立（いしる鍋御膳，海鮮いしり丼，いしるパスタランチなど）提供では 12 軒確認できた．
4）　今日の日常生活や行政活動では，図 I-1-2 中の「口能登」と「中能登」をあわせて「中能登」と扱うことも多い（たとえば，「中能登教育事務所」「中能登農林総合事務所」）．また，能登半島の東西で「内浦（富山湾に面している地域で（禄剛崎以東の）珠洲市から中能登が含まれる）」・「外浦（珠洲市の禄剛崎以西の日本海に面する地域で，輪島市や口能登が含まれる）」と指すことも多い．ここでは，まず口能登と中能登とを分けて情報を整理し，上述の日常生活などで活用されている他の区分方法も考慮することとした．
5）　対象地域に含まれる市町の会員数は約 9,400 人あったが，高齢の会員を多数含むことや婦人会活動の現状への配慮の必要もあって，県協議会との調整の結果，必要情報量を確保できる範囲での抽出調査での実施となった．
6）　食生活改善推進協議会の活動の目的や内容を考慮すると，県協議会の会員よりも地域の

水産資源や郷土食・伝統的な献立に関心が高い人の参加が多いと予測される．そこで，この2地区のデータは県協議会のそれとは分けて整理し，参考値として考察に活用する．

7）　アンケート配布対象市町の20歳以上女性人口に占める各年齢層の割合（平成22年国勢調査）は，都市的性格が強い加賀北部の人口割合が高いこともあり，40歳代までが18.8%，50歳代が54.2%，60歳代が10.4%，70歳代以上が16.6%であった．一方，県協議会分で回収されたアンケートの年齢層割合は，高齢化が顕著に進行している能登地域からの回答が多いこと，回答者である協議会会員の多くが高齢層であることが影響し，40歳代までが14.8%，50歳代が26.0%，60歳代が44.4%，70歳代以上が14.7%であった．旧門前町食改および羽咋市食改の回答についても同様の傾向で，高齢層の回答が中心となっている．

8）　2015年5月現在のⅰタウンページ石川県版で「スーパーマーケット」で検索された情報から，事務所・倉庫や重複掲載分を除いた215店舗に，2014年6月にアンケートを郵送発送し，郵送返送を求めた．返信のうち，廃業・休業中と回答した店舗を除外した194店舗が母数となり，回収率は23.2%であった．

9）　旧門前地区食改への聞き取りは2015年8月に実施し，50〜70歳代の会員が参加した．彼女らには，海藻・魚醤油を用いた献立の調理と撮影にも協力を得た．石川県漁協輪島支所および同支所の海女グループへの聞き取りは，2015年12月と2016年1月に実施し，グループの海女の年齢は40歳代から70歳代であった．

10）　環境庁自然保護局・海中公園センター（1994）でも，能登半島各所の藻場の存在，食用可能な多様な海藻種の存在，アオサやノリ類，ホンダワラ類，カジメの地域別生息状況に言及している．輪島の海女による海藻類の採捕・販売（林 2015・2016a）や各地の漁協組合員による採捕のほか，過去からの経緯もあって非組合員である地区住民による採捕もみられる（吉田2002）．

11）　たとえば，新聞の読者投稿欄の特集テーマ「冬の味覚」に，能登地域の住民・出身者から，ジンバソウ（ホンダワラ）など多様な海藻類を挙げた投稿が寄せられ（例：北陸中日新聞2016年2月17・18日付），岩ノリ採りのようすは冬の地域の風物詩として報道される（例：北國新聞2015年2月1日記事「久々の晴れ間に岩ノリ採り　珠洲の沿岸部」http://www.hokkoku.co.jp/subpage/H20160201102.htm）．林（2015）で紹介したが，2007年能登半島地震後，住民からの強い要請で，復興基金事業で早急にノリ畑の堀り下げが行われた．

12）　橋 実弥 2017．ローカルフードが果たす役割とその意義　―旧富来町のイワノリ・ギバサを事例として―．平成28年度金沢大学人間社会学域地域創造学類卒業論文．アンケート調査から，沿岸域の住民と山間部の住民とのおすそ分け・物々交換でイワノリ，ギバサなどがやり取りされ，それを人々は好意的に評価していた．門前町史編さん専門委員会（2004：pp132-133）には，「採取した海苔は各家で整形・乾燥し商品化する．戦前までは農村部にもっていき米と交換した．現在は，親戚や知人に売るのが一般的である．ただし，いまなお，農村部の親戚と米で交換を続けている家もある．海苔は，沿岸集落の人びとにとって，現金収入源である以上に，人とのむすびつきをささえる交際品としての価値を強く持っているといえよう」とある．

13）　以下の各市町村史を参照．珠洲市史編さん専門委員会（1979：p784）．輪島市史編纂専門委員会（1975：p749, pp754-755, p756）．能都町史編纂専門委員会（1980：p511, pp518-519）．浦上の歴史編集委員会（1997：p460）．門前町史編集委員会（1970：p279）．柳田村史編纂委員会（1975：p915, pp920-921）．内浦町史編纂専門委員会（1982：pp834-836, p839）．なお，市町村史・誌などでの魚醤油記述の詳細は，東四柳（2023）が詳しい．

14）　スナック菓子や液体調味料（鍋のだし商材など）など，全国流通する量産品でうま味調味料として魚醤の利用が増加しており，大規模な工業的製造も増えている．機能性分析やそれを活かした商品開発などもみられる（たとえば，石川県工業試験場資料（谷口　肇・榎本俊樹・道畠俊英「日本の伝統的魚醤油「イシル」の生理学機能」www.irii.jp/randd/theme/h20/text/guidance02_7.html〔最終確認：2016 年 1 月 27 日〕や，ドレッシング・浅漬けのものなどの開発をした「能登の魚醤油「いしり」―石川県伝統食品の可能性（JAPAN ブランド育成事業）―」http://www.irii.jp/randd/infor/2007_0101/topics1_1.html〔最終確認：2016 年 1 月 27 日〕）や，異業種連携による粉末調味料化の実現（「車多酒造の社員が工業試験場と連携して，魚醤油『いしり』の減塩処理加工技術を開発」https://www.pref.aichi.jp/uploaded/attachment/30743.pdf〔最終確認：2016 年 1 月 27 日〕）．笹木哲也・勝山陽子・武　春美・中村静夫・道畠俊英・榎本俊樹・小柳　喬・谷口　肇・油谷美幸・河道真理・徳田耕二　2010．能登の魚醤油「いしり」を用いたサプリメントの開発．石川県工業試験場平成 22 年成果発表会要旨集．https://www.irii.go.jp/randd/theme/2010/pdf/study11.pdf〔最終確認：2022 年 3 月 8 日〕）．また，資源の有効活用，ゼロエミッションの実現などのニーズから，三大地域以外でも魚醤製造の試みが増えており，現在では，北海道が最大の生産量を誇り，石川県は第 2 位とされている．詳細は，「魚醤博士に聞く！北海道魚醤の魅力」AIR DO 機内誌 rapora ホームページ（http://rapora.airdo.jp/special/001563.php〔最終確認：2016 年 1 月 28 日〕），北海道立網走水産試験場「北海道における魚醤開発の現状と今後に向けて」（水産加工情報 22，北海道立網走水産試験場，2004 年 1 月発行），吉川（2013）参照．

15）　前掲注 13）参照．

16）　2014 年 12 月と 2015 年 1 月の石川県漁協輪島支所と同支所の海女グループへの聞き取りより．海女漁でもエゴの採取は，資源管理の観点から調査時点では休止されていた．

17）　テングサ（寒天）は，能登地域でも多く流通する他産地産と地域産とを区別して利用頻度を問うことが困難であるため調査対象から除外した．地元産は，乾燥品，加工商材（トコロテン）でも地域内で多数販売されており，食卓へも頻繁に登場している．

18）　無形民俗文化財登録については，文化庁「国指定文化財等データベース「能登のいしる・いしり製造技術」」https://kunishitei.bunka.go.jp/bsys/maindetails/322/00001025（最終確認：2024 年 4 月 12 日）．地理的表示保護制度（GI）登録については，農林水産省の登録産品一覧「第 146 号：いしり・いしる」https://www.maff.go.jp/j/shokusan/gi_act/register/0146/index.html（最終確認：2024 年 4 月 12 日）．

19）　前掲注 14）の研究開発事例を参照．

20）　北陸は，全国のなかでも食料品購入に占めるドラッグストア利用の割合が高い．能登地域では，地元資本のスーパーマーケットや中小零細の食料品店の買収・統合もともないながら，域外からのドラッグストアの進出がみられる．これに対して地元スーパーマーケットでは，地元の素材・食品の扱いの充実などで顧客からの評価の獲得を試みている．詳細は，北陸財務局「北陸管内の経済情報（令和 6 年 8 月 6 日）」https://lfb.mof.go.jp/hokuriku/content/006/2024082901.pdf（最終確認：2024 年 1 月 4 日），日本経済新聞 2021 年 2 月 4 日記事「クスリのアオキ，能登のスーパーを買収　ドラッグ店に」https://www.nikkei.com/article/DGXZQOJB048BU0U1A200C2000000/（最終確認：2024 年 10 月 4 日），食品新聞 2022 年 9 月 23 日記事「北陸地区　ドラッグストアの出店攻勢が過熱　地元スーパー「絶対に負けられない」　地域の食で反撃へ」https://shokuhin.net/62190/2022/09/23/ryutu/kouri/（最終確認：2024 年 10 月 4 日）．

【補足資料】

　第 I 部 1 章で注目した能登地域での魚醤油の購入・消費状況に関連して，その後 2022 年に実施した調査（林 2023a・b）で確認できた近年の魚醤油の買い置き状況（図 I-1-27），消費頻度（図 I-1-28）を示しておく．女性団体会員を対象とした第 1 部での調査に比べると，こちらの調査では多様な属性の住民が回答していることから，奥能登での最近の消費・購入動向をより実態に近いレベルで把握できている．地域資源の現在の立ち位置を知る有益な情報といえる．

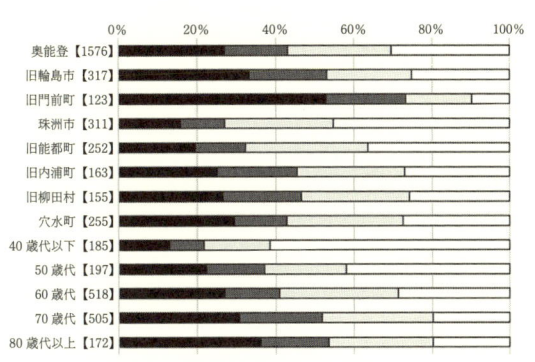

図 I-1-27　近年の魚醤油の買い置きの状況
（林〔2023a・b〕で実施のアンケート結果を基に作成）

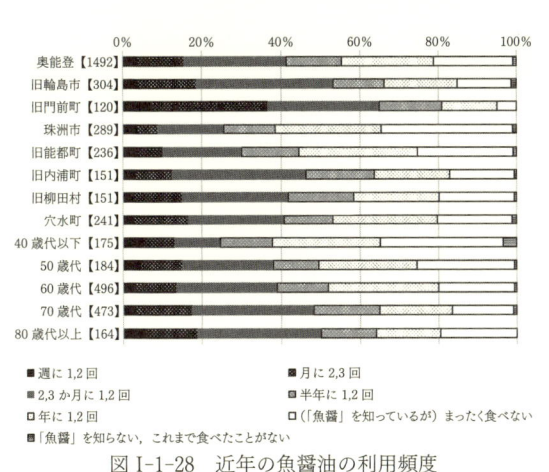

図 I-1-28　近年の魚醤油の利用頻度
（林〔2023a・b〕で実施のアンケート結果を基に作成）

　図Ⅰ-1-27・28 から，奥能登全体では魚醤油の買い置きは常備している者は 3 割に満たず，調理への利用頻度は「月に 2，3 回」以上とした者は 2 割弱，「2，3 カ月に 1，2 回」以上回答でも 4 割強にとどまっている．特に 40 歳代以下では魚醤油を「自分では買わない」者が多数で，「めったに食べない」，「食べたことがない・知らない」回答の割合が高く，地域での魚醤油の消費・継承状況は厳しい状況にある．

献立の消費や評価，その変容
―奥能登の「なれずし」の事例―

1．はじめに

　ここでは，石川県の奥能登地域（以下，「奥能登」と記す）（図Ⅰ-2-1）で食される「なれずし」（図Ⅰ-2-2）に注目し，消費や評価の現況と，献立や食し方の変容，継承上の課題を考察する．なれずしは，能登半島でみられる発酵食品で，「すす，ひねずし，なりずし，すし」とも称される．起源は明確ではないが戦国時代や江戸時代の利用記録があり（出島・高澤 2022），日本の食文化全集石川編集委員会（1988）や奥能登の各市町村史でも過去の利用に関する記述がみられる[1]．

　なれずしの原料は，地域の沿岸域で漁獲される魚（アジ，サバ，ハチメなど）のほか，内陸部では川魚（〔サクラ〕ウグイ[2]，アユ）が用いられてきた．現在では，調達・加工の容易さ，食べやすさ，活発な自然発酵が行える北陸特有の高温多湿期と盛漁期とが重なることから，主にアジが選択されている．内陸部でも，海産魚の調達が容易になったこと，川魚の漁獲減少により，アジなどの利用が主となった（石川県水産総合センター 2007；小柳 2018）．

　なれずしは，小アジが漁獲される春に主に漬け込まれる．食べ頃となる夏から秋には能登半島各地でキリコ祭りなどが催され，後述第Ⅲ部1章のようにその会食（ヨバレ）でも主な献立のひとつとして振る舞われてきた（林 2021a；出島・高澤 2022）．加工方法はまず，原魚の下処理（内臓や目玉の除去，大きいものは切身にする）を施し，塩蔵する．その後，塩抜きと殺菌を兼ねて塩蔵魚を酢で仮漬けするか，酢で洗い流す．魚，米飯，サンショウの葉，トウガラシ（なんば）を木桶へ交互に敷き詰める．大量のサンショウの葉が用いられる点は，能登地域のなれずしの特

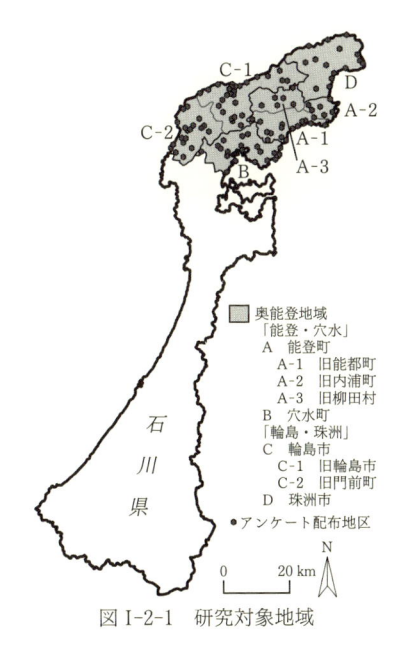

奥能登地域
「能登・穴水」
A　能登町
　A-1　旧能都町
　A-2　旧内浦町
　A-3　旧柳田村
B　穴水町
「輪島・珠洲」
C　輪島市
　C-1　旧輪島市
　C-2　旧門前町
D　珠洲市
●　アンケート配布地区

0　　　20 km

図Ⅰ-2-1　研究対象地域

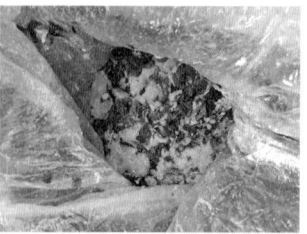

図 I-2-2　奥能登の「なれずし」
（左：2021 年 9 月，能登町〔旧能都町〕の食料品店のものを購入，撮影
／右：同店が漬け込んでいる樽の中のなれずしを，2024 年 2 月撮影）

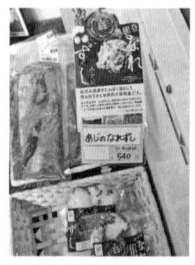

図 I-2-3　なれずしの販売

上段左は 2022 年 3 月，右は 2021 年 9 月，ともに「のと里山海道別所岳サービスエリア」で購入，撮影．柳田村の 2 つの調理グループによる加工・販売品．献立の性格，地域で製造している旨など POP に説明が書かれていた．下段左は，2021 年 9 月，能登町で撮影．図 I-2-2 のなれずしの製造業者店舗．なれずしはこの地域の呼称である「すす」として店入口のガラスに品書きが掲示されていた．下段右は，2016 年 2 月，穴水町のスーパーマーケットで購入，撮影．このスーパーマーケットの金沢市内の店舗でも，季節には能登の味として店頭に並べられていた．

徴である．桶いっぱいに材料を敷き詰め，上部を密閉し，重石を載せて本漬け（乳酸発酵による熟成）をする．発酵後の米飯部分も食す点や，高温期の夏季を経て発酵される点，甘酒などを用いずに漬け込む点，酸味形成に関与する乳酸菌が発酵中に分離され独特な香りがある仕上がりになる点も特徴である．なれずしは高濃度の乳酸量を含有し，微生物フローラや遊離アミノ酸も豊富である．長期発酵を施すことで強い乳酸酸性による保存効果が高まり，1〜3 年熟成させたものが以前には中山間地域を中心に保存食として活用されてきた（石川県水産総合センター 2007；久田・矢野 2010；小柳 2018）．

過去の調査（石川県水産総合センター 2007；久田・矢野 2010；小柳 2018）では，分量や漬け込む長さ，重石の重量などが家庭や業者により多様で，各々に工夫を凝らし，作り方・味を伝承しながらなれずしを加工していた．結果として，それぞれの品の風味や食感などにばらつきがみられる．また，家庭や鮮魚店，食品加工業者らによるなれずし加工が，漁業活動の盛んな能登町の旧能都町宇出津

でみられ，そのほかの旧能都町や旧柳田村，穴水町の複数の集落でなれずし加工が継続されていた．しかし近年では，スーパーマーケット等での購入への置き換えが進んでいる．筆者は 2019〜22 年に奥能登でスーパーマーケットや鮮魚店，道の駅・直売所でのなれずしの販売を確認した．家庭内加工が縮小するなかで，集落や婦人部などグループによる加工・販売もみられた．また販売時に，「ふるさとの味」「能登の味」「能登名産」と称して扱われる例も確認された（図 I-2-3）．

2．調査方法

　地域らしいあるいは伝統的とされる食品・献立の消費や継承，評価の現況と課題，食品のやり取りの状況を把握するため奥能登の住民を対象として実施したアンケート調査[3]のうち，なれずしに関わる項目の結果を取り上げる．

　個人情報を取得せず実施するため，日本郵便のタウンプラスを利用してアンケートを配布し，回答は郵送で得た．奥能登のうち，能登半島の東岸に位置し，富山湾に面する（内浦）能登町と穴水町（以下，「能登・穴水」と記す）には 2021 年 12 月初旬に配布し，2022 年 1 月末を期限として回答を依頼した．能登半島の北・西岸（外浦）に面する輪島市と珠洲市（以下，「輪島・珠洲」と記す）には，2022 年 5 月中旬に配布し，同年 7 月末を期限として回答を依頼した．能登・穴水で 3,983 通，輪島・珠洲で 3,991 通を前掲図 I-2-1 に示した地区に配布した[4]．

　回答は，各世帯で主に買い物を担っている 20 歳以上の者に依頼した．消費の地域特徴や時代変化に注目する調査であることから，居住地あるいは世代の回答がないものを無効回答とした．その結果，有効回収数・率は，能登・穴水 848 通・21.3％，輪島・珠洲 757 通・19.0％で，統計的に妥当な分析が可能な情報量が得られた．回答は，配布地域割合や国勢調査での各市町の 20 歳以上の世代別人口構成と比して著しいずれはなかった．

3．アンケート調査からみえること

　以下，アンケート結果を項目ごとに示す．なお，なれずしに関わる経験や思い出，考えやイメージなどの自由記述について，観点別の出現分布を表 I-2-1 に示す．

1）　なれずしの消費の状況と地域特徴

　ここ数年間のなれずしの消費状況を問うたところ，奥能登全体ではなれずしを「ほとんど食べない」，「知らない，これまで食べたことがない」とする者があわせて 64.1％あった（表 I-2-2）．一定程度食する場合でも，祭りなどのある特定の季節に食べる傾向がある．

　輪島・珠洲では「ほとんど食べない」，「知らない，これまで食べたことがない」

表 I-2-1　アンケートの自由記述に出現した主な記載観点・内容の分布状況

自由記述で指摘のあった主な観点・内容（％） ※両地域のいずれかで5％以上の指摘があった観点を提示	能登・穴水 （記述あり 428人中）	輪島・珠洲 （記述あり 108人中）
食べる・作る地域への言及	11.0	16.7
食べない地域に関する言及	3.7	12.2
おいしい，自分や家族が好き，よく食べる・食べていた	23.8	14.4
毎年・必ず（作る・食べる），欠かせない	6.8	5.0
懐かしい，思い出の味，手作りの味・我が家の味の良さ，親・祖父母らの味が忘れられない	8.2	5.0
嫌い，苦手，（嫌いなので）食べない，食べず嫌い，好みが分かれる	14.3	28.9
食べたことがない・知らない・どんなものかわからない	6.3	11.1
におい・味・見た目などへのネガティブ評価	16.6	24.4
酒の肴，つまみ	2.6	5.0
作り手への言及（誰かが作っている・作っていた，作ってくれた）	34.6	22.2
※うち，男性の作り手への言及	6.1	4.4
自分で作る・作っていた・作ろうとした	14.3	3.3
作り方の習得・学習への言及（作るのを手伝う・見ている，見て覚えた，まねた，作り方を習う・教わる，教える，教わっておけばよかった）	11.7	0.6
作り手がいなくなる，高齢などで作業をやめる，つくらなくなった，購入に変わった	12.1	5.6
祭りとの関係	15.7	12.8
もらう，作ってくれる人がいる・いた，頂き物，くれる	8.9	12.2
あげる人がいる，あげるのがうれしい，ふるまう，おすそ分けする	5.8	1.1
作業方法や手順，分量，作る時のこつ，加減への言及	8.9	4.4
重石の利かせ方，密閉の仕方など作るときのポイント，注意点	5.8	3.3
山椒に関する言及	6.8	3.3
米飯への言及	5.4	1.7
魚に関わる言及（調達方法，下処理の作業，用いる魚種，大きさなど）	23.4	11.1
作るのが難しい，大変，手間・時間がかかる，失敗が多い	12.1	3.9
作り手や家により・年により味や出来ににバラツキ。品による味の違い・好き嫌い	12.4	5.0
大人になって食べられるようになった，おいしさがわかった，大人の食べ物	4.9	5.0
スーパーなどでの販売（購入による消費），取り扱われる品の質や量に関する言及	11.0	6.7
保存食，たんぱく源	5.1	5.0
季節への言及（いつ漬ける・食べる，季節を感じる，季節の風物詩，夏は頻繁に食する，冬に食べる）	10.5	7.8
若い子・家族が食べない	5.8	2.8
能登の食，能登らしい，地域の食文化	5.4	1.1

（アンケート結果を基に作成）

注：各地域の回答者の20％以上が指摘した視点には黒，15％以上の視点には灰色，10％以上の視点には薄灰色で着色している．

表 I-2-2　なれずしの消費状況

区分 （回答数）	ここ数年，「なれずし」をどの程度食していますか（％）						
	1年を通じて月に何度も食べている	1年を通じて月に1，2回程度食べている	ある季節に特に食べ、その時には毎週のように頻繁に食べる	ある季節に特に食べ、祭りなど行事の前後のみ食べる	年に数回食べる	ほとんど食べない	「なれずし」を知らない，これまで食べたことがない
奥能登全体 （1519）	1.6	4.5	7.4	10.1	12.2	41.7	22.4
能登・穴水（791）	2.8	7.5	12.9	16.6	16.3	36.7	7.3
能登町（551）	2.7	7.1	12.5	19.2	14.9	36.3	7.3
うち，旧能都町 （248）	2.4	9.3	18.1	25.4	11.7	28.2	4.8
旧内浦町（152）	0.7	2.6	5.3	4.6	15.8	56.6	14.5
旧柳田村（150）	5.3	8.0	2.0	24.0	18.7	29.3	4.0
穴水町（240）	2.9	8.3	13.8	10.4	19.6	37.5	7.5
輪島・珠洲（728）	0.4	1.4	1.4	3.0	7.8	47.1	38.9
輪島市（428）	0.5	1.2	1.2	3.5	9.3	45.8	38.6
うち，旧輪島市 （311）	0.6	1.0	1.3	4.2	9.3	44.4	39.2
旧門前町（117）	0.0	1.7	0.9	1.7	9.4	49.6	36.8
珠洲市（300）	0.3	1.7	1.7	2.3	5.7	49.0	39.3
20・30歳代（33）	1.5	0.0	3.1	3.1	4.6	36.9	50.8
40歳代（54）	0.0	0.8	3.4	5.1	10.2	40.7	39.8
50歳代（106）	0.5	4.1	2.6	8.7	9.7	51.5	23.0
60歳代（262）	2.0	5.0	6.4	11.2	12.7	43.4	19.3
70歳代（258）	1.6	4.3	10.7	12.5	14.4	38.4	18.1
80歳代以上（80）	3.2	9.0	11.0	7.1	12.3	36.8	20.6

（アンケート結果を基に作成．林〔2023b〕掲載の表を再編）
注：各地域の回答者割合が1位の頻度には黒，2位には灰色，3位には薄灰色で着色している．

回答が 86.0％と多い．輪島・珠洲の自由記述（以下，送り仮名や数値表記を統一のうえ各設問に関連する個所を原文ママ掲載）では，「たくさん魚が獲れたときや保存食として作り食べます．今も 80 歳代の母と同居していますので，一緒に作り食しています．同居しているからだと思います」（珠洲市三崎町粟津・60 歳代），

「81 歳の母はいまでも小アジでなれずしを作っています．弟は好きですが，私は苦手です．今から 50 数年前は，川のウグイで祖父が作っていました」（珠洲市飯田町・60 歳代）のように，漬け込みや消費の経験を指摘する記述も散見される．しかし，「元々当地域ではなれずしを作る習慣がなく，したがっておすそ分けもなく，食したことはほとんどない．馴染みが全くない」（珠洲市若山町経念・60 歳代），「この地域では昔からなれずしに出会うことはほとんどなく，知らない人が多い」（輪島市房田町・80 歳代以上），「母の実家が能登町だったので，なれずしを毎年作っていたので，毎年夏ごろにもらって食べていますが，門前では作っている人がいないように思います」（輪島市門前町勝田・60 歳代），「門前ではなれずしという言葉自体耳慣れない」（輪島市門前町二又川・70 歳代），「ふり売りの方が，30 年前まで持ってきていましたが，今では店で買ってまで食べることはなくなりました」（輪島市惣領町・60 歳代）など，加工・消費が盛んでない旨，食べなくなった旨の指摘が多数得られた．

　ただし，能登・穴水の旧柳田村域と同様に町野川流域に位置する輪島市東部の旧町野町域（1956 年に輪島市に編入）の者（回答あり：24 人）では，「年に数回食べる」以上の回答が 13 人あった．「夫の父が好きでした．おかずの一品として出ていました」（輪島市町野町曽々木・50 歳代），「最初は食べられなかったが，嫁に来てから家でよく食べる機会があり，食べてみたら食べられるようになり，おいしいと思った」（輪島市町野町金蔵・60 歳代），「子どものころから，5 月下旬にはアジを塩漬けし，数十日から一か月後に水気を切り，酒粕，ご飯，米麹，なんばと合わせ，漬物用樽で空気をいて密封し，半年から一年寝かせて食する（保存食，冬）．昔（明治以来，それ以前からかもしれない）から家で続いている．なれずし用の木樽が家にありました」（輪島市町野町徳成・70 歳代）や「他界した父は，釣りが好きで，よく小アジを釣り，さばいてなれずしをたくさん作って，周りの方々によく喜ばれていました．サンショウをたっぷりのせたなれずしの味は父の思い出に重なります」（輪島市町野町金蔵・60 歳代）など指摘があった．

　一方能登・穴水では，夏・秋祭り前後やお盆になれずしをよく食べるとする回答が約 4 割あり，旧能都町・旧柳田村，穴水町でとくに消費が続いている．自家で漬け込むとする記述も多数みられた．「地区の祭りで振舞う．その家，その家の味がある」（旧能都町波並・30 歳代），「最近でも，近隣の地域の祭り（ヨバレ）では必ず振舞われる」（旧能都町崎山・40 歳代），「どこかの地区で祭りになるとヨバレの土産でもらってきたり，知り合いの自宅で作ったものを頂いたりしていた．10 年ほど前までは毎年．宇出津のかわはし商店では作ったものを売っている」（旧能都町羽根・40 歳代），「すすを見たり食べたりしたときは祭りに行った頃のことや当時の人達を思い出す．年に何度も食べるが，そのたびに当時を想う」（旧能都町藤波・70 歳代），「輪島市に育ち，子どものころ食べていた記憶はない．柳田に嫁い

で，宇出津のスーパーでの祭りに行って初めて出会った．おいしいのでびっくりした」（旧柳田村柳田・50 歳代），「40 年ほど前，父が生きていたことは，魚屋さんに頼み，家でも漬けていた．お祭りにはなれずしを大きな鉢皿に盛り，お客さんに振舞うのが欠かせない献立だったと思う．父のお酒のおつまみにもよく使われていた」（旧柳田村柳田・60 歳代），「私の母の実家（能登町旧能都町）では，今から 50 年ほど前子どものころに祖父が家で手作りして，正月や祭礼の特に来客に振る舞ったり，日常的に食べていたのを思い出す．生前，健在なうちは毎年作っていた」（旧内浦町滝ノ坊・60 歳代），「親の世代が嫁いだ先で作って祭りや会に持ち寄って出来栄えを競っていたのを思い出します」（旧柳田村上町・70 歳代），「サンショウのある時期，小アジの獲れるときで年中行事の一つで思い出がある．お祭りの時に出される」（穴水町小又・70 歳代）など得られた．

　ただし，「私の子どものころは，祭りなどで出ていたのでよく食べた．独特の味で，香りがあり，えーっと思っていたが，なぜかまた食べたく思う．結婚してから，家族が食べないから，価格が割高だから，私だけなのでめったに買わなくなった」（旧能都町崎山・70 歳代），「食は地域の生活，習慣に深く関わりがあって，特に祭りの時には膳に必ずあがるお料理です．各家庭で作られていましたが，今はそれも数少なく，若い方はほぼ食べない，作らないものと理解しています．漁師さんの家のなれずしは，漬ける時間も短く，さっぱり頂け，農家さんのは発酵が進んだ濃厚な味．私はどちらも好きですが，作り手が少なくなったから残念だと少し思います．地元の人からはサンショウの葉と小アジがちょうど 5 月だから組み合わせるんだと聞きました」（旧柳田村当目・50 歳代），「長年，10 キロ以上作って夏場よく食べたりあげたりしました．75 歳を過ぎて，歯が悪くなり，血圧も上がって，作る体力もなくなり，一昨年から作っていません」（旧柳田村上町・70 歳代）などのように，比較的漬け込み・消費が盛んな地域でも近年では扱いが減少している状況，その理由への言及がある回答もみられた．

　他方，能登町のうち珠洲市に隣接する旧内浦町では，「ほとんど食べない」「知らない，これまで食べたことがない」が 7 割を超えた．自由記述でも，「能登町では私の住んでいる地域より宇出津の人たちがよく食べておられる」（旧内浦町白丸・60 歳代），「小木地区では，あまり食べる文化がないように思う．柳田地区の人がよく作ったり食べたりすると聞くことがある」（旧内浦町小木・30 歳代），「なれずしは食べた記憶がなく，作ったことはありません．この地域であまり見ることもないように思いますが．話も聞いたことがないように思います」（旧内浦町河ヶ谷・60 歳代）などの指摘があった．

　以上から，なれずしは「能登の食品」「奥能登の郷土食」と言及，紹介されることが多いが，実際には奥能登全域で活用されている献立ではないことが分かる．盛んに利用される地域範囲は現在の行政境界と合致せず，内浦側の穴水町から能登町

旧能都町と，旧能都町の沿岸域との物資流通などで関わりが深い町野川水系域にあたる能登町旧柳田村・輪島市旧町野町域となっている．

　世代別の消費状況は，（調査時点（2021年）で）40歳代以下の回答では「ほとんど食べない」と「知らない，これまで食べたことがない」と合わせると83.0%であった．70歳代以上ではその割合は56.7%であった．特定の季節や祭りの時期に特に食べるとする回答も，50歳代以下では9.5%にとどまる．関連して，「25年ほど前，子どものころ，能都地区の祖父母の家の祭りでなれずしを出されたような記憶があります．食べてみさし，と，勧められたものの，見た目が嫌で食べませんでした．大人になり，子どもも生まれ，なれずしが郷土料理と知り……，次の世代につなぎたい気持ちはあるが，自分が作らない，食べられず……どうしてつなげていけばいいかわかりません」（旧内浦町小木・30歳代），「習慣としては定着していたが，私個人の食わず嫌いで，見た目で判断してしまい，食べることはなかった．幼少のころからの見慣れた調理作業で，6人家族で食べるのは祖父，母，作った本人の祖母だけ．私と弟，父（他地から来た婿）は全く食べることなく育った．だけど今思い返せば，祖母の味をたしなんでおくべきだったなと後悔して振り返ります」（穴水町曾福・40歳代）のような食わず嫌いに関する指摘は，継承上の課題を示唆している．

2）　食べる場面，調達方法

　以下，「年に数回」以上食べている者に，食べる場面を問うたところ（複数回答可：539人回答），奥能登全体では，「普段の食事のおかず」36.4%のほか，後述する第Ⅲ部2章のキリコ祭りなどの「祭り」30.6%，「人からもらったとき」30.4%，「飲酒のつまみや茶うけ」25.6%，「季節を問わず店で見かけたり入手したとき」23.9%と続いた．調達先は（複数回答可：536人回答），「人からもらう」49.1%，「スーパーマーケット」47.0%，「自家で作る」19.0%，「食料品・総菜店」12.1%，「鮮魚店」9.9%，「道の駅・直売所」と「飲食店や他家」が各4.9%であった．

　自由記述ではたとえば，「知り合いが作ったものをもらったことがあるが，もう亡くなってしまい，自分で作ることができないので，スーパーに出ている時に買う．家族が懐かしい味を好むので」（旧能都町宇出津・60歳代），「今は近所の人に頂いています．主人が好きなので，スーパーで買うことも多いです」（旧能都町波並・70歳代），「7，8年前までは近くの人にお金を支払って作ってもらっていた．その人も高齢でできなくなった．10〜15キロ作ってもらい，夏場は三度の食事に添えた」（旧能都町山田・70歳代），「昔，母が魚屋をしていました．その季節になると，アジの目玉を取る手伝いをし，何個も桶に作り売っていました．子どもの頃は苦手でしたが，今は懐かしいです」（旧能都町瑞穂・50歳代），「最近では真空パックのものもあり，年中手に入る．ありがたい」（穴水町山中・50歳代），「アジ

を売っているときや釣ってきたときに塩漬けしておいて，サンショウも家の木から採って５月ごろに漬けていたが，手間暇がかかり過ぎるので，最近はスーパーで買っている，買うとぜいごが取れていないものが多く，あまり買わなくなった」（旧柳田村柳田・60 歳代）など，なじみの販売店の存在，漬け込みを代行する人・店の存在，漬け込み手が無くなることで購入調達に代替した旨や，販売品の質・形態への言及も含まれていた．

3） 漬け込みの経験の有無

漬け込み経験の有無を問うたところ（489 人回答），「作ったことがない」58.9%，「現在も作っている」14.5%，「過去には作っていた」26.6%であった．一定程度消費を継続している者でも，家庭内で加工していない．消費が比較的盛んな能登・穴水（699 人回答）では，「現在も作っている」が 69 人，「過去には作っていた」146 人あった．自由記述では，「季節が来ると，たくさんあるサンショウでアジのすすを漬けるのが私のルーティーンです．主人の兄弟にあげるくらいです．喜んで食べてくれます」（旧柳田村柳田・60 歳代），「60 年前，私が 10 歳のころ，母が毎年なれずしを作っていた．アジ，ハチメ，ウグイもあった．子どもなのになれずしが好きだから，周囲に驚かれていた．父が好物で，いつも食べさせてもらっていた．本当においしかった．その後，母の作るもの以上の美味に出会っていない．自分でも二度ほど作ってみたがうまくできなかった．木製の桶やつけもの石の違いか？」（旧柳田村石井・70 歳代）などみられた．なお，「40 から 50 年前くらいは，親せきに作っている人がいて，頂いたりした．そのころは，主に男の人が得意にしていたというか，主に作っていたように思う」（旧柳田村柳田・60 歳代），「明治生まれの父が特に作っていた．このころは男の人が料理していた．他地域のウグイの寿司は高価で，今では手に入らず残念，格別に美味だった」（旧柳田村当目・70 歳代），「小さいときに祖父がなれずしを作っているのを見て覚えて，自分でも作ってみようとした．１年に１回，５月に作る」（旧能都町宇加塚・80 歳代以上）のように男性の作り手の存在もみられた．前掲表 I-2-1 でも多くの回答者が，漬け込みをする人や作業経験への言及をしている．

また，「定年し，時間に余裕ができてきたなど，同年齢の方々と作り方の交換をしながら作る．結果をお互い試食してもらい，よい点悪い点を出し合い，次の年の参考にしている」（穴水町古君・70 歳代），「我が家では 40 年前はなれずしは作っていなかったが，婦人会の料理講習会で義母が習い，作るようになりました」（旧能都町小浦・60 歳代），「15 年位前，能登高校の授業で親子で作った．漬物器で作れる簡単な方法で．私自身は大好きなので，若いころ木の桶を購入し，いつかきちんと習って作ってみたいと思っていたが，同居する家族も変わってきたり，仕事が忙しく，取り組む機会がないまま，今に至る．今はたくさん作っても食べてくれる

人もいないので，自分の食べたい分だけ店から買ってきて食べる．作ると桶の世話など大変な面もあるので，今は作ろうとも思わなくなった」(旧能都町鶴町・60歳代)，「能登に来て，隣の方にアジのすすの作り方を教えて頂き，毎年漬けている．県外のなれずしを食べる知人4，5名に送り続けている．20年前，不要になった木の樽を頂き，愛用している．すすを漬けなくなった方から」(旧能都町鮭尾・50歳代)といった学ぶ機会への指摘も示唆に富む．

　関連して，前掲表Ⅰ-2-1でも，加工の経験を比較的有していて消費が盛んな能登・穴水を中心に，家庭や販売店，加工年による味の違い・ばらつきや，加工の難しさや手間がかかる点への言及が主な自由記述の観点に挙がった．味の違いやばらつき，不安定性に関してはたとえば，「昔から母が作ってくれていたが，その母でも毎年味が違う．本当にうまいときは，あっという間になくなってしまう．また，兄弟全てが好きであり，嫁もはじめは好きではなかったが，今ではなれずしのベテランの域に入っている」(旧能都町瑞穂・60歳代)，「義母がとても上手で，私が大好きな味でした．まねて私も作りましたが，上手にできず，全部捨ててしまいました．それから一度も作っていません．義母も歳で作ることもできず，店などで買ってきますが，私が大好きな味にはなかなか出会うことができません」(旧能都町瑞穂・60歳代)，「なれずしは難しく，一年一年の出来栄えが違うので(我が家)大変なことです．味が整わないと，樽ごと処分，おいしさ半分，無駄な経費半分(？)．悩ましい」(旧能都町鶴町・70歳代)，「味にばらつきがあるので，おいしくできるレシピを科学的に分析したうえで発信してほしい．はずれに当たると買わなくなるので，安定したおいしさのなれずしを販売してほしい．動画を作成して伝統の食材，文化を残してほしい」(旧能都町藤波・60歳代)，「スーパーに勤めていたころ，作った方々のなれずしを仕入れていたが，味がバラバラで失敗作もあったし，難しそう」(旧能都町波並・60歳代)，「作る人によって味の違いがありすぎる．本当においしいと思うものになかなか出会えない．値段が高いので試食があれば買いやすい」(穴水町甲・70歳代)，「なれずしは，田植えの後，サンショウの新芽が出るころ，小アジを調達し，和形で塩漬けしてから，すし飯など作り，木製の寿司桶で仕込みました．自分で作ったのは10年前かな？夏場の温度変化が激しく，作りにくくなったので終わりにしました」(旧柳田町当目・60歳代)，などがみられた．

　加工の難しさや手間がかかる点，作り方に関する情報伝承が曖昧である点については，「昔，祖母に作り方を教わろうとしましたが，ちゃんとしたレシピはなく，「だいたい」，といつも祖母は言っていました．その時の魚の加減，その時の気候の具合など，その時の塩梅だということです．祖母の手にしか作れなかった味だったんだなと，今改めて思います」(旧能登町波並・40歳代)，「実家の母が毎年今も作っています．アジの大きさは，あまり大きいのはダメで小アジがいいと，きれい

に一匹一匹内臓を取り除き，洗って，出来上がるまでに時間がかかる」（穴水町曾福・70歳代），「そのときのアジの大きさの違い，その年の温度の違いで味が違ってくるので，私はとても難しかったです．母も作っていたのですが，おいしいときとおいしくないときがあったので，あまり教えてくれませんでした」（旧能登町鵜川・70歳代），「35年前にはじめて桶を買って作ったのですが，初めてのなれずしはうまくできたのですが，2回目の時に大失敗をしました．それでこりごりになり，二度と作らなくなりました」（旧能都町瑞穂・70歳代），などが例である．

4）　用いる原材料

　用いる魚種（複数回答可：525人回答）は，「アジ」88.0%，「サバ」23.2%が主で，「ハチメ（石川県でのメバル類の呼称）」は6.3%，川魚の「（サクラ）ウグイ」と「アユ」は各1%台であった．あわせて過去に用いていた魚種を問うたところ（複数回答可：446人回答），「アジ」82.3%，「サバ」22.6%は現在と同様に多用され，「ハチメ」（13.7%），「（サクラ）ウグイ」（13.9%），「アユ」（5.3%）は過去には現在より用いられていた．

　前掲表I-2-1のように魚の調達や下処理の方法，魚種に言及した自由記述も多い．「柳田鴨川で1980年ころは祖母が作っていた．魚はアジ（宇出津），サンショウは山に自生しているもの．2000年頃から父が作り，2015年頃までいろいろな魚で作っていた．アジ，サバ，自ら川で獲ったウグイ，ナマズなど」（旧柳田村柳田・40歳代），「祖母（明治40年生まれ）が作っていた．母（昭和8年生まれ）は嫌いで作っていなかった．子どものころから食べていた．羽根から鵜川に嫁に来てからも，姑（昭和6年生まれ）が作っていた．アジは，近所の大敷網から調達．とうがらし，サンショウ，米は自前．木製の5.3升で2桶作っていた．面倒くさいが，おいしい．作り方を姑から習った」（旧能都町鵜川・60歳代），「母親が夏前になると魚屋さんから大量のアジを買って，自分でさばいていました．かなり手間をかけて重石を載せ，お盆の前くらいに出していました．酢の効かせた味付けが好きでした（粕と一緒にごはんを多めに入れて，ごはんの味もよかった）．一度出したら，全部を親戚にも配っていました．母が高齢になり，作らなくなりました．今はスーパーで買っていますが，母の味とは少し違っていて寂しいです．作り方を習っておけばよかったと後悔しています」（穴水町甲・60歳代），「魚屋さんがアジを漬けてきて，なれずしにする人に持って行く，というのを見たことがあります」（穴水町甲・70歳代），「昔はハチメのもあったが，今はほとんどアジ」（穴水町曽山・70歳代）などの言及があった．

　なお，「サバ」の利用は穴水町からの回答で多く，特に下唐川・挾石地区で目立った．同地区ではサンショウの葉ではなくユズの葉を用いる点も特徴である．自由記述でも，「私の地区では，塩サバと柚子の葉を使います．塩サバを切って酢に

漬け，ご飯を炊いて熱いうちにサバ，ゆずの葉を混ぜて1週間置いてから食べていました」（穴水町挾石・60歳代），「祭りの当番班になるとサバのなれずしを作りますが，各家のこだわりがあって面白いなぁと思います．笹の葉を敷くとか，サバの酢の漬け方とか．その時の気温によっても味が変わるので，難しいです」（穴水町下唐川・60歳代），「私のところは，サバでゆずの葉を使います．義父が毎年夏に作って食べさせてくれ，自分も手伝って作った．ご飯をさまし，塩サバを1センチくらいにキリ，ゆずの葉を入れ，お酢を入れてまぶして，重石をする．1か月くらいで食べられる」（穴水町下唐川・70歳代），など指摘があった．

　また，（サクラ）ウグイの選択の大半が旧柳田村からの回答で，自由記述でも「川がきれいな時には，川からウグイを獲って，なれずしにしたと嫁に来て家で聞いた」（旧柳田村小垣・50歳代），「サクラウグイのひねずしは非常に難しい．また，その家その家によって味が違うし，桶ごとにも味が違う．苦くなったり，失敗が多い．ウグイのすしは最高と思っているが，ウグイの遡上が近年なく，ほとんど食べていない．幻のサクラウグイになったと思う」（旧柳田村小間生・70歳代），「両親が作っているところを手伝って，作るようになった．今は主人も高齢になって，ウグイを獲ることができないから，作らないです．春にウグイを獲って，塩で1か月漬けてから，サンショウの葉が伸びてきたら本漬けする」（旧柳田村小間生・70歳代），など指摘があった．

　サンショウについては，自宅の庭や持山などになれずし製造のために植えている旨や，サンショウをたくさん入れることで風味がよいなれずしに仕上がるとの指摘もみられた．「サンショウは自宅の庭にこのために植えている」（旧能都町崎山・70歳代），「父親が大好きで自分で作っていました．その時はよく食べていました．山からサンショウをとってきて，ごはんやサンショウの香り，魚のおいしさはとても好きでした．今は人からもらったり，ご飯のおかずでスーパーから買ったり，酒のつまみで夫が食べています」（旧柳田村大箱・50歳代），「ひね寿司は，アジを一晩酢に漬ける．固めにごはんを炊き，サンショウ（持山で採取），重石をしっかり載せる」（旧柳田村柳田・70歳代）など得られた．

5）　消費の推移

　40歳以上の者に，約30年前と現在とのなれずし消費の推移を問うた（表Ⅰ-2-3）．食べる習慣のある能登・穴水では，祭りの時期を中心によく食べる傾向を維持している者の割合が一定程度みられるが，輪島・珠洲とともに「ほとんど食べない・食べていなかった」，「知らない・知らなかった，食べたことがない・食べたことがなかった」に回答が集中している．約30年前にはすでに，習慣継承は困難な状況であったといえる．

　約30年前に比べて頻度が増減・維持した背景・理由（表Ⅰ-2-4）では，献立自

表 I-2-3　約 30 年前と現在との消費の増減・維持の推移分布

能登・穴水 (708 人)		①	②	③	④	⑤	⑥	⑦	輪島・珠洲 (391 人)		①	②	③	④	⑤	⑥	⑦
					30 年前の消費頻度									30 年前の消費頻度			
現在の消費頻度	①	1.1							現在の消費頻度	①							
	②		1.7	1.4	2.1					②		1.0					
	③			9.6	2.4					③			1.5				
	④			3.5	10.6		1.4			④			1.0	2.8			
	⑤			1.6	4.2	5.9	2.5			⑤				1.8	7.2	2.0	
	⑥		1.1		3.8	2.5	22.2	5.2		⑥	2.0	1.3	3.6	6.9	46.8	14.8	
	⑦	表示あり項目の合計割合：88.1%						5.1		⑦	表示あり項目の合計割合：92.8%						

注：
40 歳以上のうち，現在・約 30 年前のなれずしの消費状況をともに回答している者を対象として集計．
各地域の回答に占める割合が 1.0% 以上の項目のみ表示．割合が上位 5 位までの項目を網掛け・太字表示．
消費頻度を示す表中の①〜⑦の内容は，以下の通りである．
①　「1 年を通じて月に何度も食べている／いた」
②　「1 年を通じて月に 1, 2 回程度食べている／いた」
③　「ある季節に特に食べ，その時には毎週のように頻繁に食べる／食べた」
④　「ある季節に特に食べ，祭りなど行事の前後のみ食べる／食べた」
⑤　「年に数回食べている／いた」
⑥　「ほとんど食べない／食べていなかった」
⑦　「「なれずし」を知らない／知らなかった」あるいは，「これまで食べたことがない／なかった」
（アンケート結果を基に作成．林〔2023b〕掲載の表を再編）

体の特性の影響を受けた個人・家族の嗜好，家庭・地域内での食経験の有無，季節感や会食の献立のような献立の果たす役割・効果への評価，加工や調達に関連する視点が挙げられている．減少者は，なれずしに対して好意的な評価を抱きつつも，調達・消費機会が減じたり，家族の構成や好みが影響して消費減少に至っている．減少の主な背景・理由のうち，増加や維持では上位に挙がらなかった「周りに作ってくれる人がいなくなった」，「祭りなど行事の会食の調理機会の減少」，「家族構成や年齢層の変化の影響」，「同居する若い世代が好まない」は，今後の継承を考えるうえで留意を要する観点である．

　増減・維持に共通して上位の背景・理由に挙がった「独特の味・香りが苦手だから」も，消費・継承上の主な障害といえる．「くせがある，食べづらい」（旧能都町鵜川・30 歳代），「魚を発酵させたにおいや見た目があまり好きでない」（旧内浦町恋路・40 歳代），「祖父母が生きていたころ（10 年くらい前）は，毎年アジのなれずしを作っていました．私はくさいのと味がだめで，どうしていつも作るのか不思議でたまらなかった記憶があります」（珠洲市宝立町春日野・30 歳代），「親せきの

表Ⅰ-2-4　約30年前と現在での頻度増減・維持の主な背景・理由

順位	増加（212人）	（%）	減少（230人）	（%）	維持（580人）	（%）
1	自身の家庭で食べつけてこなかった	23.6	自身や家族が好き・慣れ親しんでいる味だから	38.7	自身の家庭で食べつけてこなかった	24.3
2	おいしさや独特の味・香りを感じて	22.6	おいしさや独特の味・香りを感じて	37.4	独特の味・香りが苦手だから	24.0
3	自身や家族が好き・慣れ親しんでいる味だから	17.9	作ってくれる人がいるから	26.5	おいしさや独特の味・香りを感じて	21.7
4	独特の味・香りが苦手だから	17.5	季節を感じられる	24.8	自身や家族が好き・慣れ親しんでいる味だから	19.3
5	祭りなど行事に欠かせない献立だから	16.0	祭りなど行事に欠かせない献立だから	22.2	自身や家族が嫌い・食べなれない味なので	16.9
6	作ってくれる人がいるから	15.1	地域らしい食材だから	19.6	季節を感じられる	15.0
7	地域らしい食材だから	14.6	周りに作ってくれる人がいなくなった	17.8	地域らしい食材だから	13.4
8	自身や家族が嫌い・食べなれない味なので	14.2	スーパーや直売所などでいつでも販売されていて調達しやすくなった	17.4	祭りなど行事に欠かせない献立だから	13.3
9	季節を感じられる	13.7	独特の味・香りが苦手だから	14.3	作ってくれる人がいるから	12.8
10	身近であまり販売されていない	10.8	祭りなど行事の会食の調理機会の減少	13.9	スーパーや直売所などでいつでも販売されていて調達しやすくなった	10.2
11			家族構成や年齢層の変化の影響	12.2		
12			自身や家族が嫌い・食べなれない味なので	11.7		
13			同居する若い世代が好まない	10.4		

注：「増加」「減少」「維持」の各区分の回答者のうち，10%以上の者が選択していた項目について，上位から列挙している．

　理由・背景は，複数回答可．増加・減少・維持いずれでも上位に挙がった理由・背景に網掛け．

（アンケート結果を基に作成．林〔2023b〕掲載の表を再編）

人が正月や祭りの時に食べるため，家庭で作っていたので，保存食として頂いた．魚が生臭く，ご飯にもにおいが移り，あまり好きではなかった」（輪島市小田屋町・60歳代），「父いわく，亡くなった母は輪島市の出身だったが，もらったなれずしを見て，腐っている，と捨てたとのこと．私は，大好きなのは父の影響かもしれませんが，子どもには「くさい！」と言われつつ食べています．子どももいつか好きになるかも」（穴水町新崎・40歳代），「腐敗と発酵は微妙」（輪島市小田屋町・60歳代），「母はよく食べていました．食べるように勧められましたが，独特の酸味，米のべちょべちょ感が嫌で，食べませんでした」（輪島市旧門前町大泊・60歳代）のような指摘がみられた．

　好き嫌いについては，奥能登全体（なれずしを知らない・食べたことがない者を除く対象者のうち回答あり1,150人）では，「好き」（35.6％）と「苦手」（33.8％），「どちらともいえない」（30.6％）にわかれた．70歳代以上（499人）では，「好き」が42.1％で首位だが，40歳代まで（103人）では「苦手」が43.7％であった．また，「1年を通じて月に何度も／月に1，2回食べている」者（94人）は70.2％，「ある季節に特に食べ，その時には毎週のように頻繁に食べる／祭りなど行事の前後のみ食べる」者（261人）は75.9％が「好き」と回答した．他方，「年に数回食べる／ほとんど食べない」（795人）者の46.9％は，「苦手」としている．

　これも背景となって，地域外から来た方や若い世代に対して「なれずし」やそれを用いた献立を「能登地域らしいもの」として紹介し，利用・消費を勧めるか問うたところ，奥能登全体（1,048人回答）では「積極的に勧める／勧めてみる」21.9％に対して，「あまり勧めない／勧めたくない」が33.2％であった．「生まれ育ったところがあまりなれずしを食さないところだった．くせのある味なので，好き嫌いがあると思う．好きな人は大好きというし，全く食べられない人も多いと思う」（輪島市三井町長沢・60歳代），「においがきつく，好みが分かれる」（輪島市気勝平町・50歳代），「初めて食べたときに，これは食べられない，と思い，その後は食べていない．子どもたちにも勧めていない」（旧内浦町滝之坊・60歳代），「なれずしは独特な味で好まない人も多い食品だと思う」（穴水町沖波・60歳代），「酸味が強いイメージで，自分からすすんで求めない」（輪島市杉平町・70歳代）など，好き嫌いが分かれる献立，積極的に購入・消費する品ではないとの指摘がみられる．自分自身が食べ慣れていないものを相手に進めることへの躊躇，たとえ自身は好みの献立であっても独特な風味を持つ好き嫌いが分かれるものなので相手のことを配慮してわざわざ勧めない判断に至る，勧めてよいものか悩んでしまう，という思考から，「あまり勧めない／勧めたくない」や「どちらともいえない」が多く現れたと考えられる．

4．おわりに　―なれずしの継承の今後と課題―

　能登・穴水を中心に，過去に比して漬け込みや消費の頻度や量は減じているものの，現在でもなれずしの消費は続いている．ただし，鮮魚の調達が容易になった現代では，保存食としてのなれずしの役割は縮小し，日常食で用いられる機会も減っている．他方で，自由記述や販売観察からは，ヨバレの一品として重視されている面，地域らしい産品として土産に用いられる例も確認された．地域住民の健康増進，食育推進や文化継承を目的とした能登町による「伝え続けたい能登町のふるさと自慢料理」の制定・発信では，なれずしも対象献立のひとつとされた（図Ⅰ-2-4）．しかし，著しい人口減少・少子高齢化や食環境の変化，会食機会の減少などが影響し，作り手の減少や消費量・頻度の減退，作る・食べる行為の減少がみられ，現在すでに継承の活発さや積極性が乏しい状態にある．

　第Ⅰ部1章の魚醤油の受容傾向でも触れた食品を受容するに至る学習行動（真部ほか 2012）に関して検証すると，なれずしの場合，そもそも受容の第1段階の「食品との接触」に課題を抱えている．なれずしを「知らない・食べたことがない」が20〜40歳代では8割を超える．彼らの親世代でも多くが「知らない・食べたことがない」としていた（50歳代：約7割，60歳代：約6割，70歳代：5割強）．

図Ⅰ-2-4　能登町による地域らしいあるいは伝統的とされる食の献立の継承の推進（2022 年5 月，能登町で撮影）上から2 段目「夏」の献立の右端に「あじのすす」が挙げられている

したがって，約30年前の時点で（すべてが親子，嫁姑関係とは限らないが）世代間継承が盛んでなかったと推察される．現在の40歳代以下の者による子世代への継承は一層困難といえる．なれずしに限らず，食品・献立との接点がない状況では，食品・献立に対する他者の感想やイメージなどに左右され，自身の体感を通した特徴の認識，それを踏まえたうえでの好き嫌いの判断に至らない（真部ほか 2012；淡野 2017）．

　受容の第1段階を越えたとして，第2段階「新奇性恐怖の消失」，第3段階「食後感の効果」の克服にも難がある．なれずしには独特な強い風味があり，アンケートの知見では香りに対するマイナス評価や指摘が多数確認された．香りは，食品の嗜好・選択により影響を及ぼすとされる（真部 2006；真部ほか 2012）．このほかにも，漬け込んだ米飯の見た目や食感が苦手とするものも散見された．他者の評価や見た目の印象などを基に，食わず嫌いとなる人も一定数あるだろう．

　自由記述では，発酵食品で健康に良いとする回答も

あるが，酸味が強い，塩分過多になるのではないか，血圧が高くなったので食べるのを控えているといった指摘が散見された．食後感の効果につながりうる栄養素，機能性，摂取の適量などの情報は，不安を和らげるほど人々に充分伝わっていない．説得力ある説明に必要な品の特性を示すデータ等もそろっておらず，発酵食品としてのなれずしの摂食の利点を示す根拠を「見える化」する試み（久田・矢野2010；小柳 2018）が一層進むことを期待したい．同時に，現代，将来の人々になれずしが受容されるには，発酵食品ならではの主原材料の構成や風味の特徴は守りつつも，保存技術・設備や加工方法の向上・改良を活かし，従前品よりも減塩・浅漬け商品の開発やそれに触れる機会の確保が求められよう．現在の食品加工業者らによる販売品には，漬け込み期間の短い「なまなれ」が多い．適度な酸味と若干の塩味に魚の旨味が加わった品であれば，消費者が比較的受容しやすいことがその背景，理由とされる（石川県水産総合センター 2007；小柳 2018）．

　なお，受容の第2・3段階を克服した経験も，自由記述などから垣間見ることができた．「幼いころは食べられなかったが，親になり，交友関係が広がると，地元の食材や料理を頂くことが増え，そのなかになれずしがあった．大人になってからおいしさがわかるものな感じがする」（旧内浦町小木・40歳代），「30年ほど前に地域外から嫁いできて，初めて祭りのヨバレに行き，その家の奥様が作ったなれずしがありました．口にすると，独特の風味があり，とてもびっくりし，飲み込むのに大変でした．それ以来，嫌いなものになっていました．3年ほど前に，とても料理上手な年配の方が作ったなれずしを恐る恐る食べたところ，とてもおいしく，その味で大好きになりました．作り方次第で，塩や重石等の加減で味が違うのだと思います」（旧能都町藤波・50歳代），「お酒を飲むようになってから，食べる機会が増えた．そのことを知った友人が，自宅で作るとくれるようになった」（穴水町宇留地・60歳代），「若いころは食卓に出されても口にしませんでした．50歳以降より好んで食べているような気がします」（穴水町甲・70歳代）などがその例である．若い時に苦手でも，年齢を重ね，食べる場面や用いる品を変えながら，何度かなれずしに触れる機会があることも，受容の可能性を広げる一策といえる．

　地域外の人々の評価，指摘により，地域内の人々が献立・食文化の良さを再認識し，多様な利用方法・場面に気が付くことができる場合もある．結果として，献立や食文化に地域の人々が自信を持ち，作り食べ続ける意義を感じて漬け込みや継承活動を継続する可能性もある．2021年11月の能登町旧柳田村の春蘭の里での聞き取りでは，コロナ禍前に外国人宿泊・来館者が増えた折，地域らしい食品・献立として能登ワインの肴になれずしを提供したところ，「チーズに近い風味でワインにあう」「ローカルフードに触れることができてよい」と好評価を得たという．2011年の世界農業遺産（GIAS）「能登の里山里海」の登録でも，魅力ある構成要素のひとつとして能登地域の発酵食へ注目，指摘があり，そこにはなれずしも含まれてい

る[5]．地域環境に向き合い資源を無駄なく活用する生活様式，在来知・伝統知として，今日的課題を踏まえた新しい価値に照らして注目されている．登録を一つの契機に，コロナ禍以前には奥能登にも外国人を含む観光客の増加がみられ，農業遺産の構成要素でもある地域の食に触れることを試みる人も現れていた．現代の消費傾向では，消費が社会に与える悪影響を回避することや文化的価値をより強く訴求する傾向も人々のあいだに広がりつつある（間々田 2016）．この傾向をとらえ，QOL や SDGs など新しい価値からなれずしを含む地域の食を振り返り，位置づけることで，個人の問題解決や現代社会の課題に迫る意義・効果（取り込みによる食環境の充実，食資源の有効活用による地域環境保全，地域文化の持続，人的交流など）を説明し，人々の関心喚起を試みることも考えられる．使い方や見方，価値の置き所を変えることで現代・将来の食環境や個人の食生活に何らかメリットが感じられれば，受容・継承の壁を低めることが可能な面もあるだろう．

　アンケート結果では，なれずしの調達先として「人からもらう」とする者が半数あった．当該地域の急速な高齢化の状況から，今後作り手の減少・消失やおすそ分け習慣の縮小が予想され，なれずしとの接点や消費機会の喪失・縮小，それによる消費減退が危惧される．これを考慮すると，地域内の食品加工業者や飲食店による提供の拡大，道の駅などでの販売の確保，充実，すでに例がみられる集落や女性グループらによる加工・販売活動の促進も，食の持続のうえで意義がある．家庭や知人，業者らにより品に風味・食感などの違いがあるため，なかには個人の嗜好に合う・合わないものが存在する．そのため，家庭内での漬け込みの継承やおすそ分け行為が困難になり，業者らによる製造へ外部化して購入可能な場所を確保する代替を試みても，必ずしも消費の喚起・継続につながらない可能性もある．それでも，業者らによる製造が継続し，販売店が存在することで，食べたい，食べてみようと思った時に人々がなれずしとの接点を得ることができることは重要である．できれば，様々な風味等に仕上がった品が地域内で作られ，複数の流通経路で提供されることで，自分に合ったなれずしを選択できる余地が生まれることが望ましい．

　なれずしの漬け込み技術の習得には熟練を要し，毎年の材料の状態や漬け込み樽の特性，気象条件などを加味し，材料の量や漬け込み期間などを調整する必要があるが，その加減・勘を会得することが難しいとされる．関連して，経験を頼りに行われてきた加工法について材料の量や手順の数値化・記録が試みられている．比較的多くの人々から支持される漬け込みの程度や風味，酸味の強さに仕上がる加工方法の「見える化」（数値化，再現可能な情報整備）や，安定した漬け込みができる保管方法・道具の工夫が進めば，それを基準として各自，各店で漬け込み程度を好みに合わせて調整，管理すること，なれずし作りへの挑戦が，現在より容易になる可能性がある．なれずしの特徴や良さ，作り方を学ぶ機会・コンテンツを，学校や地域活動，社会教育，観光に提供していくことも地道ではあるが重要な対策であ

る．加工グループの活動支援や公民館等での調理講習など，興味を抱いた人への技能習得の機会の確保も課題である．技術を持つ住民の高齢化や人数の減少を考慮すると，将来作りたいと考えた人が現れたときに直接指導を仰ぐことができない状況も考えられよう．継承意思のある人でも，身近には伝える相手がない，分量や作業の加減などを具体的に整理，説明することが難しいなど，持てる知識・技能をうまく提供できない場合もある．調理ができる人への聞き取りや作業風景の録画により，道具の使い方，材料とその扱い方，手順や作り方のコツを可視化，記録する試みも，今後その意義が増すだろう．関連して，文化庁の食文化支援事業に「能登における発酵食文化の発掘・発信事業」が採択され[6]，なれずしを含む能登地域の発酵食品・献立とそれを取り巻く文化に関する調査，産学官での情報交換・制作，調理・消費イベントが実施された．今後，より多くの人々に向けた食品・献立や食文化との接点の提供，活動の協働が進むことを期待したい．

　食生活を取り巻く環境が変わるなかで，従前地域で活用されてきた食品・献立の利用頻度や必要度・依存度は変化することは避けられない．なれずしも，保存食への依存が過去ほど必要ではなくなり，独特な風味や見た目がネガティブにとらえられ，手間や難しさをあえて克服してまで漬け込まなくてはならない動機が生じず．豊富な食材を容易に入手できる現代の食生活においてその特性を生かして十分に役割を発し，作り食べ続けられる状態になっていない．今後，なれずしがどのような形や位置づけで用いられていくかは，地域内外の諸条件の影響を受けながら，その時々に奥能登の人々が選択していくことである．地域の食文化の継承を地域の人々が支持，希望するのであれば，受容の3段階それぞれの傾向，課題を踏まえ，受容する可能性を引き出すような人との接点の創出，場の改善，情報・説明の充実，献立の質の調整などを要する．地域外からの評価，新しい活用法の提案などに刺激され，地域資源への再注目が生まれ，なれずしが有する魅力，地域アイデンティティに気づき，調理や消費が促されることも考えられよう．結果として，なれずしとそれを含む奥能登の食文化は，「地域らしいあるいは伝統的とされる食」として消費，評価されていくか定まっていく．他に多くの食品・食材が選択，入手可能な時代にあっても，人々が何らかの利点や必要性を感じ，食べたい，食べるのもよいことだと接近，認識することがあれば，なれずしは地域の（食）資源として扱われ続けるものとなり得るだろう．

注：
1）　記載の詳細は，柳田村史編纂委員会（1975：pp923-924），輪島市史編纂専門委員会（1975：p757・759），珠洲市史編さん専門委員会（1979：p789），能都町史編纂専門委員会（1980：pp522-525）で確認できる．
2）　春には婚姻色の朱色の線が現れた魚体になるため，「サクラウグイ」と呼ばれる．
3）　調査に際し，「金沢大学人間社会研究域「人を対象とする研究」に関する倫理審査」の承

認を得た（承認番号：2021-43・2021-62）．

4）　回収率を 10％前後と想定して分析に耐えうる回答数を得ることを考慮した（回答比率 0.5，標本誤差 5 ％，信頼水準 95％）．能登・穴水，輪島・珠洲の域内全世帯数に対する各市町世帯数割合を参照し，地理的分布や特定地区への配布数の著しい偏りの回避を考慮して，タウンプラスの配達地区設定・世帯数を踏まえて配布対象地区を選出した．

5）　世界農業遺産活用実行委員会（2013：p37）．

6）　「能登における発酵食文化の発掘・発信事業」の申請は，一般社団法人能登半島広域観光協会による．文化庁「令和 3 年度「食文化ストーリー」創出・発信モデル事業」https://www.bunka.go.jp/seisaku/bunkazai/joseishien/syokubunka_story/92857701.html（最終確認：2022 年 6 月 19 日）．

コラム①
奥能登での市場を介さない食品のやり取りの
実態と人々の認識

1．はじめに

　第Ⅰ部1章・2章では，能登地域にみられる海藻類，魚醤油，なれずしに注目した．この後，第Ⅲ部の1章，コラム③では，これら食材も活用されている祭事・仏事を取り上げている．これらのなかで，活動に関わる食材を地域の人々がおすそ分け，物々交換により確保，融通している様子が度々登場する．ここでは，先のI-2章でふれたアンケート調査[1]で収集した奥能登の人々による「市場を介さない食品のやり取り」に関する回答結果を紹介する．

　過疎・高齢化が進む地域では，身近な場所に食品を得る場がなくなるフードデザート問題（岩間 2013）のような直接的な現象，不利益のほか，移動に必要なガソリン確保の困難性（讃岐・吉川 2012），運転免許証の返納問題や公共交通機関の充実度の低さにともなう移動困難性（橋本・山本 2012）など，食料調達にも間接的影響を与える社会課題も存在する．この状況に対して，移動販売・買い物代行サービス，買い物バス・タクシー運行，店舗誘致などの取り組み・政策が各地で試みられている（関 2015）．

　食料調達の場・機会，方法として，農林水産物の自家消費にくわえ，作物や調理したおかずなどを隣近所や親戚，友人・知人などとのあいだで（市場を介さずに）食品をやり取り（つまり，おすそ分け，物々交換）することも挙げることができる．その継続は食生活を支えるだけでなく，声を掛け合い助け合えるネットワークの維持，QOL の維持・向上，地域のレジリエンス強化などの面にも貢献している（古川・友清 2003；神山ほか 2014；斎藤ほか 2015）．農作業，作物の他者への譲渡を行う高齢者は，それに取り組まない者と比べて主観的幸福度，社会的役割への意識の維持が高まり，心身が良好な状態である傾向がみられる（野瀬ほか 2022）．同時に，このやり取りを可能とする社会的ネットワークの有無・程度，範囲が，地域の食生活の質にも影響する（吉野ほか 2008）．市場を介さないやり取り，そこで扱われる資源を維持していく組織・きまりの設置・管理とその工夫，地域の文化の醸成・維持も重要である（池谷 2003；富岡・宮田 2015；齋藤 2019）．

2．市場を介さない食品のやり取りに関するアンケート結果
1）　やり取りの実施状況

　「ここ3年間で，農林水産物やその加工品，それを用いた料理を「お金のやり取

りをせずに誰かにあげたり送ったり，あるいは誰かからもらったり，交換をしたりすること」があったか」と問うたところ，奥能登全体では 74.6％の者が「あった」とし，各市町（穴水町 65.4％〜珠洲市 79.3％），各世代（〔調査時の 2021 年に〕80 歳代以上 71.1％〜60 歳代 75.9％）とも高い水準で実施がみられた．「年間のやり取りの回数」の分布は（「あった」回答者のうち 806 人回答），「5 回まで」38.6％，「10 回まで」22.2％，「20 回まで」14.3％，「30 回まで」7.7％，「50 回まで」3.7％と続き，「50 回以上」3.7％，「数えきれない」10.8％もあった．「やり取りの相手」を確認すると（「あった」回答者のうち 938 人回答：複数回答可），「集落の人・近所の人」（55.4％）が，「親・子・孫」（41.4％），「親・子・孫以外の親族」（59.3％）とのやり取りと並んで主要な相手となっている．そのほか，「友人・知人」54.4％や「職場の関係者」13.9％もみられた．

　自由記述（以下，原文ママ掲載）でも「自分が栽培した野菜を子や親せきに食べてもらうのがうれしいし，励みにもなる．皆の健康に協力したい」（旧柳田村・70 歳代），「自家栽培の野菜や果物が無駄にならないようにできるだけ全部消費したいと考えているので，親類，友人，知り合いにあげたり，子どもに送ったりするようにしている．その結果，相手の方からも自家製のものなどを頂いている．ありがたいことです」（穴水町・70 歳代），「自分の作った野菜や加工品を食べてもらいたい．自家では食べきれない量を作っている．おいしいと言われるととてもうれしい」（穴水町・60 歳代），「小さいころから祖母がいろいろと作ったものをみなさんにおすそ分けしていたので，それが当たり前というかそういうものだと思っていましたし，自分もいろいろ作ったものは食べて行きたいと思うので多めに作って配っています．そのことによって，おいしい，と言われたり，作り方を聞かれると，とてもうれしく，説明したりします．もっと祖母に習っておけばよかったなぁと思うことはよくあります」（旧輪島市・40 歳代），「あげたものを，おいしかった，と言ってもらえると，また頑張って作ろうという気になる．かぶら寿司は，自分でも作るが，頂いた物がおいしいと作り方を教わったりし，人間関係を深められる．庭先に畑から採ってきた野菜が置いてあると，相手の気持ちの優しさを感じる」（穴水町・70 歳代），「小さいころから当たり前のようにしていたことなので，特にあまり感じてはいない．大人になって，自分が台所に立つようになってからは，ありがたいことだと感謝しないといけないと感じています」（旧内浦町・30 歳代），「とてもありがたいと思っている．自分たちで作った野菜は安心感がある」（旧柳田村・30 歳代）などのように，やりとりすることを生産の励みにしているようす，相手から喜ばれたり関心を抱いてもらえることがうれしいと感じること，頂けることがありがたい，といった好意的な指摘がみられる．

　また，「自家栽培の野菜などよくいただく．海べりの人からは，海藻や魚などを頂く．こちらも，山菜や加工した惣菜などをあげたり，お互い交流とはげみにもな

る．同じ料理でも，いろんな味や調理法を知り，勉強になる」（旧輪島市・60歳代），「母はたくさん野菜を作り，家族だけでは消費できない量だといつも不思議でした．親戚やご近所の方にもあげています．確かに，畑を持っていてもその時の天候やカラス，ネズミなどに食べられ不作の時もあり，お互いに交換できることもあり，コミュニケーションも取れ，いろいろと情報交換もできます．人との関わりは大切だと思います」（旧輪島市・60歳代），「野菜を作っていても，皆が同じものを作っているわけではないので，あまり取れなかったり作ってなかったものを交換するようにしています．助かります．無駄にならないからいいです」（旧柳田村・70歳代），「なれずしなど，スーパーで購入できないときがあり，親せきの人が持ってきてくれると喜んで食べている．昔，母の実家で作った思い出などを聞くこともあり，食卓がにぎやかになる．海藻が好きなので，海で獲れると持ってきてくれる」（旧輪島市・60歳代），「同じ市内でも気温の差があり，私のところは何でも寒いので遅いので，暖かいところの人たちが無くなるころできるので，野菜のやり取りをして，すごく良いものです」（旧輪島市・70歳代）などの指摘のように，自分の家・地域で得られにくいもの，不足する物もやりとりを通じて補うことができ，食の多様さ，安定性を確保することにつながっている様も垣間見ることができる．また，「退職して畑を本格的に始めて，先輩方からいろいろ教えて頂き，今では新しい野菜の紹介をするなど地域での先輩に．農作業を通してコミュニケーションがとれ，物々交換で食材の種類も増し，食事も色鮮やかになったように思う．今年，カボチャがダメだった，と言ったら，昨年より多くのカボチャが届き，びっくり．しかも見たこともない種類のものも……楽しいです」（穴水町・60歳代），「地域ならではの食材を作って，調理の仕方を教わったり，鮮度の見分け方や採取場所，方法その場でしか得られない知識を得る，かつ，コミュニケーションのひとつ」（旧輪島市・40歳代），「困った時に助け合う関係がある．自分ですすんで食べようと思わないものでも，頂いたら食べてみようかなと思う．季節を感じる．父が畑で作ったものが，他の人に喜んでもらえると，父もうれしそう」（旧輪島市・30歳代），「食品だけでなく，作物の苗，種子などのやり取りもあります．そのなかで作り方の成功談を話し合ったり，コミュニケーションだけでなく技術向上にもつながります」（旧輪島市・70歳代），「旬の野菜や西洋野菜など頂くこともあります．食べ方や調理方法など，こうすればおいしいなど，話がはずみます」（旧内浦町・70歳代），「ワンパターンな食卓を変えてくれる．もらったもので作ったことのない料理を作ってみるきっかけになる」（旧能都町・30歳代），「普段自分では買わない，作らない品物がもらえたときはどんな料理で食べようか，など考えるだけでも楽しくなります」（珠洲市・30歳代），「もらうことで食べてみようかなと思い，食材を知るきっかけになる．おいしいと，スーパーなどで見かけたときに購入するきっかけになる」（旧輪島市・20歳代），「食についての会話が多くなり，勉強になる」（旧

柳田村・60 歳代）のように，耕作・採取・漁獲活動のモチベーション向上や，採取・栽培や調理・加工に関する学びにつながっている．

　また，結婚・転居・移住などで奥能登に居住するようになって市場を介さない食品のやり取りに参加するようになった者や若年者のなかには，「金沢などではほとんどないことだったので，驚いている」（旧能都町・20 歳代），「能登の人はハードルが低く，好意的にとらえている人が多いが，他地域から来た人にするとどう対処するのがよいか少し悩ませる」（珠洲市・30 歳代）のような戸惑いもみられる．他方で，「加賀方面出身ですが，能登の人たちは人とのかかわりを大切にし，お互いを大事に思い，食品のやり取り，交換を頻繁に行っていると思います．そのつながりがあることが，日常でもあり，普通のことなのです．能登はやさしや土までもと言いますが，食品のやり取り，交換は思いやりの行動です」（旧能都町・50 歳代），「田舎独特の風習だと思う．若いときは何とも思わなかったが，段々人にあげたくなってきたし，もらうととてもうれしい．奥能登に嫁いできて，多種の食品を頂き，その調理法も知り，その時期が待ち遠しい．自分も作りたいと思うが，年配の方が作る何とも言えない加減が素晴らしいと思う」（旧能都町・60 歳代），「ものをやり取りすることで，年配の方と話す機会ができて，大人になった今でも声をかけてくれる．地域のつながりができる」（旧輪島市・40 歳代），「食品をやり取りするのはお互い楽しい．能登に引っ越してきて数か月なので，やり取りをきっかけに交流の機会が増えるとうれしい，期待している」（旧内浦町・20 歳代），「買うよりももらうほうがおいしいので，とてもありがたく思っている．人からもらうのは買おうと思っても買えないので，物々交換でしか得られない特別な味」（旧輪島市・20 歳代）のように，営みを好意的にとらえる例が多数みられる．

　互いにやり取りをする・継続することによる効果として，「気にかけてあげる，気にかけてもらえる（みんなが民生委員みたいな）．若いときは付き合いも下手だったけど慣れたかも」（旧内浦町・60 歳代），「地元の味を味わってほしい．相手の近況をうかがい知る機会．結びつき，絆を確認できるよい機会にもなっている」（旧内浦町・60 歳代），「季節や各家庭のやり方，味，コミュニケーションなど，いろいろと良い面がある．また，高齢の方も多く，見守りの一つにもなっていると思う．以前，かぶら寿司を毎年頂いていたところで，味付けが変わってきたなと思っていたら，認知症になってきはじめていたと分かったことがあった」（穴水町・40 歳代），「やり取り，交換をするなかで，他のたわいもない会話をし，相談できる機会があることがうれしい，救われる」（旧能都町・40 歳代），「近所のほうの高齢化が進んでいて，畑仕事などしなくなってきている．新鮮な野菜を届けると喜ばれる」（穴水町・60 歳代），「絆を確認できるのが一番だと思います．普通の日常では訪問することがなかなかないが，このやりとりで訪問したり，話をして，近況が分かる」（旧門前町・60 歳代），「高齢の独居老人が多い集落において，お互いの安否

や健康状態を確認するのに役立つ．自家とは違った味，作り方をすることができる」（旧門前町・70歳代），「子どものころは，頻繁にご近所とやり取りがありましたが，今は隣の方とほとんど会わないこともあり，話もしなくなって寂しいです」（旧輪島市・60歳代）のように，他者とのかかわりの確認，継続ができること，互いを思いやる気持ちを持てること，地域の高齢者の見守り機能にもなっていることを挙げる記載も多くみられた．

2）　やり取りした品物

　「やり取りした品物」（やり取りが「あった」回答のうち955人回答：複数回答可）の詳細は，林（2023a）を参照されたい．選択者数が最多であった品物は，「野菜類」（698人）であった．「米・餅」とともに，地元を離れた子・孫，親戚に送るケースも多い．

　自由記述では，「同じ市内でも気温の差があり，私のところは何でも寒いので遅いので，暖かいところの人たちが無くなるころできるので，野菜のやり取りをして，すごく良いものです」（旧輪島市・70歳代），「タケノコなどは，無い人にとってはうれしいと思う．余った野菜などは捨てたらもったいない」（珠洲市・60歳代），「近所から野菜や山菜を頂くと，お礼を言うと，いつも車を敷地に停めさせてもらっているから，と言われる．手作りケーキや釣った魚を頂くと，食べきれないし喜んでもらってうれしい，と言われる．こういうやり取りがあると，日々仕事で日中顔を合わせることも少ないが，地域の一員として見てもらっていると思い，うれしい」（旧輪島市・50歳代）のような指摘が得られた．

　そのほか扱われる主な品物として，「キノコ類」（240人），「山菜類」（438人）は，自宅周辺や持山などで採取したものをやり取りしている．奥能登での観察結果を踏まえると，シイタケ，ワラビ，フキ，ゼンマイ以外の山菜類・キノコ類の多くは，集落の人々が運営する小規模な直売所などで一部の種が少量販売されることはあるが，地域内のスーパーマーケット・食料品店などの店頭ではほぼ扱いを見かけない．これら希少なキノコ類・山菜類は，資源を持つ人と何らかつながりを持つ人とのあいだで市場を介さないやり取りをすることが，重要な調達経路となっている．

　「鮮魚」（447人）の扱いも多くみられ，市場を介さないやり取りがあった人で具体的な内容の回答があった者の5割弱がこれを譲渡・受領していた．沿岸域に居住する者や漁業関係者から，集落内外の人々へとやり取りされている．「イカ」（220人）は奥能登で漁獲が盛んで，特に能登町小木は遠洋イカ釣り漁業の根拠地となっていることもあり，市場を介さないやり取りでも多用されている．第Ⅲ部で考察する祭りの会食でも用いられる「海藻類」（250人），「サザエ」（336人），「アワビ」（71人）のやり取りも盛んで，水産資源の地域内分配の重要性を裏付ける結果と

なった.「その他の貝類」も,穴水町で養殖が盛んなカキ,珠洲市で採捕される岩ガキのほか,シダタメ(コシダカガンガラ属やクボガイ属の巻貝),ズメ(ヨメガカサガイ属の貝)など店舗販売量が少ない種もみられた.

　加工・調理品では,「野菜の漬物」(221人),「梅干し」(206人),「かぶら寿司・大根寿司」(282人),「水産加工品」(142人)が多くの人々によってやり取りされていた.自由記述を確認するとたとえば,「頂き物が多くて助かっている.一度にいただく量が多いので,また別の人にあげたりしている.また,多く頂いた物を長く食べられるよう,自分で加工するようになった」(旧輪島市・50歳代)や,「食品の中で一番多いのが干しワカメである.海で拾ってきて干して友人や県外の知人に送ったり,あげたりして喜ばれる.ワカメの茎で佃煮にしてあげたりする.ゆず味噌やざぼん漬けにしてあげる.野菜などいただいたりして果物はジャムが多い(いただくもの).それぞれの人たちと親睦を深めている」(珠洲市・70歳代),「かぶら寿司,大根寿司は,かぶらや大根をもらった時に必ず作ります.友人におすそ分けします,喜んでくれます」(旧柳田村・40歳代)のような,やり取りの再発生,受け取った物や素材を加工してから相手に届ける行為もみられた.

　また,「なれずしなど,スーパーで購入できないときがあり,親せきの人が持ってきてくれると喜んで食べている.昔,母の実家で作った思い出などを聞くこともあり,食卓がにぎやかになる」(旧輪島市・60歳代),「同じように漬け込んだなれずしを,交換して食べてみると,それぞれの家庭の味がし,それぞれがおいしい.その人のぬくもりや愛情から来るものかなぁと思っています.これからもなれずしを作っていきたいと思います」(旧内浦町・60歳代)など,地域らしいあるいは伝統的とされる食品が作られ,市場を介さないやり取りにより地域の食卓に上る状況が確認できた.加齢や家族構成の変化などにより,これらを自分で漬け込むことができなくなっても,地域内で調理を継続する人から得ることで,品を食べ続けることが可能となる面もある.

　他方で,「毎年,かぶら寿司や大根寿司を作ってくれていた人が高齢となり,作らなくなり,寂しく思うが,自分では作ろうと思わない.たまに食べたくなるが,買おうと思わないし,高い」(珠洲市・60歳代),「なれずし,野菜の漬物など,我が家では私が嫁ぐ前から作られていたもので,それを習って私も作っています.しかし,食文化の変化と人口減の影響で,お互い交換しあうことがなくなってきています.また,家族が少ないので作っても食すことが少なく,徐々に作らなくなってきています」(穴水町・70歳代)のような指摘もみられた.

3)　市場を介さないやり取りに対する人々の認識

　やり取りが発揮する多面的機能は全般的に好意的に受け止められ(表Ⅰ-コ①-1),とくにコミュニケーション機能,季節感を感じることへの人々の評価は9割を

表 I-コ①-1　市場を介さない食品のやり取りに対する認識・評価

「市場を介さない食品のやり取り」に対する評価観点（回答者数）	評価得点の平均値	「とても当てはまる・そう思う」「やや当てはまる・そう思う」の回答割合の合計（%）	「あまり当てはまらない・そう思わない」「まったく当てはまらない・そう思わない」の回答割合の合計（%）
人と結びつく・絆を確認できる機会／親睦を深められる場／相手の健康状態などを伺い知る機会である．（1213）	3.5	94.5	5.5
コミュニケーションをとったり自己表現の方法のひとつ，自分の得意なこと・技能を生かす手段・場である．（1107）	3.2	82.9	17.1
食生活の質や幅を豊かにするものである．（1082）	3.1	78.0	22.0
（他者・自分の）地域の資源やその生産環境，食文化・食材，家ごとの味などを知る，再確認する機会である．（1049）	3.0	74.2	25.8
地域ならではの営み（食文化や冠婚葬祭など）を持続可能なものにするしくみである．（1047）	2.9	68.5	31.5
得られた資源や作った料理・加工品などを無駄なく・うまく消費したり利用できるようにするしくみである．（1082）	3.2	82.6	17.4
その食材・献立に関わる栽培・採取・漁獲あるいは加工・調理を続ける動機づけ，はげみとなるものである．（1041）	3.0	74.6	25.4
お金のやり取り・値段などを気にせず食品を得る・あげることができる便利なしくみである．（1087）	3.0	70.7	29.3
栽培・漁獲や加工の環境や作業の様子，作り手などに関心を寄せたり思い浮かべるきっかけとなる．（1039）	2.9	70.3	29.7
季節を感じることができるものである．（1164）	3.5	91.8	8.2
その食品等に関わる地域を感じる・思い出すチャンスをもつものである．（1047）	3.0	75.2	24.8

注：
評価得点平均は，「とても当てはまる・そう思う」を4点，「やや当てはまる・そう思う」を3点，「あまり当てはまらない・そう思わない」を2点，「まったく当てはまらない・そう思わない」を1点とし，各項目への回答者の評価得点を平均して算出した．
濃い網掛け…「とても当てはまる・そう思う」回答が50%以上あったもの　※太字は，回答80%以上のもの
薄い網掛け…「とても当てはまる・そう思う」回答が30〜50%，もしくは，「まったく当てはまらない・そう思わない」回答が5%以上あったもの
（アンケート結果を基に作成．林〔2023a〕掲載の表を再編）

超えている．次いで，自己表現ができるコミュニケーション・ツールとしての評価，所有する資源の有効活用を可能とする点への評価が高く，好意的な評価回答が8割を超えている．

　一方で，地域ならではの営みを成立・継続させるしくみ，地域の資源の資源化過程への気づき，関心醸成の促進機能は，回答者の3割程度が効果・影響の発現を認識，評価していない．各々の家庭の味を知る・再認識する場，生産・採取活動や加工・調理活動への動機づけ，食生活の幅・バラエティーの拡張，食品に関わる地域に意識を向けることを促すことも，効果・影響の発現への認識，評価がやや低まる．ただし，これらの機能は実際のやり取りの場面では効果を発揮しており，後述4）でも言及が多くみられるので，本人らは強く意識をして評価していないが機能発揮・利点がみられる側面となっている．

　また，市場を介さない食品のやり取りは金銭をともなわない受け渡しが主だが，これに関して「お金のやり取り・値段などを気にせず食品を得る・あげることができて便利」と考える者も多いが，約3割の者は否定的・消極的に評価している．後述にもあるが，品をもらった際に相手に（その品物と釣り合う内容・量の）お返しをしなければならないという心理的負担，それを考え準備する時間，手間，費用の物理的負担の両面が指摘されている．自由記述でも，「もらうとありがたいと感じるが，またお返しを考えるのが面倒」（穴水町・50歳代），「もらうととてもうれしいのですが，お返しを何にするか，迷うことがあります」（旧輪島市・70歳代），「何かをもらうと返さないといけないように思います．こういったことが煩わしく思います」（旧輪島市・70歳代），「他人に野菜などあげると，必ずお返しがくる．自分はお返しをしないときもあるしするときもある．少し気が重いことがある」（旧門前町・70歳代），「親は物をもらったら必ずお返ししなくてはいけないと言うので少し疲れるときがある」（旧能都町・50歳代），「何かもらったら返さないといけないと思うので，なるべくやり取りしたくない・しない」（旧能都町・60歳代）などの指摘がみられた．なお，（釣り合いの取れた）ものを用意することへの負担感，もらったらお返しをするものであるという暗黙の了解から生じる息苦しさのほかにも，「多く取れたときにもらえるので，多くもらえて困ることもある」（旧能都町・60歳代），「食べ物のやり取りは，好き嫌いがあるので，ありがた迷惑なことがあります．いらないとも言えないし，結構捨てることもあります」（旧能都町・50歳代），「家の味の好みで他の家の味付けは好まないことがある」（旧門前町・70歳代），「食べ物の材料ならうれしいけど，作ったものを頂くのはあまり食べたくないです．衛生面で」（旧輪島市・40歳代）のような指摘もみられた．

4）　市場を介さない食品のやり取りに関する経験や思い出，考え

　市場を介さない食品のやり取りに関する経験や思い出，考えについての自由記述

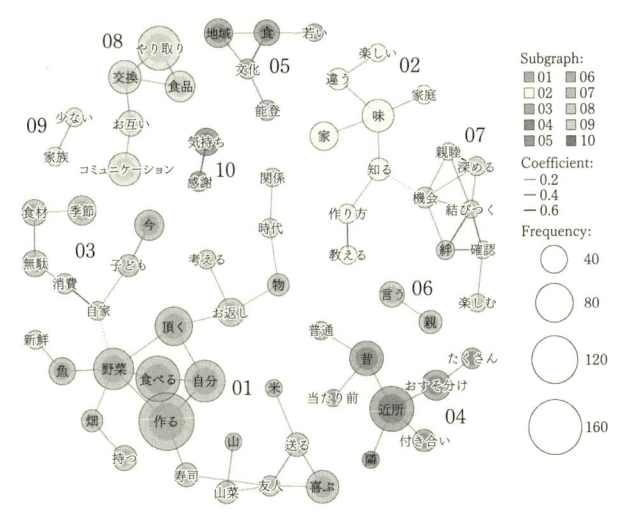

図 I-コ①-1　自由記述の共起ネットワーク
（アンケート結果を基に，KH Coder を使用して作成．林〔2023a〕
より転載）

（関連する何らか記述あり 700 人）にみられる語間の関係性，主な指摘観点を確認
するため，共起ネットワークを作成した（図 I-コ①-1)[2]．各群で描かれた語間の
共起関係に関連した自由記述の主な話題，観点の具体例は，林（2023a）で整理し
ているので参照されたい．

　図中の第 1 群では，「自分あるいは相手が作った野菜や採取した山菜，漁獲した
魚などを，あげたりもらったりする行為により自分や相手が喜びを感じること」
「やり取りを通して新しい作物の栽培や調理を試みる刺激を受けること」が挙げら
れる．第 1 群に関連する多くの自由記述では，やり取りを好意的にとらえ，楽しみ
にしている様子がみられた．

　一方で，「頂いた際にお返しを考える必要があること」を指摘するものでは，お
返しを考える行為やその重要性に関する指摘も多くみられた．そのなかで，金銭を
ともなわないからこそ気を遣う点やお返しを考える，用意する負担や，やり取りの
「間」に関する記載も目立った．関連して，従前と異なり現在ではさまざまな食材
を適切に調理できる知識・技能や地域ならではの食材・献立への馴染みが各家庭に
ない場合や，収穫時期にやり取りが集中する場合に，それら食材・献立を届けるこ
とが相手への負担になったり，食材が無駄になったりするのではないかという心
配，悩みを抱く者，やり取りの内容を変更する者もみられる．また，第 1 群に関連
して第 3 群のように，「自家で消費できない作物などを無駄にしないことや，食材

のやり取りを通して季節を感じること」への言及が多い.

　第4群では,「市場を介さない食品のやり取りは近所との付き合いのなかで昔は当たり前,普通のことで,おすそ分けを頂くあるいはする機会はたくさんあった.量もたくさんあった」という指摘も多く得られた.また,若年層でも食品のやり取りは地域では当たり前に行われるものととらえている者がみられる.他方で,習慣に馴染みがない者には,やり取りを通した密な関わりが負担に映る面もある.

　第8群では「やり取りや交換がコミュニケション・ツールとなっている」面への言及,第7群では「やり取りを介して,人との結びつき,絆を確認できる.親睦を深める機会となっている」とする言及がみられる.記述からは,食品のやり取りが地域の高齢者の見守り機能を有している一面を垣間見ることができる.ただし,やり取りを通じた絆の確認などが難しくなってきている点を指摘したものも散見された.

　関連して第2群では,「懐かしい味,馴染みの味との再会や経験の回想,各家庭で作り方や味付けが異なることを知ったり,知らない食材・献立を学ぶ点が楽しい」という指摘がみられる.逆に,自家と他の家との味の違いがやり取りの上での障害となる面への意見も散見された.また,各々のもつ資源や技能を活かすことができる場,それを認められることが喜びであり,耕作や調理などを継続する動機づけとなっている面,互いの食生活をカバーしあっている面があることへの言及もみられた.

　そのほか第5群では「能登の食文化であり,食を支えている側面があること.やり取りでの食料調達や,そこで扱われてきた食品・献立に関わる文化・技術の伝承が難しくなりつつある点」への指摘もみられる.第10群では「行為に関して感謝の気持ちを持つ,気持ちを込めること」,第6群では「やり取りをすることや方法などを,親から言われてきた,見せられてきたこと」,第9群では「家族人員が少なくなるなど社会環境が変化するなかでやり取りの頻度や量が変化していること」への指摘がみられた.

3．おわりに

　奥能登では現在も,自家の資源をそのまま,あるいは加工・調理して,近所の者や親しい間柄の相手に届けること,食品を受け取った相手のようす・好みを考慮してお返しをすることが活発に展開されていた.自分では調理や加工をすることが困難でも市場を介さないやり取りを通じて作る技能・材料を持つ人と食べたい・手に入れたいと思う人,食材を手に入れにくい状況にある人とが結びつくことで,食品・献立が地域内で食べ続けられる環境が維持されている.やり取りされる食品のなかには,奥能登の小売店の販売では安定して一定量で扱われていないもの,地域らしいあるいは伝統的とされるものも存在する.やり取りが継続することで,食の

多様性や地域の食文化を確保・維持できる環境を創出できている．またこのやり取りは，自らの手元にある資源の有効活用，購入による食料調達の補完にとどまらず，互いの健康状態や絆の確認，親睦の深化のほか，季節のうつろいを感じる機会でもあり，調理，保存や耕作，採取などに関わる知識・技能の習得・伝承を実現し，地域環境の認知・理解，各々の持つ知識・技能を活かした自己実現も促している．

　経験が豊富な高齢層に限らず，多くの若年層も市場を介さない食品のやり取りに対して好意的評価，メリット，継続意欲を抱いていたことから，今後も奥能登で一定の頻度，ひろがり，内容をもって行為が継続されると推測される．ただ現在では，人付き合いや生活様式の変化，非農業従事者など提供できる資源を持たない人の増加，高齢化の進行などを背景に，従前のような密な付き合い，お返しを考えることを負担と感じる者も一定程度存在する．栽培，調理がされなくなることで，品を得にくくなる人が出てくるケースもみられた．今後の地域の食環境の持続性を考える上で，この状況には注意を要する．

注：
1）　調査に際し「金沢大学人間社会研究域「人を対象とする研究」に関する倫理審査」の承認を得た（承認番号：2021-43・2021-62）．
2）　分析には，樋口（2014）を参照し，「KH Coder」を用いた．やり取りに関わる考えや感想，経験，思い出などを自由記述で問うたことを考慮し，問いかけ関連して頻出する「思う」「感じる」，一般的な対象を指す「人」を分析対象から除外して共起ネットワークを作成した．15件以上出現した語について，Jaccard係数上位70の共起関係を描出させた．

コラム②
白山市における発酵調味料の販売・消費とその課題

1. はじめに

　第Ⅰ部1章で注目した魚醤油の利用状況では，高齢層は現在も一定程度消費が継続し「食べ慣れた味」となっていた．しかし，若年層は「食べたことがない・使ったことがない」者が大半で，家庭内伝承が充分なされてこなかったため魚醤油の上手な使い方，適した献立などが分からずにいる者が多くみられた．他者の感想・口コミにみられるネガティブな評価を知り，食材との接点を持たない者も存在した．食べたことがある者でも，使い方が分からないまま調理に用いて失敗する者，強烈な香り，濃厚な味に戸惑う者もみられた．調味料は，献立の味を決める重要な食材であるため，特性，適量などを熟知し，安心して調理に用い，（自分や家族が美味しいと感じる）安定した「我が家の味」をいつも・失敗せず提供できるようにしたい（，提供できなければ不満が出て困る），と考える調理者も多いだろう．

　ここでは，先の魚醤油の例でもみられた調味料の食べ慣れ，地域資源としての活用について考える補足として，石川県白山市の地域住民による日常の発酵調味料（味噌・醤油・酢）の利用実態に目を向けてみよう．白山市教育委員会主催で金沢大学と連携開催した「はくさん学び舎講座　地域課題を可視化する―地域の食文化から―」にあたり，同委員会および白山市内の公民館と公民館利用者の協力を得て実施したアンケート結果を紹介する．

　白山市では，地理的表示（GI）を取得している「白山菊酒」のほか，こんか漬け，ふぐの卵巣の糠漬け，かぶら寿司など多様な発酵食材の製造，消費が盛んである．ここで取り上げる発酵調味料に関しても，今日でも市内各所に醸造所や販売店がみられる（味噌・糀が8業者，醤油が4業者，酢が1業者：2022年2月現在）．日本の食生活全集石川編集委員会（1988）でも，地域内で原材料（米・麹，大豆）の生産が盛んで，県内に良質な塩の産地（能登）があり，発酵に適した気候（冬季に積雪が多く，温度を一定に保ちやすい）と良質で豊かな水がある（手取川扇状地）うえに，拠点性ある町（旧北陸道の宿場の松任や，白山麓の山間地から扇状地に出た地点にあり門前町でもある鶴来）での人々の活発な消費活動の存在から，製造の適地であり，業者の活躍が古くからみられたと指摘されている．このような背景から，白山市では調味料を含む発酵食材を地域資源と位置づけ，これを活かした各種施策の実施を進めている．たとえば，「全国発酵食品サミット」の開催（2015年3月）や，白山ブランドの選定（2016年）が挙げられる．白山市は，発酵調味料を地産地消や食育のツールと位置づけし，人々への情報発信を試みている．

　近年では，六次産業化や地産地消，フードツーリズム，「食」に関わる学びなど，地域資源としての「食・食材」に注目した活動とそれを活かした活性策の創造，学習機会の創出と活用が各地で盛んに取り組まれている（水谷ほか 2005；安田ほか 2007；中村 2008；中村 2009）．これら活動を効果的に進めるにあたり，当該地域の食実態を把握することは，地域活性で注目すべき食材・献立の選定，活動の方向性・内容を適切に決定するための情報を得る重要な作業である．この際，主食材だけでなく，献立の味を調え，おいしさの評価や食の選択に大きな影響を与えることになる調味料に注目することも有意義であろう．和食の味付けに重要な味噌・醤油・酢は，気候や産業，歴史的経緯など産地の諸条件の影響を受けながら各地で多様な品質特性を持った品が製造され，消費されてきた（奥村 1996）からである．しかし，献立を構成する主材料となる食材を取り上げた考察に比べると，調味料の地域特徴や各地の購買・消費実態に関する研究の蓄積は限られる．全国レベルでの調味料の品質特性の違いの把握，製造・流通構造や販売動向の解明，摂取と健康や味覚形成とのかかわりの検証が主となっている（秋谷 1988；奥村 1996；沖山 2001；長沼 2001；真部 2003・2006；伊賀 2004；高木 2005a・b；堀尾 2007；河野・柴田 2010；宮城 2012）．

2．調査方法

　実態把握のため，白山市教育委員会の協力のもと，白山市内の全公民館（28 館）にアンケート配布への協力を依頼した．各館の事情や活動状況を考慮し，各館 25 部配布とした（全体で 700 通配布）．各公民館で，来場者にアンケートを直接配布し，回答への協力を依頼した．各世帯で買い物や調理を主に担当する 20 歳以上の方に回答を求め，公民館への直接提出により回収した．実施期間は，2016 年 5 月中旬から 6 月末日であった．

　考察にあたり，手取川扇状地上に位置し，人口規模，回答数が多い 3 つの旧市町の公民館からの回答は，旧市町域に照らして「松任」「美川」「鶴来」に集約した．「鶴来」以南の地域は，販売店舗の立地状況と交通アクセスなどの地域特性，地区形成の歴史的背景を考慮し，旧河内村・吉野谷村・鳥越村にあたる地域を「白山麓」，江戸時代に幕府直轄領であった地域を

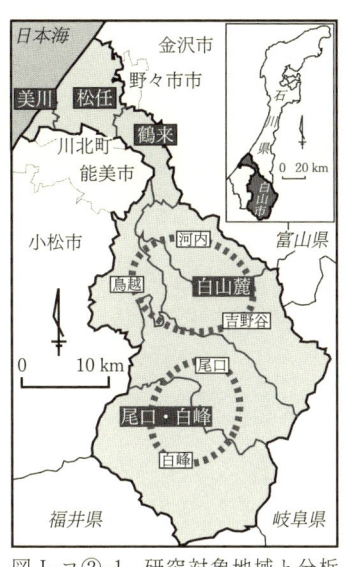

図 I-コ②-1　研究対象地域と分析地区

「尾口・白峰」と集約した（図 I-コ②-1）．回収数・率は，全体で 362 通・51.7％であった．世代分布（年齢層回答あり 349 人）は，高齢化が進む中山間地域を含むため，50 歳以下 31.8％，60 歳代 33.8％，70 歳以上 34.4％となっている．

　アンケート調査にくわえて，2016 年 9・10 月に白山市内の主要なスーパーマーケット，直売所などを訪問し，味噌，醤油，酢の販売状況を観察した．あわせて，将来世代の消費者にあたる児童・生徒が白山市産の発酵調味料に触れる機会を確認するため，白山市教育委員会を通じて白山市内の小中学校の学校給食での発酵調味料の使用状況を確認した．

　以下，調査の結果を概観するが，用いられていた味噌・醤油・酢の商品・企業名一覧，利用者数，学校給食での具体的な利用内容などの詳細は，林（2017b）を参照されたい．

3．発酵調味料の購入・消費の現状

1）味噌の購入・消費状況

(1)　使用する味噌

　各家庭で購入・消費している味噌の種類（ブランド・アイテム：複数回答可）を問うた．記入があった者は 330 人，総回答数は 591 点あった．このうち，「日本海みそ」（図 I-コ②-2〔上〕）が総回答数（591 点）に占める割合は 34.3％で，全回答者の 61.5％が利用していた．次いで，調味味噌類の「とり野菜みそ」（591 点のうち 25.4％，330 人のうち 45.5％）（図 I-コ②-2〔下〕）が多く挙がった．

図 I-コ②-2　大量に陳列され特売されている「日本海みそ」（上）と「とり野菜みそ」（下）（2016 年 10 月，白山市で撮影）

　「日本海みそ」は，富山県上市町のメーカーが製造している．昭和 40 年代から TV で CM が放映され[1]，県内各地のスーパーマーケットやドラッグストアなどでも大量に流通してきた．白山市内のスーパーマーケットの店頭を観察すると，サイズ・包装方法違いや，つぶ有・無タイプなど，「日本海みそ」は複数アイテムを取り揃えて販売されている．各店の販売状況やチラシを確認すると，特価アイテムとして扱われ，店頭に山積みされている場面に遭遇する．「日本海みそ」のほかにも，ツルヤ味噌（氷見市）など富山県内の味噌業者が製造，販売する品を挙げた回答者もみられた．白山市の多数の人々が日常よく利用し，幼少期から食べつけてきた品が「白山市産・石川県産」ではなく「富山県産」の味噌であり，これらが「ふるさとの・家庭の味」となっている可能性がある．

　これに関連して，白山市教育委員会主催の「白山学び

舎講座」（2016 年 11 月開催：「地域資源を可視化する！ Part2 ～地域の食文化から～②」：講師は筆者）のなかで，全国各地の味噌を食べ比べる，味覚・嗜好の体験学習を実施した．この際，10 種の味噌のなかから「日本海みそ」を判別できる受講者が多数あった一方，サンプルに複数含まれていた白山市産の味噌を選択できる者は少なかった．受講者は，それぞれの味噌の食べつけの差や，幼少期からずっと「日本海みそ」を食べてきたこと，白山市産の味噌を意識して選択，摂食してこなかった（ため味が分からない）ことをその背景として指摘していた．

　この体験のサンプルの中に，筆者の出身地（山口県）の合わせみそ，九州（熊本県）の麦みそを含めていたが，参加者はそれらを試食して，「甘すぎる」「これは落ち着かない」「なにこれ？？」等，散々な感想を寄せていた．筆者の地元や周辺の広島県，愛媛県は，全国のなかでも特に甘口の味噌を用いている地域であるし，隣接する九州地方も味噌は甘口である．これにさらに，サツマイモや油揚げを具として味噌汁を作ることも多く，地域外の人にとっては「落ち着かない甘さ」と感じるようである．しかし，我々にとっては「うれしい・おいしい甘味」である．これにさらにタマネギも入った味噌汁は我が家の定番で，（北陸生まれ・育ちだが山口の味噌で育っている）我が子の好物となっている．東京出身の旦那は，当初この甘さに戸惑っていたが，現在は（あきらめ半分？）馴染んできたようだ．それでも，北陸（富山）名物のタラ汁などは，山口の味噌ではタラとの相性はしっくりこない．北陸の味噌で作られるからこそ，すっきりしたタラ汁の味わいに整うのだ，と筆者は感じている．

　話を戻そう．もう一つ利用者の多かった「とり野菜みそ」は，現在のかほく市で 1959 年に創業したまつやが製造，販売する調味味噌商品である．「とり野菜みそ」もまた，スーパーマーケット等を通じて石川県内で広く流通してきた[2]．特に鍋料理で重宝されているほか，野菜炒め，魚・肉のみそ漬などへの利用もみられる．近年では，全国放送で取り上げられ，石川県の名物として観光客による飲食・土産需要も拡大している．回答者の多くが，味噌汁を調理するための味噌に加えて「とり野菜みそ」を認知，購入していた．

　一方，白山市産の味噌（味噌汁向け）を挙げた回答は，591 点の回答のうち 8.0％であった．味噌汁向けのものとは別に，くるみ味噌やなんば味噌なども，総回答数の 3.7％みられた．地区ごとに主に挙げられる白山市産味噌は，各地区内の味噌製造業者（「松任」は手前みそや木村屋，加賀味噌など，「鶴来」は吉田屋，「美川」は一川）のものが多い（図 I-コ②-3）．

　これに加えて，自家製味噌を作るとした回答が，総回答数 591 点の 13.2％，330人の回答者の 23.6％得られた．別の質問で味噌の自家製造の経験を問うたところ，全体では「今も作っている」（15.7％），「昔は作っていた」（17.2％），「作らない」（67.7％）であった．世代が上がるにつれ，自家製味噌づくりの経験がある回答者

図 I-コ②-3　白山市産の味噌の例
（2016 年 10 月，白山市で撮影）

の割合が高まる．自由記述（以下では，数値や漢字表記の様式統一以外は原文ママで記載）には，たとえば，「昭和 30 年代頃まで自家製味噌で育ちました．手伝いしたり，あの香りは忘れがたいものです」（松任・70 歳代以上），「味噌は，昔は自家製で塩分は濃いめだったが，やはり家の味という感じで独特のおいしさがあったと思う」（松任・60 歳代），「昔は家で大豆をたくさん作っていたので，味噌は自家製のものを食べていました」（松任・70 歳代以上），「田んぼの畔に豆を植え，秋の稲刈りが終わると収穫し，初冬から冬に各家庭で味噌を作っていた」（松任・60 歳代）などの記載が高齢者層に多くみられた．自家製味噌を作る際に使う材料は，大豆は自家栽培が多く，購入する場合も白山市産を挙げていた．用いられるこうじは米糀で，松任，美川，鶴来に所在するこうじ販売店で調達している者が多い．自家製味噌は，「自分で作る」者が多く，ほかに親，知人などがみられた．また，公民館や婦人会での味噌づくり教室・イベントで作る，味噌グループで製造するとの指摘も多数確認できた．

　以上のように，自家製味噌，調味味噌類を含めた白山市産の味噌が総回答数 591 点に占める割合は 24.9％であった．「地産」の範囲を少し広げて，白山市産（自家製を含む），金沢市産，県内産（「とり野菜みそ」）の回答合計（310）に注目すると，総回答数の 52.5％を占めた．他方，全国で広く流通するメーカー品・PB 品などの利用は少なかった．

　なお，味噌を使用する献立としては，味噌汁以外では，炒め物，魚や肉の漬物，魚の味噌煮，鍋が多く，田楽，和え物，ぬたも目立った．

(2)　味噌へのこだわり

　使用する味噌の選択でのこだわりの程度を問うたところ，全体では「強いこだわりがある」（13.4％）・「ややこだわりがある」（57.1％）を合わせると約 7 割を占めた．こだわる観点は，「慣れた味」を挙げる者が全体で 71.9％と多い．「産地」（23.1％）や「ブランド」（9.9％）を挙げる回答の一部も，「慣れた味」に間接的につながりがあると推測できる．

　自由記述でたとえば，「みそ・しょうゆは頂きものなどで他のメーカーのものを食べるととても違和感を覚えます」（美川・50 歳代以下），「最初に購入した「雪ちゃん」は塩味が強くて子ども達が食べなかったので，出身地の愛知産の豆味噌を使っている」（鶴来・60 歳代）のように，どの地域の味噌を選択するかは異なるも

のの，味噌汁の味が（調理する人やそれを食べる子が）おいしいと感じたものから「ぶれない」ことが購入・選択時に重視されていると指摘できよう．

2） 醤油の購入・消費状況

(1) 使用する醤油

回答者の家庭で使用している醤油の種類（ブランド・アイテム：複数回答可）について問うた．アンケートに記入があった者は 278 人，総回答数は 387 点あった．

このうち，総回答数の 36.2%を「直源（直っぺ）醤油」（12.4%）（図 I-コ②-4）を含む金沢市産が占めた．全国で広く流通するメーカー品・PB 品や農協ブランドの記載（これら合計で 32.6%）を上回った．金沢市産の醤油は，「直源」をはじめとする大野醤油である．金沢市の大野地区は江戸期より醤油醸造が盛んで，多数の業者が存在する全国有数の醤油醸造地である（青木・林 2020）．白山市域は大野から比較的近距離にあり，従前から大野醤油が多く流通していたと考えられる．個々のブランドでは，「キッコーマン」が首位（13.2%）で，次いで「直源」であった．多数のアイテムを製造，販売している「キッコーマン」など全国ブランドの場合，薄口・濃口のほかにも，減塩醤油，有機丸大豆醤油などのアイテムが挙がっており，一人で複数種挙げているケースもみられた．

図 I-コ②-4 「直源（直っぺ）醤油」
（2016 年 10 月，白山市で撮影）

一方，白山市産の醤油は，総回答数の 11.4％を占めた．味噌製造業者に比べ，市内の醤油製造業者数は少なく，大量流通する大野醤油など金沢市産醤油が存在するなかでも白山市産の利用は一定の割合を占めていた．特に，「鶴来」，「白山麓」，「尾口・白峰」の回答では，明治時代より鶴来で操業している大屋醤油の「大屋おや玉しょうゆ[3)]」（図 I-コ②-5）を挙げる者が多かった（8.0%）．そのほか，石川県内各地の醤油製造業者のものも，総回答数の 5.2%みられる．白山市産，金沢市産，県内産の合計回答数（204）は，総回答数の 52.7%であった．

図 I-コ②-5 「大屋おや玉」醤油
（2016 年 11 月，白山市で撮影）

(2)　醤油へのこだわり

　使用する醤油の選択でのこだわりの程度を問うたところ，全体では「強いこだわりがある」（16.6%）・「ややこだわりがある」（54.4%）を合わせると全体の約7割を占めた．こだわる観点は，「慣れた味」を挙げる者が全体で73.8%と多い．「産地」（22.1%）や「ブランド」（10.8%）も，「慣れた味」に間接的につながりがある．自由記述でも，「結婚したとき（昭和36年），大野醤油を宅配でもってきていた．それ以来，口に合うので使用している」（松任・70歳代以上），「お醤油は昔から慣れ親しんだ大屋さんのもの以外はおいしいとは思えません．煮物を作るときも，それじゃないとうまく味が決まらないので絶対に変えることはないと思います」（松任・50歳代以下），「地元の醤油などはやはりおいしい．慣れ親しんでいる」（尾口・白峰・50歳代以下）などがみられ，味噌と同様に醤油も調理時に献立の味が「ぶれない」ことが購入・選択時に重視されていると指摘できよう．

3）　酢の購入・消費状況

(1)　使用する酢

　回答者の家庭で使用している酢の種類（ブランド・アイテム：複数回答可）について問うた．アンケートに記入があった者は280人，総回答数は454点あった．このうち，100名が白山市産の「タカノ」（図I-コ②-6）を挙げ，総回答数の22.0%，280人中35.7%を占めた．白山市内の酢製造業者は高野酢造1軒のみである．酢の地産地消は比較的定着しているといえよう．高野酢造は，戦前より酢を製造し，白山市内をはじめ各地に販売してきた[4]．金沢市産の「うずまき」などを含めると，石川県内産の利用は，総回答数の27.8%を占めた．

　一方，全国で広く流通するメーカー品・PB品や農協ブランドの合計は，総回答数の52.2%を占めている．このうち，全国展開する主要酢製造・販売企業であるミツカンが全体のブランド記入で最多（187）となった．

　なお，回答にはラッキョウ酢（回答数38）が多くみられ，家庭でラッキョウなどの漬物を作るとの記入も散見された．酢を使用する献立としては，酢の物や和え物のほかに，第III部2章で注目する笹寿司や押し寿司，ちらし寿司などを家庭で作るとした回答が目立った．

(2)　酢へのこだわり

　使用する酢の選択でのこだわりの

図I-コ②-6　「タカノ酢」
（2016年11月，白山市で撮影）

程度を問うたところ，「強いこだわりがある」（9.7%）・「ややこだわりがある」（48.8%）を合わせると全体の6割弱を占めた．こだわりの程度は，味噌や醤油の傾向と比べると，強いこだわりを持つ者の割合が低かった．こだわる観点は，「慣れた味」を挙げる者が全体で58.8%と多い．「産地」（16.3%）や「ブランド」（16.7%）の回答の一部も，「慣れた味」に間接的につながりがあることから，味噌や醤油と同様に献立の味が「ぶれない」ことが購入・選択時に重視されていると指摘できよう．

　また，酢に関する自由記述のなかでは，たとえば，「鶴来のほうらい祭りの時に家庭で作る笹寿司は，タカノのすし酢でないと味が決まりません．他メーカーの酢ではいまいちでした」（鶴来・50歳代以下），「押し寿司には高野のすし酢を必ず使う」（松任・60歳代）のように，祭り料理に使用する酢のブランドへのこだわりもみられた．

4．スーパーマーケット等での味噌・醤油・酢の販売状況

　消費者が白山市内でこれら発酵調味料を購入しようとした際に，白山市産が店頭に並んでいなければ，購入行動を発生させることは難しい．詳細は林（2017b）に譲るが，現在の地域住民の買い物行動を問うたところ，大半は日常の食料品をスーパーマーケットなどで購入していた．そこで，アンケートで確認された地域住民が主に利用していた白山市内に立地するスーパーマーケット等を対象に，各店での味噌・醤油・酢の販売状況を現地観察により把握した．

　その結果，味噌・醤油・酢とも多くの店舗では白山市産の商品の扱いがみられた．県内資本のスーパーマーケット，県外資本（中部エリア，あるいは全国出店）のスーパーマーケット，Aコープ，直売所と店舗の性格により差がみられるが，白山市産の商品の扱いがある場合は味噌・醤油・酢とも棚面積のおおよそ1〜2割程度を使って陳列構成する店が多かった．

　総アイテム数に占める白山市産の割合は，県内資本のスーパーマーケット，中部エリア出店のスーパーマーケット，全国出店のスーパーマーケットとのあいだで差がみられた．

　味噌の場合，県内資本Aでは10社33アイテムの扱いのうち，白山市産が2社3アイテム，金沢市産が1社1アイテムであった．県内資本Bでも，9社20アイテムの扱いのうち，白山市産が2社3アイテム，金沢市産が1社1アイテム含まれていた．他方，中部エリア出店Cでは10社49アイテムの扱いのうち，白山市産が2社6アイテム，金沢市産が1社4アイテムであった．中部エリア出店Dでは20社43アイテムの扱いのうち，白山市産が2社3アイテムであった．全国出店Eでは10社49アイテムの扱いのうち，白山市産は1社1アイテムであった．全国出店Fでは15社41アイテムの扱いのうち，白山市産が1社2アイテム，金沢市産が2社

図 I-コ②-7　祭りに向けて地元の酢を大量に陳列して来客に訴求
（2016年9月，白山市で撮影）

2アイテムであった．

　醤油の場合，県内資本Aでは8社27アイテム扱いがあるうち，白山市産が1社2アイテム，金沢など石川県産が3社6アイテムであった．県内資本Bでも12社20アイテム取り扱いがあるうち，白山市産が1社2アイテム，金沢市産が3社6アイテム含まれていた．他方，中部エリア出店Cでは10社55アイテムの扱いのうち，白山市産は1社2アイテム，金沢市産が2社9アイテムみられた．中部エリア出店Dでは10社55アイテムの扱いのうち，白山市産は扱いがみられず，金沢市産が2社10アイテムみられた．全国出店Eでは8社45アイテムの扱いのうち，白山市産は扱いがみられず，金沢市産が1社1アイテムみられた．全国出店Fでも，12社31アイテムの扱いのうち，白山市産は扱いがみられず，金沢市産が2社5アイテムみられた．

　酢の場合，県内資本Aでは4社26アイテム扱いがあるうち，白山市産が1社11アイテムであった．県内資本Bでも6社26アイテム取り扱いがあるうち，白山市産が1社5アイテム，金沢市産が1社2アイテム含まれていた．他方，中部エリア出店Cでは6社31アイテムの扱いのうち，白山市産は1社8アイテム，金沢市産が1社2アイテムみられた．中部エリア出店Dでは9社32アイテムの扱いのうち，白山市産は1社2アイテム，金沢市産が1社1アイテムみられた．全国出店Eでは3社24アイテムの扱いのうち，白山市産は1社1アイテムであった．全国出店Fでは，4社17アイテムの扱いのうち，白山市産は1社2アイテム，金沢市産が1社1アイテムみられた．

　各店は，白山市産を含む石川県産の発酵調味料の存在を消費者に伝える工夫（POPで白山市産・石川県産である旨を強調，商品の特徴を解説したPOPを添付，商品群が目立つように石川県産のものをまとめて陳列，など）を試みていた．また，2016年9月末の現地観察では，ほうらい祭りや秋祭りの時期にあたり，店内の目立つ場所に「笹寿司」を作るために必要な食材や笹をセットで並べた販売促進コーナーが設置され（図 I-コ②-7），全国ブランドの商品よりも高野酢造の酢が多く陳列されていた店もみられた（第Ⅲ部2章参照）．

　以上の状況から，供給に携わるスーパーマーケット等などは，白山市の地域資源である味噌・醤油・酢に対して認知や評価を持ち，その存在を意識して販売環境を創造しているといえる．その点で，白山市の地域住民が地域資源である発酵調味料を手に取ることができる環境は，一定程度確保されているといえよう．

一方で，店頭観察からは，全国ブランド品・北陸地方以外の他県産品の陳列割合の高さが確認できた．味噌では，「日本海みそ」が各店とも棚面積の3〜4割を占めているほかに，マルコメ，ハナマルキのほか，長野県産（ひかり味噌など）や，「日本海みそ」以外の富山県産（ツルヤ味噌など）も多数みられ，店舗にもよるがこれら商品が棚面積の3〜4割程度を占める．醤油ではキッコーマンやヤマサが，酢ではミツカンが多い．これら全国ブランド・メーカー品の醤油・酢は，多くの店舗で売り場で棚面積の7〜8割程度を占める．

全国ブランドの店頭での陳列率や取扱アイテムと，3節で確認したアンケート結果とを照合したとき，店頭で多数見かけるもののアンケートでは具体的な商品名として多数挙がってこなかった品，低い回答割合にとどまるアイテムが散見される．先に指摘したように，アンケート回答者の年齢構成を鑑みると，若年層（特に20〜40歳代）の購買動向を十分把握できていない可能性がある．ギャップの存在は，若年層の購入ではそれら全国ブランド商品の購入割合が比較的高いこと，発酵調味料を選択する際の「こだわり」の観点に違いがあることを示唆している可能性がある．購入時のこだわりの観点を問うた結果では，味噌で回答者全体の20%前後，醤油や酢で15%前後の者が「価格」を挙げた．スーパーマーケットの店頭では，全国ブランド商品が特価品として大量に扱われていたり，チラシで取り上げられていたりする．これら商品の購入ニーズや選択者が一定割合存在しなければ，スーパーマーケットも現状のような商品陳列や販売促進を実施，継続しないだろう．地域資源の持続的な製造・流通と食文化形成にむけた環境づくりのために，若年層の購入行動を調査し，動向やその背景を把握することが求められる．

5．学校給食での白山市産発酵調味料の利用状況

白山市で地域資源のひとつとして発酵調味料を活用する場合に，地域外の人々に向けて資源の存在をアピールし，彼らからの評価を得ることも有意義な取り組みである．今後人口減少が見込まれる白山市にあって，一定規模の生産，出荷を確保し，流通や経営を安定させる戦略も意義がある．一方で，地域資源の活用には，流行に左右されない地域資源の活用基盤として，その資源を有する地域内の人々による支持や消費の存在も重要である．持続的な製造活動を考えると，将来にわたって地域資源を支持し，利用する地域住民をいかに確保するかは重要な課題といえる．また，地域外の人々が白山市の特産品，地域資源として発酵調味料を評価する際に，品質自体の良さだけでなく，地域内の人々が本当に日々の食卓で使用しているか，どのように消費してどの程度普及しているのか，商品製造に歴史や継続性があるのかといった「物語性」や「真正性・本物さ」，「地域らしさ」も観点として重視される（たとえば，水谷ほか 2005；佐藤 2011；林 2015・2016b）．

地域内の人々が白山市産の発酵調味料を使い続ける状況を構築するには，まず地

域資源の存在に気付き，味わってみる経験を持つことが不可欠である．先述の第3節のアンケート結果でもみられたように，「食べ慣れる」（結果として家庭・地域の「文化的嗜好」を構築すること〔伏木 2006〕）で，予測できる味に安心して接近することや食材の良さを引き立てる使い方が分かることも，食材選択のうえで重要である．伏木（2006），真部ほか（2012）によると，私たちは食材本来の味を感じて評価すること（「生理的嗜好」）だけでなく，文化的嗜好に加え，食材・食行動に付随する様々な情報や経験・思い出に影響されて食材を選択している（「情報的嗜好」）．味覚の定着や嗜好される味・食材の拡大は若年層で顕著となり，年齢が上がるにつれ保守的な選択傾向がみられる（沖山 2001；伏木 2006）．そこで，将来世代である白山市のこどもたちが，白山市産の発酵調味料に接してその存在を認知し，「食べ慣れる」チャンスがあるか確認するため，学校給食に注目してみた（詳細は林 2017b）．

　確認の結果，市内の小・中学校では，味噌・醤油・酢の多くが白山市産の商品で賄われていることが分かった．味噌は，「松任」「美川」「鶴来」では各地区内の味噌製造業者のものを選択している．「松任」地区内に所在する業者（安田屋）を通して各校へ白山市産の味噌・醤油が納入されている．「白山麓」「尾口・白峰」では，主に「鶴来」の大屋醤油（同社は味噌も製造）を選択している．醤油は，「松任」「美川」では「松任」の安田屋・吉市醤油，「鶴来」では大谷醤油を選択している．「白山麓」と「尾口・白峰」では，他地域産・全国ブランドであった．酢は，ほとんどの学校で高野酒造から調達していた．

　利用される献立は，米飯給食の際にこれら調味料を使用したものが多いが，洋食や中華でも活用されている．郷土料理の献立を採用するなど，白山市でも地産地消や地域の食文化への児童・生徒への関心醸成の場として学校給食が活用されている．食育基本法の制定など食育推進の政策動向の影響もあって，各地の学校給食で地元産の食材の採用が増加していることやその効果も指摘されてきた（村上 2009；内藤・佐藤 2010；山田 2014；農林水産省 2016）．今回の考察から，調味料に関しても学校給食を活用した地産地消の実現や地場産食材の採用の可能性，実現が確認できた．児童・生徒は，1日3食のうち，週の多くの昼食（給食）で，地域の発酵調味料との接点を得ている．白山市産の発酵調味料を利用していない家庭の児童・生徒も，給食を通じて一定程度触れる機会が確保できる．

　しかし，各学校の献立表などを確認すると，記載のなかで用いている発酵調味料が「白山市産のもの」である旨は明記されていない．そのため，児童・生徒は地域の発酵調味料を食してはいるものの，それが「白山市産のもの」であることを十分認知できていない（認知，意識したうえで味わって嗜好を形成しているわけではない）可能性が高い．また，給食だより・献立表などの情報を目にし，あるいは子から給食について話を聞く保護者らも，学校給食で白山市産の発酵調味料が盛んに用

いられていることを知らない可能性が高い.

　学校給食は,親子の会話や情報媒体を通じて家庭で食事や食材,食文化,地産地消などに関わる会話を促し,家庭の食生活などを振り返る動機づけにもなる.現状の白山市での情報発信では,地域の発酵調味料への注目の喚起や上述したような給食を媒介とした学習効果を期待できない.この点は,工夫の余地があろう.たとえば,「給食だより」や献立表での情報発信の工夫,保護者の給食試食会のような場の設置も,親世代が食材に触れて学ぶ機会づくりの一策となるだろう.

6. おわりに

　アンケート調査の結果,味噌は「日本海みそ」など富山県産品の利用が多かった.一方で,白山市産味噌,自家製味噌の選択も一定程度確認できた.醤油は,全国ブランド品と金沢市産品(「直源」など大野醤油)の利用が拮抗し,多種の石川県産品の購買とともに白山市産の醤油への支持も一定の割合を占めていることも確認された.酢は,全国ブランド品の利用が優勢であるが,白山市産の酢も一定の購買,評価がみられた.スーパーマーケットなど白山市内の多くの販売店を観察すると,棚面積に占める割合やアイテム数では限定的ではあるが,白山市産の発酵調味料の販売実績があった.販売の際には,白山市産の商品の存在やその品質特徴などを発信する POP なども積極的に用いられていた.アンケート結果とスーパーマーケット等の販売状況とを比較すると,アンケートでは指摘が少ないが,店頭では全国ブランド・他県産の味噌が多数取り扱われ,大きな棚面積を占めている.今回の調査で十分な情報収集ができなかった若年層の消費動向が,各店の販売構成・戦略の構築に影響を与えている可能性も考えられ,現状把握は今後の考察の課題といえる.将来世代の食経験の場のひとつである学校給食では,白山市産の発酵調味料が積極的に選択,利用されていた.ただし,献立表,給食だよりなどでの記載が充分ではなく,児童・生徒,保護者が「白山市産のものを食べている」と意識できる状況にはなっていない.

　冒頭でも述べたように,現在白山市では地域資源のひとつとして調味料を含む発酵食材に注目しており,地域内外の人々に認知してもらい,消費を拡大し,その結果として地域産業の振興や文化継承などに生かしたいと考えている.しかし現状では,資源に地域内の人々が触れ,その味など特徴を理解,記憶していく場面が日常の食生活に存在しない者も相当数存在する.白山市産の商品との接点(存在を認識して味を把握し,評価できるチャンス)がなければ,人々はその資源の特性などが分からず,嗜好の形成に至らない.おいしいという経験や,魅力的な調理方法・献立との出会いがなければ,人々は地域資源を選択し,利用し続ける動機が得られない.調味料は,献立の味を決める重要な役割があるため,利用に際して調味の安定性(味がぶれないこと)が重視され,食べ慣れが品の選択やリピートの主な理由に

挙げられる．人々に新たに白山市産の発酵調味料を手に取ってもらうには，使い慣れている調味料・アイテムの安心感や利便性を超える何らかのメリットや意義，魅力を感じてもらう工夫を要する．経験を持ち食べ慣れで消費を継続している高齢層がいなくなったときにも，次世代が地域食材を継続して評価，利用している状況に持ち込むには，食材の見える化，利用のしやすさを向上させる，人々と食品との接続を増やす工夫を要する．これらの点は，第Ⅰ部1章で注目した能登地域の海藻類・魚醤油の活用にみられる課題とも共通する．

注：
1）「はたらくらすコネクション in 上市」ホームページ　http://kamiichi-job.net/shop/2994（最終確認：2016 年 11 月 17 日）参照．キダ・タロー氏作曲のこの CM ソングとともに，ブランドキャラクターの「雪ちゃん」を認知している石川県民は多い．アンケートの回答でも，「雪ちゃん」「雪ちゃんの日本海味噌」のような記述が多数みられた．
2）「まつや」ホームページ　http://www2.enekoshop.jp/shop/toriyasaimiso/Info（最終確認：2016 年 11 月 18 日）．都道府県の特徴的な物産や生活様式を紹介する TV 番組でも，石川県の食卓の定番商品として取り上げられた（「秘密のケンミン SHOW」ホームページ　http://www.ytv.co.jp/kenmin_show/secret/this_week/bn1697243.html〔最終確認：2016 年 11 月 18 日〕）．これが契機となって，金沢駅など県内各地の土産物店でも「石川県名物」の一つとして紹介，販売されている光景が多々見られるようになった．「日本海みそ」と同様に，現地観察でもスーパーマーケット等で多数販売されていることが確認でき，チラシの記載からも販促アイテムとなっていることが分かる．
3）「大屋醤油」ホームページ　http://oyadama.com/（最終確認：2016 年 11 月 21 日）．
4）「高野酢造」ホームページ　http://www.takano-su.co.jp/company/（最終確認：2016 年 11 月 21 日）．

第Ⅱ部

富山県から他地域へ

食材の移動，魚食習慣の
地域差とその変容

（2018 年 12 月，飛騨市で撮影）

第Ⅱ部で注目すること

　第Ⅱ部では，県域を超えて共通する食材を用いた慣習が継承されている例に注目し，各地での消費方法，食材・慣習への認識，それらの変容を把握し，地域間での共通性・違いを明らかにする．具体的には，大晦日に，新年を迎えると数え歳での年齢を重ねることを祝う「年取り」の慣習での「年取魚」として用いられる「ブリ」に注目する．江戸期より主に富山湾周辺（富山県を主とし，石川県の能登半島内浦地域，新潟県の上越・佐渡地域）のブリを用いてきた岐阜県飛騨地域（1章）と長野県木曽・伊那地域（2章）を取り上げる．

　当該地域では，この行事食の献立（年取魚）として富山湾岸や能登半島の内浦地域の沿岸域で水揚げ，塩蔵され運ばれてきたブリの加工品である「塩鰤」が用いられてきた（日本の食生活全集長野編集委員会 1986；日本の食生活全集岐阜編集委員会 1990；松本市立博物館 2002；胡桃沢 2008）．「塩鰤」は，江戸時代より製造，流通されてきたもので，それを切身にして焼いて食する．保存が一義の加工であったが，塩のすり込み加減が工夫され，輸送期間中に独特の風味のある食品に仕上がった．ブリなど日本海沿岸部からの物資を運んだ街道は，通称「鰤街道」と呼ばれた（図Ⅱ-0-1）．飛騨地域（高山）に搬入された塩鰤は，「飛騨鰤」と称され，さらに現在の長野県域（中信・南信地方）へと運ばれた．主な流通先の松本地域には．飛騨地域経由で搬入されもののほか，現在の新潟県糸魚川市周辺から千国街道で搬入された塩蔵ブリも存在した．

　流通環境が充実していない時代には内陸地域では海産物は高価な品であるから，塩鰤は地域のなかで限られた人しか消費できなかった．多くの

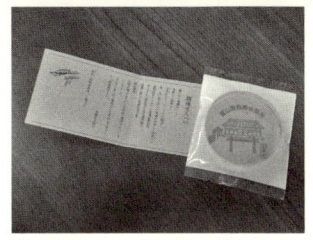

図Ⅱ-0-1　ブリ街道の歴史を伝える例
（2022 年 2 月，富山市で撮影）
上・中：ブリが運ばれた飛騨街道の出発地であることの発信例／下：西猪谷の関所とブリの扱いを紹介した解説付きの煎餅

人々にとって過去には，塩鰤を食することは憧れ，楽しみであった（田中 1957；松本市立博物館 2002；胡桃沢 2008；富山県商工会議所 2008）．ブリを年取魚に用いた理由やその起源を明確に説明した過去の記録等はないが，魚体が大型で，日常用いられる水産物より高価な品であり，成長とともに呼称が変わる「出世魚」であること，漁獲地域との他物資も含めた流通での強い結節も影響し，ハレの日のごちそうとしてふさわしい魚種として評価されたと推測される．

　地域の食の調査は，食物学や調理科学などで食材・献立自体の特性，摂食実態が考察されている（今田・藤田 2003；中澤・三田 2004；飯島ほか 2006；峰ほか 2007；冨岡ほか 2010；須谷ほか 2015；今田 2018）．地理学でも，傾向の地域性の析出や地域文化との関連が考察されている（升原 2005；中村周作 2009・2012・2014・2018；橋村 2008・2011；篠原 2013；横山ほか 2013：池田 2015；橋爪ほか 2015；淡野 2017；阿部・林 2017；河原 2019）．近年では，食材に託される人々の思い，発揮される機能の変化（水谷ほか 2005；矢野 2007）や，食を通した地域生活・消費社会の特徴・課題（林 2013）の析出も試みがみられる．

　本部での考察の意義，独自性は，共通する習慣，食材利用がみられる異なる地域での実態把握と，確認できた特色，変容等の比較を試みている点，消費の多少や方法だけでなく食材・献立や習慣に対して人々が抱く印象や認識も確認している点である．共通する習慣，同じ食材を用いる食文化が質の変容をともないながら各地に分布している様とその背景，各地域の人々の認識の違いを「見える化」できる．

　年取りでのブリ利用という共通項のなかに存在するそれぞれの地域らしさが分かれば，それを人々の地域理解の深化，地域意識の喚起に活かすことができる．献立の形状・内容や調理方法，献立の位置づけは，各時代に生きる人々の創意工夫，選択を経て少しずつ変質し，後世から見るとそれも伝統的あるいは地域らしい献立・食文化の延長線上にある妥当なものとして人々に受容，評価されていく（水谷ほか 2005；中村均司 2012；古家 2010）．その過程で，「ぶれてはいけない・真である」と地域の人々が考える軸や枠を守りつつ，その時代の社会状況や地域事情，技術や設備，生活様式や考えに適合したもので，多くの人々が納得できる変質の内容や程度が選択される．献立に対して人々が抱く利用の意義・あり方，変質への許容範囲が分かれば，それを踏まえた食に関わる学びの機会，食材の提供方法，手に取りやすい商品開発を検討する知見とすることができ，食文化のスムーズな継承，食を活用した地域活性の実現，QOL 向上策の検討に資する（中村均司 2012；濱田 2019）．

　なお，現在・過去の対象地域内域でのブリ商材の流通構造とその変化，流通業者らの販売の工夫・戦略，文化形成の歴史的過程への注目と，アンケートの自由記述のテキスト分析も有益な研究観点であるが，これらは今後の作業課題とする．塩鰤を用いる文化がみられる長野県域のうち，現在の長野県が用いる行政区分で「諏訪・松本・北アルプス」に該当する地域での調査も，今後の課題である．

飛騨地域におけるブリ・サケ消費と
年取魚ブリへの認識

1．はじめに

　ここでは，岐阜県飛騨地域の年末の伝統的風習「年取り」の食事（ハレの食）で用いられる年取魚としてのブリ（以下，「年取魚ブリ」と記す）[1]について，アンケート調査を基に地域での消費実態を把握するとともに，年取魚ブリを手にするときに重視する観点，年取魚ブリとそれを食べる習慣として変容してはならないと考える側面など，人々の認識について注目する．販売観察から，流通環境の変化などにより生じている年取魚ブリの利用形態や質の変化の把握も試みる．あわせて，日本の東西文化の境界域とされる岐阜県飛騨地域において，魚食文化の地域差異をとらえる主要指標とされるブリ・サケ（たとえば，多屋 1991；山下 1992；林 2011；今田 2018）に目を向け，地域住民の日常の食事（ケの食）でのそれぞれの魚種の消費動向も確認しておく．ハレ食である塩鰤に対する扱い，認識と日常の食事のブリへのそれとを確認することで，両者の傾向の違いも垣間見ることができる．

　『家計調査』を基にした全国の県庁所在都市の水産物購入傾向の類型化（林 2011）の結果では，高度経済成長期以降，全国での食の平均化が進んだ一方で，地域らしい食の選択も一定程度継承されていることが確認された．この考察では，岐阜県の県庁所在都市で県南部の美濃地域に位置する岐阜市は「東日本」グループの「関東・東海」に区分された．食文化での東西日本の地域差は，魚食に限らず指摘されてきた（秋谷 1988；本間ほか 1990；芳賀 1991；山下 1992；奥村 1996；今田 2018）．食材・献立により境界分布には幅があるが，岐阜県は東西食文化の境界域にあたる．岐阜県の北部に位置する飛騨地域は，物資流通で古くから日本海側の地域とのつながりが深く，食もその影響を受けるとされる（矢ケ崎 1957・1958；富岡 1978；日本の食生活全集岐阜編集委員会 1990；芳賀 1991）．冷蔵技術や流通・設備の普及が充分でなかった時代，牛方・ボッカ（荷役）が数日かけて峠越えをし，日本海沿岸部で漁獲された水産物を供給していた（田中 1957；胡桃沢 2008）．

2．調査方法

　地域の人々の消費動向をとらえるため，アンケート調査[2]を実施した．飛騨地域

図Ⅱ-1-1　調査対象地域

への日本海沿岸の物資輸送路である「鰤街道」（越中街道，野麦〔江戸〕街道）が通る飛騨地域の市町（合併前の市町村を配慮）で街道周辺に所在する町丁3)を対象とした（図Ⅱ-1-1）．アンケートは，個人情報を取得せず実施するため，配達する郵便番号を指定し郵便物を配布する「タウンプラス」の制度を利用した．選択した配達地域での総発送数は，7,877通であった4)．2018年7月にアンケートを郵送し，各世帯で主に食事や買い物を担う人1名に回答を依頼した．

　アンケートは郵送で回収とし，2018年10月15日到着分までを分析対象とした．居住地・世代に回答がない場合を無効とした結果，有効回答数・率は，1,737・22.1%（高山市域1,270・20.9%，飛騨市域467・25.6%）であった．配布の市町村別構成割合と回収の市町村別構成割合には著しい差は生じなかった．集計の際には，世帯数の少ない旧町村をまとめたエリアを単位とした．また，回答数が少ない20歳代と30歳代とを統合して集計単位とした．平成27年国勢調査での20歳代以上人口に占める60歳代以上人口の割合と比して，60歳代以上の層の回答割合がやや高かった．高齢化の進展，1世帯につき調査票1通の依頼で過去の経験を確認する設問に応じるため世帯内のより年長者が代表して回答した可能性，街道沿いの町丁を対象としたため若い世代の居住が多い新興住宅地域が対象地区中に少なかったことが影響したと考えられる．

3．日常の食事でのブリ・サケ消費の動向

　以下，アンケート結果をもとに，日常の食事でのブリとサケの消費現況を確認する．

1）　ブリの摂食頻度とその変化

　「ブリを平均して月に何度食しているか」，旬の時期（秋・冬）と旬以外の時期（春・夏）に分けて問うた（表Ⅱ-1-1）．旬の時期には，全体では「月2日まで」と「月3，4日」とした回答がそれぞれ4割弱で拮抗し，次いで「月に5〜10日」が多かった．「月に3，4日」以上の頻度回答が，（調査当時〔2018年〕の）20・30歳代では34.1%であったが，70歳代と80歳代以上では7割近い．なお，すべての地域で，「月3，4日」以上での回答が5割を超えていた．一方，旬以外の時期の摂食頻度は，全体ではおよそ半数が「月2日まで」とし，「まったく食べない」，「月に3，

表Ⅱ-1-1　日常の食事でのブリの摂食頻度

（単位：%）

世代 （回答者数）	旬の時期 （秋・冬）					旬以外の時期 （春・夏）				
	まった く食べ ない	月に 2日 まで	月に 3，4日	月に 5～10日	月に 11日 以上	まった く食べ ない	月に 2日 まで	月に 3，4日	月に 5～10日	月に 11日 以上
全体（1625）	4.4	38.9	38.8	15.3	2.5	21.0	53.0	18.6	6.9	0.4
岐阜県高山市（1189）	4.2	39.6	38.3	15.2	2.7	20.8	53.2	18.5	7.1	0.4
旧高山市（1017）	4.1	39.7	38.4	15.2	2.5	21.1	53.0	18.4	7.1	0.4
旧国府町（133）	4.5	37.6	39.1	15.8	3.0	18.0	55.6	18.8	6.8	0.8
旧高根村・朝日村（39）	5.1	43.6	30.8	12.8	7.7	20.5	48.7	20.5	10.3	0.0
岐阜県飛騨市（436）	5.0	36.9	40.4	15.6	2.1	21.8	52.8	18.8	6.2	0.5
旧古川町・宮川村（265）	5.7	41.9	36.6	14.7	1.1	23.8	54.3	17.0	4.9	0.0
旧神岡町（171）	4.1	29.2	46.2	17.0	3.5	18.7	50.3	21.6	8.2	1.2
20・30歳代（132）	9.1	56.8	25.0	8.3	0.8	34.8	54.5	9.1	1.5	0.0
40歳代（185）	5.9	45.9	37.3	9.7	1.1	24.9	56.8	13.5	4.3	0.5
50歳代（322）	4.3	43.2	37.9	12.1	2.5	20.8	51.6	16.1	5.3	0.0
60歳代（521）	4.4	37.6	41.5	13.8	2.7	20.5	54.3	19.0	5.6	0.6
70歳代（359）	3.1	29.5	40.7	23.7	3.1	13.4	49.9	24.0	12.0	0.0
80歳代以上（106）	0.9	29.2	42.5	22.6	4.7	7.5	53.8	26.4	12.3	0.0

（アンケート結果より作成．林〔2019・2020〕掲載の表を再編）

4日」が続いた．旬の時期に比べ，全体的に摂食頻度が低下しており，食材の旬や季節感を意識した消費動向がみられた．60歳代以下の各世代では「まったく食べない」が2番目に多いが，70歳代と80歳代以上では「月に3，4日」が多い．なお，すべての地域で「月3，4日」以上での回答が2割を超えていた．

　主な食べ方（複数回答可）は，「（塩）焼き」（69.0%）と「刺身」（50.2%），「照り焼き」（30.4%）が多く，鰤大根や煮物，鰤しゃぶ，寿司（回転寿司での消費を含む）なども多数回答されていた．「20年程前と比べた摂食頻度の変化の有無」について問うたところ，「維持（44.6%）」，「減少（28.1%）」，「増加（27.3%）」の順であった．頻度の増減や維持の背景は後述するサケ摂食の章で合わせて確認する．

2）　ブリの場合での商品の違いへの関心

　「陳列されている商品はどれも品質や値段が納得できるものであったとして，手に取る商品が「天然品であるか，養殖品であるか」という違いは，気になるか」問うたところ，全体では「とても気になる」（11.1%），「やや気になる」（41.3%），「あまり気にならない」（40.3%），「まったく気にならない」（7.3%）であった．40歳代以上では全体の回答傾向とほぼ類似したが，20・30歳代では「まったく気にならない」（11.9%）が「とても気になる」（5.5%）を逆転した．さらに，普段の買い物で「天然品と養殖品のどちらをよく手に取るか」尋ねたところ，「とても・

やや気になる」回答群では天然品49.9%，養殖品40.8%（残りは無回答）であった．主な理由として，「身の締まりが良い」，「臭みや脂分が気にならない」，「産地から新鮮な品が入ってきているので」，「自然なもののほうが良い」，「投薬などの心配がない」等が挙がった．一方，「あまり・まったく気にならない」回答群では，天然品9.7%，養殖品54.8%（残りは無回答）であった．挙げられた理由として，「価格が手ごろである」が多数を占め，そのほか「脂が乗っている」，「いつでも手に入る」などがあった．

　「陳列されている商品はどれも品質や値段が納得できるものであったとして，手に取る商品の「産地」の違いは気になるか」問うたところ，全体では「とても気になる」（9.2%），「やや気になる」（38.3%），「あまり気にならない」（45.2%），「まったく気にならない」（7.3%）であった．地域別の回答，40歳代以上の回答は，全体の回答傾向とほぼ類似だが，20・30歳代では「まったく気にならない」（13.5%）が「とても気になる」（4.5%）を大きく逆転した．「とても・やや気になる」回答群（779人）に，特に気にかけたり選択したりする「産地名」を問うたところ，「氷見」（127）という市名ピンポイントの回答が多く得られた．また，県・市名の「富山」（383），「石川」（54）・「金沢」（11）や，「北陸」（103），「日本海側」（78）など範囲でとらえている者も多い点は，消費者の産地認知傾向として興味深い．一方，養殖が盛んな九州・四国地方の県名（合計25），太平洋側の県名（合計で6）は少数にとどまった．なお現在ブリは輸入品の流通がごくわずか[5]だが「国産」あるいは「日本」（合計71）と挙げていた点や，「○○産以外」のような産地回避，「海がきれいなところ」のような回答（合計6）がみられたことからは，ブリ産地の理解や認知の有無とは別に，消費者の生産・流通環境への懸念の存在，産地評価の形成上の課題を垣間見ることができる．

3）　サケ摂食頻度とその変化，理由

　次に，日常の食事でのサケ消費についても同様に見ていこう．

　「サケを平均して月に何度食しているか」，旬の時期（秋・冬）と旬以外の時期（春・夏）に分けて問うた（表Ⅱ-1-2）．旬の時期には，全体では「月3，4日」が半分弱を占め，「月2日まで」，「月に5〜10日」が続いた．「月に3，4日」以上での回答が20・30歳代と40歳代では6割以上，50歳代以上のすべての世代では7割以上を占めた．なお，すべての地域で，「月3，4日」以上での回答が7割を超えていた．

　一方，旬以外の時期の摂食頻度は，全体では約4割が「月3，4日」とし，「月に2日まで」，「月に5〜10日」が続いた．「月に3，4日」以上での回答は，20・30歳代と40歳代では全体の5割前後，50歳代以上のすべての世代では全体の6割前後あった．なお，すべての地域で，「月3，4日」以上での回答が4割を超えてい

表Ⅱ-1-2　日常の食事でのサケの摂食頻度

(単位：%)

世代 (回答者数)	旬の時期 (秋・冬)					旬以外の時期 (春・夏)				
	まったく食べない	月に2日まで	月に3, 4日	月に5〜10日	月に11日以上	まったく食べない	月に2日まで	月に3, 4日	月に5〜10日	月に11日以上
全体（1681）	1.2	25.0	46.3	21.2	6.2	2.9	37.4	40.5	15.6	3.7
岐阜県高山市（1230）	1.1	24.1	46.5	21.9	6.5	2.4	36.6	40.2	17.2	3.7
旧高山市（1050）	1.2	23.8	46.6	22.2	6.2	2.6	35.8	40.9	17.1	3.6
旧国府町（136）	0.0	27.2	42.6	22.1	8.1	0.7	41.2	34.6	19.1	4.4
旧高根村・朝日村（44）	0.0	20.5	56.8	13.6	9.1	2.3	40.9	43.2	11.4	2.3
岐阜県飛騨市（451）	1.6	27.7	45.7	19.5	5.5	4.2	39.7	40.8	11.5	3.8
旧古川町・宮川村（275）	1.5	28.7	46.5	19.3	4.0	3.3	41.1	41.1	12.4	2.2
旧神岡町（176）	1.7	26.1	44.3	19.9	8.0	5.7	37.5	40.3	10.2	6.3
20・30歳代（135）	0.7	34.8	49.6	13.3	1.5	4.4	45.9	40.0	8.9	0.7
40歳代（191）	2.6	33.5	42.4	17.3	4.2	3.7	48.2	32.5	11.5	4.2
50歳代（332）	0.0	23.8	46.1	23.8	6.3	1.5	34.0	44.3	16.6	3.6
60歳代（535）	1.9	25.4	46.0	20.7	6.0	3.7	37.8	41.1	14.6	2.8
70歳代（377）	1.1	18.3	48.8	23.6	8.2	2.7	31.3	41.6	19.1	5.3
80歳代以上（111）	0.0	23.4	42.3	24.3	9.9	0.0	36.9	36.0	21.6	5.4

（アンケート結果より作成．林〔2019・2020〕掲載の表を再編）

た．

　サケの摂食頻度の分布傾向は，世代を問わず，ブリの場合より高頻度区分での回答割合が大きい．サケは，季節差が小さく，年中安定して利用されている．また，ブリの場合ほど世代間の頻度の差がない．全国の魚食傾向では（とくに若年層での）魚離れ，高齢層での加齢効果が指摘されているが，サケは動向が異なり，若年層を含めて消費が堅調である（佐野 2003；林 2011；水産庁 2017）．飛騨地域の調査結果も，これら指摘されている傾向と合致している．

　「20年程前と比べた摂食頻度の変化の有無」については，全体では「維持」（45.7％）が多い点はブリと同じだが，「増加」が35.5％みられた．サケは世代に関わらず摂食が増加傾向にある点が注目される（40歳代24.6％から50歳代39.9％の範囲）．摂食頻度の増減の理由や背景（複数回答可）を問うたところ，「増加」回答者（理由・背景回答あり：ブリ459人／サケ590人）が挙げた主なものとして，「調理者自身が好み」（ブリ：56.2％／サケ：63.2％〔以下の項目も，この魚種順で回答割合記載〕），「昔から食べつけている」（30.7％／25.6％）以外に，「刺身や三枚おろしなどで販売されている」（51.2％／23.9％），「調理しやすい」（23.7％／51.2％），「骨が少なく食べやすい」（23.1％／31.0％）といった購入・調理・消費の利便性の高さのほか，「いつも魚売り場で見かける」（46.2％／57.5％），「価格が手ごろ」（23.3％／56.1％）といった観点が，購入「増加」に寄与している．ブ

リでは，「産地から新鮮なものが届けられているから」（43.4%／13.2%），サケで
は「洋食でも和食でも使える」（4.4%／26.3%），「色合いがきれい」（サケのみ設
定：16.1%）も，増加理由として多く指摘があった．

　「減少」回答者（理由・背景回答あり：ブリ472人／312人）が挙げた主な理由・
背景としては，「家族の構成・人数，年齢層の変化」（36.4%／25.0%），「自身・家
族の加齢の影響で嗜好が変化」（20.1%／13.1%）のような食べるメンバーに関わ
る観点のほか，そもそも「魚を食べる機会が減った」（28.2%／28.2%），「洋食を
選ぶ機会が増えた」（11.1%／11.9%）が挙がっている．また理由の上位に挙って
いる「価格が割高になった」（35.6%／17.9%）については，ほかの魚種との比較
による判断か，肉などほかのたんぱく質源・主菜との比較の結果かは，アンケート
から判断できないが，魚食の動向を理解するうえで重要な知見である．

　なお，「脂が乗っている・強いから」という観点は，ブリとサケで「増加」（32.7
%／21.7%），「減少」（14.2%／5.1%）の選択傾向に違いがみられる．自由記述で
も，サケの脂の乗りについて，養殖品を対象とした評価記述では脂が強すぎる点を
指摘するものもあるが，「おいしい」，「パサつきがなくジューシー」，「身が軟らか
くて良い」，など好意的な評価をしている記述が多数みられた．ブリの脂に対して
は，天然品への評価では，「適度な脂の乗りでおいしい」，「身がしまっているけれ
ども脂も乗っている」，といった記述が多く，この点で支持を集めていた．しかし
養殖品に対しては，「べたつき感」や「くどさ」，「脂が多すぎる」などの指摘が多
くみられた．

4）　サケの場合での商品の違いへの関心

　「陳列されている商品はどれも品質や値段が納得できるものであったとして，手
に取る商品が「天然品であるか，養殖品であるか」という違いは，気になるか」問
うたところ，「とても気になる」（6.3%），「やや気になる」（26.0%），「あまり気に
ならない」（56.5%），「まったく気にならない」（11.2%）で，ブリでの回答傾向と
比して天然であるか否かへのこだわりは薄かった．世代間での傾向の差も小さい．

　「とても・やや気になる」回答群に，普段の買い物で「天然品と養殖品のどちら
をより選択しているか」問うたところ，天然品43.6%，養殖品40.0%（残りは無
回答）であった．「あまり・まったく気にならない」回答群では，天然品8.9%，
養殖品43.9%（残りは無回答）であった．あわせて，「普段の食事で「サケ類」を
購入，消費するときに，陳列されている商品はどれも品質や値段は納得できるもの
であったとして，手に取る商品が「国産品であるか輸入品であるか」という点は気
になるか」問うた．全体では「とても気になる」（12.2%），「やや気になる」（33.2
%），「あまり気にならない」（46.2%），「まったく気にならない」（8.3%）であっ
た．70歳代以上では「とても・やや気になる」が半数を超えるが，60歳代以下で

は「あまり・まったく気にならない」が半数を超え，20・30歳代では61.5%を占めた.

天然品を選択する理由は，ブリのそれと同様のもの（旬の重視，身の締まり，適度な脂味，鮮度）とともに，国産への安心感が挙げられた．養殖品を選択する理由として，価格の安さ・値ごろ感や年中手に入りやすいことのほか，「チリ産など輸入品の養殖品ばかり売り場で見かけるから／それしか売られていない」が目立った．国産であるか否かは気になる観点のひとつではあるが，回答者が持ち合わせている日々の買い物環境では選択の余地が限られ，結果的に養殖品を手にしているケースも多いと考えられる.

4．現在の年取りでのブリの利用，販売の状況

ここからは，ハレの食事（年取りの食事）でのブリの利用について注目していく．先述のように年取魚ブリは，大晦日の晩に無事に数え年を一つ重ねることを祝う「年取り」に用いる献立で，風習では塩蔵されたブリ，すなわち「塩鰤」（図Ⅱ-1-2）を焼いて用いる.

なお，過去の年取りでの塩鰤の利用に関する情報（林 2019・2020 参照）からは，地域の多くの人々にとって年取りに塩鰤を食することが憧れや楽しみであったことがうかがえた．過去には，年取魚ブリが高価であったため，食べることができた者が限られていたことに言及したものが多くみられ，代わりにイカ（図Ⅱ-1-3）や塩マス，フクラギ（ブリの幼魚）などが用いられた．それでも，「年取り」のときだけは費用を工面し，多少無理をしたり苦労をしてもブリを購入して子らに食べさせようとした旨や，家長が歳末市にブリの買い出しに出かけ，家族人数分に切り分けて焼いて分け与えていた旨の記載もみられた．1970年代半ばから量販店での切り身での塩鰤販売が活発化し，経済的に塩鰤購入が可能となった人も増加したと考えられる．引き続き飛騨地域の人々によって消費されているようすと同時に，年取魚ブリのなかに各地から届けられた養殖ブリが含まれている状況や，肉やカニなどを食べるようになり「年取り」の献立にブリを用いない家庭が出てきていることへの言及もみられた.

図Ⅱ-1-2　年取り用の塩鰤（高山市で購入，2018年12月撮影）
一般家庭の台所の魚焼きグリル（幅は約30センチ）に並べたときの塩鰤のサイズ感（手前の若干白い切身は養殖品，奥2枚の切身は天然品）

1）　現在の塩鰤の販売状況

今日では，日本海沿岸のほか全国各地から集荷されたブリ（養殖品を含む）が，飛騨地域内の量

図Ⅱ-1-3　年取り商材のイカ
（煮イカ）
（高山市で購入，2018年12月撮影）

日本の章生活全集岐阜編集委員会（1990）では，過去の年取りにもちいられていた煮イカについて，干したスルメイカを戻して醤油汁で煮たもの，と記されているが，店頭観察では干しするめよりも生鮮スルメイカをボイルしたものの販売が主で，「煮イカ」と表示され，長野県の煮イカ（中澤・三田 2004）の販売でみられる形態・アイテムとほぼ共通したものであった．長野県内でも，現在も日常だけでなく年取り商材としても扱いがある．

販店や食品加工・販売業者ら，高山市公設地方卸売市場の業者により塩鰤へと加工され，域内の量販店や鮮魚店などで扱いがある．毎年12月下旬には高山市公設地方卸売市場で，江戸期より続く「塩ぶり市」[6]が開催され，新聞等でも報道され，地域の人々の注目が集まる．

　現地観察によると，現在の年末商戦でも塩鰤は盛んに販売されている（図Ⅱ-1-4）[7]．詳細は別稿（はやし 2019）に譲るが，各店で塩鰤アイテムの販売サイズ・重量や枚数の構成に多少違いはあるが，2018年12月の高山市内の量販店，鮮魚店や食品加工・販売業者での観察ではおおむね，切身1枚 680円（養殖品：量販店）から2500円（天然品：鮮魚店），切身1枚の大きさが20～30 cm，厚みは2.5～3 cm程度で販売されていた．前掲図Ⅱ-1-2のように，日常販売されているブリ切り身商材に比べ，1枚のサイズや厚さが大きい．過去には1本，半身での販売，家庭で家族人数に合わせて切り分ける扱いが重視されていた．しかし今日では，切り身での販売量のほうがが圧倒的に多い．

　消費者に商品をアピールする店頭のPOPやポスター，商品に添付されているラベル等には，「飛騨ぶり」「塩ぶり」「伝統の」「飛騨の」「年取

図Ⅱ-1-4　塩鰤の販売風景
（いずれも2018年12月撮影）
左：飛騨市のスーパーマーケット／中：高山市の鮮魚店での作業風景／右：高山市のスーパーマーケットで購入

りには」「〇〇 kg 大のブリを使用」「△△産」と
いったキーワードが用いられていた．また，「天
然品」「養殖品」「畜養品／半養品（漁獲した天然
ブリを養殖施設で一定期間肥育して出荷したも
の）」を，POP やラベルで区別，強調する店を多
数確認できた（図Ⅱ-1-5）．あるスーパーマー
ケットの店頭では，「天然」の商品ラベルが
「金」，「半養」のものが「銀」，（購入しなかった
が）「養殖」のものは「銅」と色分けされていた．
このようすは，販売者の商品差別化の意識，ア
ピールの現れ，消費者のニーズが反映された商品
づくりの例といえよう．

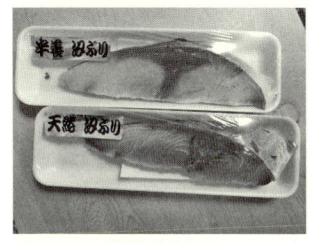

図Ⅱ-1-5　塩鰤商材のアピール例
（いずれも 2018 年 12 月に撮影）
（上）高山市の鮮魚店・（下）高
山市のスーパーマーケットで購
入

　なお近年では，海水温上昇の影響などから北海
道近海でのブリ漁獲が増加している（星野
2017）．『漁業・養殖業生産統計』によると，全国
のブリ漁獲量，北海道，富山県の漁獲量は 2009
年にはそれぞれ 78,334 t，1,214 t，1,258 t で，
2021 年には 94,608 t，13,971 t，832 t であった．加えて，2021 年の全国の養殖ブ
リ生産量（99,804 t）は，天然ブリ漁獲量を上回っている．販売業者への聞き取り
では，サイズ，品質とも良好であることから，2018 年年末には生鮮品販売や塩鰤
原料への北海道産利用が多数確認された．もともとは富山湾の沿岸で漁獲されたブ
リを用いてきた塩鰤だが，現在では養殖・畜養品も含めてより遠隔地から集荷され
たブリを多く活用して製造，販売されており，年取魚ブリの質の変容が進んでい
る．

2）　年取魚ブリの消費状況と認知

　では，アンケート結果を基に，現在では人々が年取魚ブリをどの程度消費し，年
取魚ブリやその消費風習をどのように認識しているか注目していく．

(1)　年取りでのブリの消費状況

　「年取りに（塩）ブリを食べる風習」について，「知っていた」者は全体で 95.4
％あった．20・30 歳代のみ 79.1％だが，他の世代と全地域では 9 割を超える．
　「ここ 5 年間の年末年始に「年末年始ならではの食事・献立」と意識して「ブリ
類」を消費したか」問うた結果が，表Ⅱ-1-3 である．「5 年とも意識して「ブリ
類」を食べた」者が全体で 63.7％みられた．地域別の結果も，「5 年とも意識して
「ブリ類」を食べた」者が高山市域全体では 61.4％（旧高山市 61.0％〜旧高根村・
朝日村 66.7％），飛騨市域全体では 70.1％（旧古川村・宮川村 66.8％・旧神岡町

表Ⅱ-1-3　年取りでのブリ食の頻度

対象 (回答数)	ここ５年間の年末年始に「年末年始ならではの食事・献立」と意識して「ブリ類」を消費しましたか（%）					
	５年とも意識して「ブリ類」を食べた	５年間のうち，意識して「ブリ類」を食べた年のほうが多い	５年間のうち，意識して「ブリ類」を食べた年のほうが少ない	意識していなかったが「ブリ類」を食べていた	５年とも「ブリ類」は食べなかった	食べたか覚えていない
全体 (1704)	63.7	12.6	5.6	9.6	6.5	2.0
20・30歳代 (134)	49.3	11.9	7.5	14.2	11.2	6.0
40歳代 (193)	56.5	10.4	4.7	11.9	12.4	4.1
50歳代 (334)	65.0	15.3	7.2	6.6	3.9	2.1
60歳代 (546)	65.2	13.7	4.6	8.8	6.6	1.1
70歳代 (379)	71.0	9.0	5.0	9.8	5.0	0.3
80歳代以上 (118)	58.5	15.3	7.6	12.7	2.5	3.4
岐阜県高山市 (1243)	61.4	14.0	6.1	10.1	6.3	2.2
旧高山市 (1060)	61.0	13.9	5.9	10.0	6.7	2.5
旧国府町 (138)	62.3	16.7	6.5	10.9	3.6	0.0
旧高根村・朝日村(45)	66.7	8.9	8.9	8.9	4.4	2.2
岐阜県飛騨市 (461)	70.1	8.7	4.3	8.5	6.9	1.5
旧古川町・宮川村(283)	66.8	9.5	3.9	9.2	9.5	1.1
旧神岡町 (178)	75.3	7.3	5.1	7.3	2.8	2.2

（アンケート結果より作成．林〔2020〕掲載の表を再編）

75.8%）といずれの地域でも高い割合で確認された．「５年とも「ブリ類」は食べなかった」と「食べたか覚えていない」者は，高山市域全体で8.5%，飛騨市域全体で8.4%にとどまる．（意識的に）年取魚ブリを消費している者が世代や地域を問わず多いことから，「年取り」の風習とそこで用いられるブリ（塩鰤）食は，現在でも地域の食文化として一定の継承・評価されているといえよう．

　ただし，40歳代以下では，「意識していなかったが食べていた」，「５年とも食べなかった」，「食べたか覚えていない」の合計が全体の４分の１を超えていることから，「年取り」の風習やそこでブリを食することの意味が充分継承されていない可能性，年取魚ブリへの関心・執着の低下が考えられる．なお，80歳代以上の回答で「５年とも意識して食べた」，「５年間のうち意識して食べた年のほうが多い」回答が70歳代までと比して減少した背景として，自由記述や後の設問から，摂食意欲はあるものの，加齢による食事量の減少，家族人員の減少，年末年始に子世代と共食する機会の減少，調理意欲・機会の減退などが挙げられていた．

　意識して食していた回答者に対し，ブリの食し方を問うたところ，81.0%が「焼いて食べる（塩焼き）」と回答した．現在でも地域住民の多くが伝統的な食し方に沿って消費をしていた．ただし，焼く前の塩鰤，焼いてある塩鰤，生鮮ブリ（購入後に消費者が塩を振るなどして調理）の購入の別は，本調査では確認できていない．なお，照り焼き（13.0%）のように塩焼き以外の方法をとる者や，刺身（12.3

表Ⅱ-1-4　年取魚ブリの摂食の増減・維持の理由や背景

（単位：％）

摂食増減・維持の理由や背景（複数回答可）	増減・維持の理由・背景に何らか回答があった 1,680 人対象		
	増加（251 人）	減少（328 人）	変わらない（1085 人）
地域に伝わる年末年始の習慣だから	68.1	19.8	74.5
自分の育った家庭・地域で年末年始はブリを食べてきたから	45.8	23.8	70.0
私自身や家族はブリが好きだから	46.6	7.6	34.8
親や祖父母世代が食べたがるので	18.7	6.7	14.7
子どもや孫に食べさせたいから	23.1	6.1	21.7
この時期にはたくさん販売されているから	25.1	7.9	21.2
ブリを食べる習慣を TV・本，学校や料理教室などで知った	2.8	0.3	0.7
地域文化の伝承や食育を意識して	19.5	5.8	15.9
おせちやオードブル・刺身盛りを注文するとブリが入っている	13.9	9.1	11.4
ブリがあると豪華・ハレの日のメニューらしいから	12.4	4.9	8.9
ブリを食べないと正月が来た気分がしない	35.5	15.2	40.8
肉など他の食材のほうが豪華に感じる・ハレの日のメニューらしいから	2.4	14.6	1.0
肉など他の食材のほうがおいしいから	0.4	12.8	1.0
育った家庭・地域では年末年始にサケを食べる習慣がある	5.2	6.1	3.7
育った家庭・地域では年末年始にブリを食べない	9.2	4.0	3.1
ブリだと普段の食事と変わらないから	0.4	1.5	0.2
昔はブリだったが、最近はサケを食べることが増えた	1.6	7.6	0.5
他の食材より割高だから	0.8	26.8	2.5
準備・調理が面倒だから	0.0	3.7	0.2
私自身や家族がブリを好まない	0.4	10.7	2.0
地域の食文化や伝統は気にしない・身近でないから	0.8	9.5	1.4
家族構成が変わったり加齢の影響のため	2.0	29.3	1.0
年末年始に年越しを祝う食事をわざわざ摂らなくなったから	0.0	26.5	1.1
その他	5.2	5.5	1.4

（アンケート結果を基に作成）

％）や鰤しゃぶ，寿司，マリネなど「塩鰤」では調理に向かない献立（おそらく塩鰤ではなく生鮮ブリを購入して調理していると考えられるケース）での回答も一定程度みられた．自由記述からは，（塩鰤は高い，塩が強すぎるので，）生鮮ブリを購入して自宅で塩蔵や塩振りして焼く，との指摘も散見され，必ずしも伝統的な商品

形態である「塩鰤」を購入，使用しているとは限らない状況が読み取れる.

(2) 消費の増減とその理由・背景

　「20 年程前と比べた「年取魚ブリ」の摂食の増減あるいは維持の状況」について問うたところ，全体では，「変わらない」（65.2%），「減少」（19.7%），「増加」（15.1%）であった. 年末年始の行事食としてブリを変わらず食べている人が世代や地域を問わず多く，地域の食文化として一定の継承・評価が得られているといえよう.「摂食の増減あるいは維持に至った理由や背景」を確認したところ，表Ⅱ-1-4 のような内容が挙げられた. 世代や地域を問わず多くの人々が，年取りの際にブリを食することが「地域に伝わる年末年始の習慣」であり，「自分の育った家庭・地域で年末年始はブリを食べてきたから」食べるのだ，と摂食の動機を指摘している. そのうえで，「ブリを食べないと正月が来た気分がしない」との指摘も多い. 一方で，「減少」とした人々では，家族構成の変化のほか，「（塩鰤の）価格が割高」，「わざわざ年越しを祝うハレの食を摂らなくなった」や，「肉などのほうが豪華・おいしい」などが多く，自由記述でもこの点の指摘が散見された.

3）　年取魚ブリに関わる経験談や世代間伝承

　年取魚ブリの購入や調理，消費，伝承などの経験に関わる思い出や記憶について，自由記述で回答を求めた. 1,014 人が，何らかの回答を記していた. ここでは自由記述で言及が目立った観点や傾向の例を挙げる.

　まず表Ⅱ-1-5 のように，年末年始の食卓にブリ（塩鰤とは限らない）が「欠かせない」，「必ず食べる」など摂食への好意的評価が多数みられた. また，ブリ（や塩鰤）が販売されるようすや年末年始の食卓を飾る風景について，「飛騨地域の年末年始らしい風物詩」，「文化であると感じている」，「正月を迎える感がある」とした回答も多くみられた. 高齢層の回答でこのような指摘が多いが，40 歳代以下の若年層でも記載が確認された.

　そして表Ⅱ-1-6 のように，高齢層を中心に，過去の年取りにおいて経済的理由や流通環境の未整備から，塩鰤を消費することが非常に貴重な体験，難しい状況であったことや，塩鰤の代わりに「煮イカ」（前掲，図Ⅱ-1-3）や塩サバ・サンマ・マスなどが膳に載せられていた経験が多数語られた. 成人し社会人になって，あるいは経済状況などが向上し，年取りをブリで迎えることができるようになったときの喜びを回想した記述もみられた.

　一方で，表Ⅱ-1-6・表Ⅱ-1-7 のように，貧しい家庭状況，大家族でありながらも，親らが正月だけはきちんと年取りさせたいと，「費用を工面したり高山や富山に買い出しに出掛けて塩鰤を調達し，食べさせてくれていた」，「その味が忘れられない」とする思い出も散見された. 塩鰤が膳に載らない煮イカなどでの年取り，塩鰤の購入が容易になった時期に関しては，世代や居住地域，家庭状況により幅はあ

表Ⅱ-1-5　年取魚ブリに関する自由記述の例(1)

記述で確認された主な項目・観点（回答数）	記入の事例（回答者の居住地区・世代）〈語句・数値の表記形態を統一したうえで原文ママ〉
ブリへの執着やこだわり，毎年の習慣である旨（欠かせない，あるのが当然・習慣，毎年・必ず食べる，食べなくてはならない，など）(304)	子どものころから正月にはブリは当たり前で，正月のお雑煮の具もブリの切り身だった．私の人生の中で，今も正月にはブリなしは考えられない（神岡町：80歳代以上） 94歳で他界した父は，元気な時までは毎年年末年始の食卓にブリがないと，「ブリがないぞ」と言われ，買い出しにいかされました．焼きたてのブリはステーキにも負けないくらい美味なものでした（高山市：60歳代） 子どものころ（昭和40年代）からずっと年取りのブリは欠かしていない．進学や就職で名古屋市に住んでいた時も，帰省して必ず食べていた．ただ，昔はブリ自体がごちそうだったが，今は子どもたちの好みもあり，寿司やカニなどと共に食べるようになった．ブリを食べる習慣はたぶんこれからも続けていくと思う（神岡町：50歳代） 36歳の主婦です．私が幼いころから，年越しの食卓にはブリが並んでいるのが当たり前で，結婚し夫の家で正月を迎えるようになった今でも，正月の準備にはブリを買うのが当たり前の流れになっています．その地域ごとの習慣は子どもたちにも伝えていきたいと思っています（高山市：20・30歳代）
出世魚・縁起物として(67)，1年に感謝をする・健康や吉事を祈って(48)食する	私がお嫁に来た時から，親や祖父母から聞かされていた．「年末には必ずブリを食べなさい．食べると無事に過ごせる．」といっていました．それからずっと食べています（古川町・宮川村：70歳代） 孫に年取り魚はブリであり，「一年間の感謝と来年もいい年になりますように」と願いながら食べようね，といった話をしながら食べています（朝日村・高根村：60歳代） ブリは出世魚と言われ，貧乏だったが正月は買ってもらい，特に男子どもは食べろと言われた．今，祖父母はもういませんが，毎年高くても必ず買います（高山市：50歳代） 小さいことから年越しには大人も子どもも塩鰤の切り身が一切れずついただけました．とても脂がのっているので苦手で，でも一年に1回，「年を越すと1つ年をとるやろ？！だから出世魚のブリを食べてまた来年も元気に過ごさせてもらうよう，ブリを食べるんや」と父に言われたことを食べなくなった今でも年末に思い出します（高山市：40歳代） 出世魚だから縁起が良く，年越しには欠かせない魚だと聞いて育ちました．必ずブリは食べます．今のうちに料理の仕方を習っておこうと思います．次の世代にも残してあげたいです（古川町・宮川村：20・30歳代）
年末の風物詩・風景・欠かせないもの，年末年始が来た感じがする，これがなければ年末年始が来た気がしない(70)	1946年ごろ私の記憶に残っているのは富山から汽車で運ばれたブリが年末になると大売出しで店頭に並べられ，近くから買い出しに訪れて各々が背負った竹かごの中から尻尾を出しながら家路に急ぐ姿が今でも思い出されます（古川町・宮川村：70歳代） 毎年行きつけのスーパーで「塩鰤市」をするので，買ったりする．正月の準備の中で，ブリは正月を感じさせてくれます（高山市：60歳代） 年末の買い出しに出かけブリのコーナーが混雑しているのを見ると，飛騨の人にはブリは，季節感として大切なものなのだと思います．近年手を出しづらい価格になっているのに，頑張って買っています（高山市・50歳代） スーパーで働いています．年末でのチラシのタイトルには飛騨鰤，塩鰤の名前が不可欠です（高山市・50歳代） 塩鰤がスーパーなどに陳列されると，あー，もう年末なんだなぁ…と今年もブリを買って年越しするぞ！と毎年思っています．ブリ旨い！（高山市・40歳代） 70代の祖母は，その母から「正月はどんなに貧しくてもブリを食べなければ」と言われていたそうです．その教えを守り，私たち子どもにも「正月はブリ」と伝えていました．子どものころ，「ブリなんて」と思いましたが，今では「正月はやっぱりブリ」と思っています．年末にスーパーに並ぶのを見て，家族の思い出を思い浮かべます．また，地域の人にも「ぜひ飛騨鰤を！」と言いたくなります（高山市・40歳代）

（アンケート結果より作成．林〔2019〕掲載の表を再編）

表Ⅱ-1-6　年取魚ブリに関する自由記述の例(2)

記述で確認された主な項目・観点（回答数）	記入の事例（回答者の居住地区・世代）〈語句・数値の表記形態を統一したうえで原文ママ〉
煮イカの消費，塩鰤の代替品としての煮イカ（124）	昭和35年くらいより前，きょうだい家族の多い家では，（ブリは夫衆が食べるもの）ブリは高価なので代わりに煮イカを一人一杯あてられ，それを大晦日の夕食の時から正月3日間かけて大切に食した．きょうだいに盗られないよう膳に大事に片づけて置いていた（高山市：70歳代） 子どものころ（1965年ごろ）は年取りはブリはおろか煮イカ一杯ならまだ豊かな方だった．煮イカ半分を年末に残して，年始にも食べた記憶がある（朝日村・高根村：60歳代） 子どもの頃，ブリは高価で，家長（父）しか食べられなかった．そのほかの家族は，煮イカが出ていた．家長が残したブリを食べた記憶がある（古川町・宮川村：60歳代） 昔はあまりお金がないのでブリの代わりに煮イカが一杯膳にのっていて（各自膳）それを年末から年始にかけて食べていました．小学校5・6年生のころから，ブリになりました．人並みの生活になったんだなぁと感じて嬉しかったです（高山市：60歳代） ブリを食べるようになったのは昭和40年後半（高度経済成長期）からで，それまでは庶民の年末年始はイカの煮たものでした（古川町・宮川村・50歳代）
父・祖父が塩鰤を購入，調理，分け与える（77）	昭和30年ごろに父のきょうだい4人と代表で富山に行き，2匹買って帰るのが習慣でした．代金は一匹が米一俵だったと記憶しています．一年で一回の贅沢な買い物だったようです（高山市：70歳代） ブリは出世魚であり，家主が焼いて家人にふるまうのが年取りの習慣と信じて実践している（高山市：60歳代） 昔は食生活が貧困でしたが，どれだけ貧しくても大晦日だけはブリは出世魚と言われていたので必ず父が町まで買い出しに行き一匹買ってきました（神岡町・60歳代） 年末は父が七輪でブリを焼くことが我が家の常でした．父でないとダメで，子どもながらに年越しや正月が来たと感じていました（高山市・50歳代） 父が元気だったころ（30年くらい前）は，大晦日のメインのブリの焼き係は必ず祖父でした．大きな切り身を外で焼いていました．ブリと煮イカがメインディッシュな感じでした（古川町・宮川村：40歳代）

（アンケート結果より作成．林〔2019〕掲載の表を再編）

るが，流通環境や収入が改善されたり，回答者自身が就職して一定収入を得るようになったり家庭を持った時期と重なる高度経済成長期や，飛騨地域で量販店の開業，定着とそれによる塩鰤販売の活発化がみられるようになった1960年代後半から1970年代を挙げる回答が目立った．なお，現在でも煮イカは，年取りの商材と

表Ⅱ-1-7　年取魚ブリに関する自由記述の例(3)

記述で確認された主な項目・観点（回答数）	記入の事例（回答者の居住地区・世代）〈語句・数値の表記形態を統一したうえで原文ママ〉
1本・半身で購入経験，切り身の厚みや大きさへの高い関心，切身購入への変化（128）	10から15 kgのブリ一匹を年末に家族で調理しています．各自一切れの大きなブリの焼き物は今でも家の行事です（神岡町：80歳代以上） ブリ一匹，13 kgくらいを高くても祖父母は買って縄でぶら下げていたのを思い出します．今現在の味とは全然違います．そして父や母も同じように数年前まで続けていました．今は一切れ3000円くらいのを5枚くらいしか買いません（高山市：60歳代） 父は年取りは高山市にいる子ども家族を呼んでくれ10数人で年取りをするのが習慣でした．年取りは必ず出世魚のブリを食べなさいと言われ，生まれてすぐの孫にも必ず一人一切れをあてがってくれました．ブリは必ず富山産（日本海産は波が荒くて身がしまっていておいしいからと言っていた）で天然物，と（高山市：60歳代） 父の代まで魚屋をしておりましたので，12月29日ごろから，父がブリ数本を切り身にし，家族総出で大型グリルで焼き，お客さんが「立派なブリやな．これで年取りができる．」と言ってみえた事を思い出しました（国府町：50歳代） 年末の夕ご飯（年取りの番）に必ず，一人一切れのブリの塩焼きを食べます！子どものこと（昭和40年代）から年取りには実家（高山市）でも必ず年取りのごちそうでブリでした．父や祖父が少し大きめのブリ，女子どもには少し小ブリなもの．今では皆大きさは一緒ですが，大きさに差があったことを思い出します．お店によっては，塩加減が違うので，お気に入りの店がありました（古川町・宮川村：50歳代） 大晦日に食べるブリのサイズは切り身が厚いものを5，6年前までは買って食べていた（生ブリ）が，脂がのっていてそれだけでお腹いっぱいになってしまうので，ここ数年はは半身ずつ出すようにしている（神岡町：40歳代）
価格に関すること（高いのが不満，高くて買わない，買い物対策，伝承への影響危惧）（108）	5年くらい前までは塩鰤を食べていました．今は一切れがとても大きく，価格も高く，一切れ3000円から5000円もします．子どもたちも古くからの習慣を気にしなくなり，塩鰤は買わなくなりました．ブリを買うならカニを買った方がよいと子どもがリクエストしています（高山市・60歳代） 年末の塩鰤は出世魚としての縁起物なので買います．一切れの大きさは大きいのですが，価格が高く，毎年売り場前で躊躇してしまいます（高山市・60歳代） 魚屋に勤めていましたので，塩鰤を作っていました．近年は正月用となっていますが，もっと安価で多くの人に食べてもらえた方がいいと思います（国府町・60歳代） 年末年始に普段より価格が上がるのでお姑さんが前もって買って冷凍しておいて，年末年始に食べます．価格が上がることが気になり，サケに変えようかという意見が出たときもありました（高山市・40歳代） 3年前に神奈川から移住し，ブリを食べる習慣を初めて知りました．私はブリが好きなので，去年初めて塩鰤を買ってみましたが，高価で驚きました（古川町・宮川村・40歳代） 年末のブリは高いイメージです．高くても皆買っているので，習慣ってすごいと思います（高山市・20・30歳代）

（アンケート結果より作成．林〔2019〕掲載の表を再編）

表Ⅱ-1-8　年取魚ブリに関する自由記述の例(4)

記述で確認された主な項目・観点（回答数）	記入の事例（回答者の居住地区・世代）〈語句・数値の表記形態を統一したうえで原文ママ〉
他の食材への移行や食べ方の変化，喫食減少の契機・理由への言及（82）	今から 60 年前には，年取り（大晦日）に囲炉裏でブリを焼いて食べたが，今は年取りの食事内容が変わってきた．ブリは脂が多く，焼くのも大変．家じゅう魚臭くなり，食べない（高山市・70 歳代） 子どものころから正月にはブリでした．それで現在も必ずブリを買います．ただ，昔は大きな切り身（ただ素焼きにしたもの）を何日もかけて食べていましたが，不便なので大きな切り身を 2，3 に切り，照り焼きにしています．若い人にも好評です．他の家ではブリの代わりに牛ステーキにするところも増えています（神岡町・70 歳代） 子どものころに食べた年取りのブリはすごいごちそうだった．私自身魚をあまり好まず，肉を食べる習慣のほうが多くなってしまった．最近，息子どもが結婚し，孫もでき，年末年始のブリの文化は伝えていったほうが良いと思い，3 年ほど前からブリを準備するようになった（高山市・60 歳代） 今の若い人たちは，塩鰤よりも生ブリのほうが好きです．年を取ってくると正月の切り身の大きさには少し抵抗を感じます（高山市・60 歳代） 昔は保存の方法がなかったので，正月又は年取りの塩鰤は必ず必要なものだったが，現在では生のブリも手にはいるし，他のもので代用でき，必ずしも塩鰤でなければならないという意識は減ってきている．しかし，お年寄りがいる家庭では必須だと思う（高山市・50 歳代） 昔は年末の年取りにブリを家庭で料理して食べるのが恒例でしたが，今は料亭のおせちブリが入っているので，年末に高いブリを買ってまで食べなくなりました（高山市・40 歳代） ブリは高価な割においしいとは思えません．なぜ，ブリ，ブリと騒ぐのか不思議です．やはり魚より肉です．我が家では飛騨牛で年を取ります（高山市・40 歳代） 25 年前に嫁に来て，年取りにブリを食べる習慣があるということを知りました．塩焼きから，子どもが好むような照り焼きにしたり，3 人の子ども達が巣立っていく中で，ブリの価格が高いことと，自分が大晦日まで仕事だったりするとゆっく準備が出来なかったりするので，簡単な刺身やお寿司で済ませることになってきた近年です（国府町・40 歳代） 結婚するまで年末年始にブリを食べる習慣がなかったが，義母から教わり，最初は塩鰤を出すようにした．しかし，夫はすき焼きを好むため，我が家では習慣にならなかった．スーパーに塩鰤が並ぶと，年末だなぁと感じるようにはなった（高山市・20・30 歳代）

（アンケート結果より作成．林〔2019〕掲載の表を再編）

して塩鰤と並んで飛騨地域の量販店等で多数販売されており，多くの人々に購入，消費されている．塩鰤の購入や調理に関わっては，遠方の市に買い出しに出掛けること，塩鰤を切り分けたり焼く作業をしていたりしたことや家族に分け与えていたことなど，各家庭の祖父や父が重要な役割を担っていたことに言及するものがみられた．高齢層での回答だけでなく，40・50 歳代の回答でも，このような内容が含まれているものが見られた．表Ⅱ-1-7 のように，塩鰤の大きさや購入形態，切り

身の厚みなどに注目した記述も多くみられた．以前は1本や半身でブリを購入していたが，現在では切り身での購入に変わったことを指摘する者も多数みられた．そのほか，各々にあてがわれる塩鰤の大きさが，家族内で出生順や性別により異なっていたことを回想する記述もみられた．

　伝統の継承や評価に関わる記述がみられる一方で，表Ⅱ-1-7・表Ⅱ-1-8のように年取魚ブリの価格などへの不満や消費減退などを含む回答もみられた．消費減退の要因については，祖父母世代や親世代の死去や彼らとの別居，家族の人数や構成の変化により，年取りを行わなくなった，献立に塩鰤を含めなくなった，とする回答がみられた．近年の年末年始に年取魚ブリを食べた頻度を確認した先の設問で，増減の背景を尋ねたときも多く選択されていた「祖父母・親世代が食べたいというから（食べる）」と関連して，伝統的な風習にこだわりを持っている層が家庭内に居ることで続けられてきた営みが，彼らが不在となることで執り行わなければならないという心理的な縛りがなくなり，継続されなくなる（可能性がある）ことが指摘できよう．

　また，塩鰤の価格が高いので家族の人数分購入することに負担を感じ，人数分の切り身を買わずに数人で切り分けて食べるなど1人が食べるブリの切り身の大きさが小さくなっていることなど，コストパフォーマンスを気にかける意見がみられる．年末の価格高騰期以前にブリを購入して冷凍保存して用いること，販売されている塩鰤は塩分が強くて好きになれないことや生鮮ブリを購入して自分で塩蔵すること，厚みがある塩鰤は食べ飽きること，など販売状況への不満やそれへの対策を指摘したものが多数みられた．さらに，「（飛騨牛の）すき焼きやステーキなどのほうが豪快でハレの食事らしく，値ごろ感があってかつ満腹感があり若年層が好むので「年取り」の献立が塩鰤からこれらに変わった」，「塩鰤を焼くよりも生ブリを購入して照り焼きにしたほうが若年層に好評である」，などのように，伝統的な「年取り」のあり方や献立に対する不満とそれへの対策を回答したものも多数みられた．これらの指摘は60歳代以下で多く確認できるが，70歳代の回答でも散見された．ブリを焼く際の臭い・煙に対する忌避の指摘も散見された．

4）　人々が考える「年取魚ブリ」のあるべき姿や役割

　「年取り」でブリを食する風習を「知っていた」と回答した者を対象として，回答者が考える「年取魚ブリ」のあるべき姿や役割について問うた（表Ⅱ-1-9・表Ⅱ-1-10）．各項目について，回答者が選択した当てはまる程度に応じて1〜4点を配し，回答者全体の得点の平均値を算出した．表では，各項目の得点の平均値を属性別に示している．

　結果に注目すると，全体では，「年越しに"越中鰤・飛騨鰤"を食べることは，お住まいの地域ならではの文化である」（平均値：3.3）「年越しに「ブリを食べる

表II-1-9　年取魚ブリに対する姿勢や考え（地域別）

項目／区分〈回答者数〉	「年取りのブリを食べるときに，観点は自分自身にどの程度当てはまるか」（各項目に関する回答者の平均得点値）					
	旧高山市	旧国府町	旧朝日村・高根村	旧古川町・宮川村	旧神岡町	全体
「年越しに「ブリを食べること」が重要である」〈1370〉	3.2	3.1	3.1	3.2	3.4	3.2
「年越しに食べるブリは，"越中鰤・飛騨鰤であること"が重要である」〈1342〉	2.8	2.8	3.0	2.9	2.9	2.9
「年越しに食べるブリは，天然品であるべきだ」〈1311〉	2.5	2.5	2.4	2.4	2.5	2.5
「年越しに食べるブリは，日本海で獲れたものであるべきだ」〈1358〉	2.9	2.8	2.9	2.9	3.0	2.9
「年越しに食べるブリは，富山県産のものであるべきだ」〈1350〉	2.7	2.6	2.7	2.8	2.9	2.8
「年越しに食べるブリは"越中鰤・飛騨鰤"と明記されていることを気に掛ける・明記される必要がある」〈1324〉	2.6	2.5	2.8	2.6	2.7	2.6
「年越しに食べるブリは，サイズや見た目が立派であるべきだ」〈1308〉	2.5	2.4	2.6	2.5	2.6	2.5
「年越しに食べるブリは，（鮮度・品質が納得いくものであれば）多少価格がはってもよい（・出費を渋るのはよくない）」〈1334〉	2.7	2.7	2.8	2.7	2.8	2.7
「年越しに食べるブリは，「（塩）ブリ市」で扱われたり，地域の専門店や技術ある業者が加工したものが正統だ」〈1335〉	2.7	2.5	2.8	2.6	2.4	2.7
「年越しに食べるブリは，「塩鰤」であるべきだ」〈1329〉	2.6	2.4	2.6	2.4	2.2	2.5
「年越しに食べるブリは，昔に比べて塩分を控えめにしてつくられた「塩鰤」でも正統だ」〈1345〉	3.0	2.9	2.9	2.9	2.7	2.9
「年越しに食べる「塩鰤」は，切り身になっているものではなく，一匹や半身が正統だ・これを購入すべきだ」〈1297〉	1.6	1.6	2.1	1.7	1.8	1.7
「年越しに"越中鰤・飛騨鰤"を食べることは，お住いの地域ならではの文化である」〈1359〉	3.3	3.2	3.3	3.2	3.2	3.3
「年越しにどのような献立であってもブリを食べれば，地域らしい正月の食卓といえる」〈1353〉	2.9	2.9	3.0	2.9	3.1	2.9
「年越しにブリを食べる習慣がある範囲・地域の広がりが，同じ文化を持つ地域圏・親しみがわく地域である」〈1336〉	2.8	2.8	2.8	2.8	3.0	2.8

採点方法は，回答者の選択した程度に応じて以下のように配点した。各項目について，全回答者の得点の平均を算出した．
「とても当てはまる・そう思う」が4点，「やや当てはまる・そう思う」が3点，「あまり当てはまらない・そう思わない」が2点，「まったく当てはまらない・そう思わない」が1点．
ゴチ太字：「とても当てはまる・そう思う」（4点）もしくは「まったく当てはまらない・そう思わない」（1点）の回答割合が30%以上
灰色網掛け：得点平均が3.2以上，もしくは1.8未満
薄い灰色網掛け：得点平均が2.9以上3.2未満，もしくは1.8以上2.2未満
（アンケート結果より作成．林〔2020〕掲載の表を再編）

表Ⅱ-1-10　年取魚ブリに対する姿勢や考え（世代別）

項目／区分 〈回答者数〉	「年取りのブリを食べるときに，観点は自分自身にどの程度当てはまるか」（各項目に関する回答者の平均得点値）						
	20・30歳代	40歳代	50歳代	60歳代	70歳代	80歳代以上	全体
「年越しに「ブリを食べること」が重要である」〈1370〉	2.9	3.0	3.1	3.2	3.4	3.5	3.2
「年越しに食べるブリは，"越中鰤・飛騨鰤であること"が重要である」〈1342〉	2.4	2.7	2.7	2.9	3.2	3.2	2.9
「年越しに食べるブリは，天然品であるべきだ」〈1311〉	2.2	2.4	2.6	2.4	2.8	3.1	2.5
「年越しに食べるブリは，日本海で獲れたものであるべきだ」〈1358〉	2.4	2.8	2.7	2.9	3.2	3.2	2.9
「年越しに食べるブリは，富山県産のものであるべきだ」〈1350〉	2.3	2.6	2.6	2.8	3.1	3.1	2.8
「年越しに食べるブリは"越中鰤・飛騨鰤"と明記されていることを気に掛ける・明記される必要がある」〈1324〉	2.2	2.4	2.5	2.6	3.0	3.1	2.6
「年越しに食べるブリは，サイズや見た目が立派であるべきだ」〈1308〉	2.5	2.4	2.4	2.5	2.6	2.8	2.5
「年越しに食べるブリは，（鮮度・品質が納得いくものであれば）多少価格がはってもよい（・出費を渋るのはよくない）」〈1334〉	2.7	2.6	2.5	2.7	3.0	3.2	2.7
「年越しに食べるブリは，「（塩）ブリ市」で扱われたり，地域の専門店や技術ある業者が加工したものが正統だ」〈1335〉	2.3	2.4	2.5	2.7	3.0	3.3	2.7
「年越しに食べるブリは，「塩鰤」であるべきだ」〈1329〉	2.3	2.3	2.3	2.5	2.7	3.0	2.7
「年越しに食べるブリは，昔に比べて塩分を控えめにしてつくられた「塩鰤」でも正統だ」〈1345〉	2.8	2.7	2.9	3.0	3.1	3.2	2.9
「年越しに食べる「塩鰤」は，切り身になっているものではなく，一匹や半身が正統だ・これを購入すべきだ」〈1297〉	1.6	1.7	1.5	1.6	1.9	2.0	1.7
「年越しに"越中鰤・飛騨鰤"を食べることは，お住いの地域ならではの文化である」〈1359〉	3.3	3.3	3.2	3.1	3.3	3.6	3.3
「年越しにどのような献立であってもブリを食べれば，地域らしい正月の食卓といえる」〈1353〉	2.7	2.7	2.9	2.9	3.2	3.3	2.9
「年越しにブリを食べる習慣がある範囲・地域の広がりが，同じ文化を持つ地域圏・親しみがわく地域である」〈1336〉	2.6	2.7	2.8	2.7	3.0	3.1	2.8

採点方法は，回答者の選択した程度に応じて以下のように配点した．各項目について，全回答者の得点の平均を算出した．
「とても当てはまる・そう思う」が4点，「やや当てはまる・そう思う」が3点，「あまり当てはまらない・そう思わない」が2点，「まったく当てはまらない・そう思わない」が1点．
ゴチ太字：「とても当てはまる・そう思う」（4点）もしくは「まったく当てはまらない・そう思わない」（1点）の回答割合が30％以上
灰色網掛け：得点平均が3.2以上，もしくは1.8未満
薄い灰色網掛け：得点平均が2.9以上3.2未満，もしくは1.8以上2.2未満
（アンケート結果より作成．林〔2020〕掲載の表を再編）

こと」が重要である」（3.2）と考える人が多い．この2つの項目は，ほぼすべての世代・地域で「とても当てはまる・そう思う」回答の割合が3割を超えた．また，「年越しに食べる「塩鰤」は，切り身になっているものではなく，1匹や半身が正統だ・これを購入すべきだ」（1.7）は，すべての世代・地区で「まったく当てはまらない・そう思わない」とする回答が3割を超えた．

　上記に続いて平均値が高かった項目は，年越しに食べるブリは「"越中鰤・飛騨鰤"であることが重要」（2.9）・「日本海で獲れたものであるべき」（2.9）であった．また，「年越しに食べるブリは昔に比べて塩分を控えめにしてつくられた「塩鰤」でも正統だ」（2.9）と，「年越しにどのような献立であってもブリを食べれば，地域らしい正月の食卓といえる」（2.9）は，全体の3割以上の回答者が「とても当てはまる・そう思う」を選択していた．全体の傾向として，魚食のあり方や食材・献立の真正性を問う設問に対し，伝統的とされる方法や内容での回答割合が高齢層ほど高かった．「年取り」のあるべき姿として，多くの人が「ブリを食べること」が重要であると認識し，この風習が「地域らしさや地域文化の表れのひとつ」であると感じている．「年取り」に用いられるブリが，「日本海産であること」への関心が高くみられた．ただし多くの人は，必ずしも過去の風習で用いられてきた方法・商品形態，塩鰤での「年取り」の実施でなければならないと考えていない．現在の年の瀬のブリ販売で広く普及している時代に即したかたちに変化した品（減塩タイプ・無塩の商品，切り身での提供・購入）であっても，「年取り」を成立させる食材として許容されるとしている．

　先述4(1)のように，年取魚ブリの販売展開を観察すると，塩鰤の材料が「天然」であるか，「養殖」あるいは「畜養／半養」であるかを，食品表示ラベルだけでなく，店頭の陳列棚のPOPやポスター，商品への添付シールなどで区別，強調して説明する店が多数確認できた．量販店では，養殖品で製造された塩鰤が，大量に販売されていた．天然品のおおよそ半額で購入が可能なこともあり，これが消費者から一定の支持を得ている．アンケートの自由記述を踏まえると，天然の品や日本海産を用いることにこだわりたいと思いながらも，価格の面を考慮して養殖品を選択する，購入せざるを得ない消費者も多く存在すると考えられる．売り場を観察していると，量販店のなかにはこの思いや事情に応え得る商品形態として，漁獲した天然魚を養殖施設で肥育して出荷された「畜養」により製造された塩鰤を，天然の品と養殖の品との中間の価格帯で販売している例がみられた．

　自由記述の記載を参照すると，1970年代半ばから量販店などでの切り身での塩鰤販売が活発化し，経済的にも塩鰤の購入が可能となった人々も増えてきた．流通環境の向上から，減塩での加工・保存や水揚地ではなく高山市などでの塩鰤加工が容易になり増加したことがうかがわれる．従前は，日本海沿岸から搬入されてきた天然ブリを用いてきた塩鰤製造は，1980年代からは九州地方や四国地方などの養

殖品や畜養品も多く利用されるようになった．先述のように，変容した商品形態や提供のされ方が登場してすでに半世紀近く経過している．このため，人びとからこれらの商品が「年取魚ブリ」の当たり前の姿，違和感を抱かない形態として認識され，受容されている状況といえよう．過去のようすからは変容した商品形態や提供方法，食べ方は，今日実施されている伝統的とされる行事や習慣を構成する要素として妥当で真なるものとして地域内で評価，受容され，用いられる状況に至っている．

注：
1）　生物・魚種としての記載箇所や，生産・養殖や流通に関連して商品状態を説明する場面では，「ブリ」と記す．ブリの加工品や献立名称，伝統的食材としての「塩鰤」，街道名や歴史的に用いられてきた商品呼称（飛騨鰤など）の標記については，「鰤」を充てる．ただし，文献や諸資料からの引用箇所などは，基の文献等での表記をそのまま用いる．
2）　実施にあたり，「金沢大学人間社会研究域「人を対象とする研究」倫理審査委員会」の審査を受けている（承認番号 2018-1）．
3）　住まう地域に街道が通っていることへの認知も問うため，街道沿いに所在，近接する町丁を配布対象とした．なお，街道の存在について，全体では 88.8％が「知っている」と答えた．20・30歳代は 65.9％だが，そのほかの世代と全地域では 8割を超えた．
4）　回答比率 0.5，標本誤差 5％，信頼水準 95％と設定し，回収率 5％程度と想定し，各旧市町村への配布目標数は，平成 27年国勢調査での各旧市町村の世帯数比率に準じて案分，決定した．タウンプラスの特性を考慮し，街道周辺の町丁のうち国勢調査での世帯数と郵便局の配達件数との差が小さい郵便番号から市町村域の空間分布に偏りが出ないよう選択した．そして，できるだけ各旧市町村の配達目標数に近づけるように配達地区を確保した．
5）　2017年のブリ輸入は韓国産生鮮・冷凍品が約 332 t（『貿易統計』）であった．
6）　全体では 85.6％の人が「塩ぶり市」を「知っている」と回答した．市場から離れている旧神岡町，若年層も含めて全世代・地区で「知っている」が 8割を超えた．自由記述でも，毎年報道を見かけるなどの指摘がみられた．高山市ホームページ「卸売市場：塩ブリ市」http://www.city.takayama.lg.jp/shisei/1000067/1002615/1002637.html（最終確認：2018年 11月 16日），飛騨経済新聞ホームページ 2012年 12月日付「高山で「塩ブリ市」始まる—歳末恒例の初競り，1キロ 8000円の大物も」https://hida.keizai.biz/headline/350/（最終確認：2018年 11月 16日）のように，様々な媒体が「塩ぶり市」について発信している．
7）　地元資本の業者による製造販売と商品，歴史などの説明の例（ファミリーストアサトウのホームページ https://www.takayamasatou.com/35_383.html〔最終確認：2018年 12月 27日〕／梗絲のホームページ http://kyoushi0904.shop-pro.jp/?pid=51331090〔最終確認：2018年 12月 27日〕），高山市公設地方卸売市場による塩鰤の仕込み作業（朝日新聞デジタル 2017年 11月 29日記事「年越し準備着々，塩ブリの仕込みピーク　高山」https://www.asahi.com/articles/ASKCX3HC0KCXOHGB002.html〔最終確認：2018年 11月 16日〕）．

木曽・伊那地域の年取りでの
ブリ食の実態と認識

1. はじめに

　江戸・明治期に富山湾岸から岐阜県飛騨地域に搬入された「塩鰤」は，高山の魚問屋を通じ，野麦峠を越え，さらに内陸地域である現在の長野県域（信州）にも流通していた．当時の信州で塩鰤の主要流通先であった現在の松本市周辺については，飛騨地域から搬入される塩鰤（「飛騨鰤」）に加えて，富山湾岸や佐渡沖で漁獲，加工され，現在の新潟県糸魚川市を経由し，千国街道を使って運ばれてきた塩鰤（「糸魚川鰤」）も存在したという（田中 1957；松本市立博物館 2002；胡桃沢 2008；富山県商工会議所 2008）．松本市周辺に関しては，近年の年取りでのブリの摂食状況の把握や過去の食事記録の収集がみられる（松本市立博物館 2002）．松本市周辺では今日でも，年取りの行事食としてブリが多用されている（詳細は，はやし 2021・2022）．

　一方，長野県域のうち中信南部の木曽地域，南信の伊那地域は，過去に飛騨地域から塩鰤が流通していた地域であるが，松本市周辺に比してその流通量は少なかった．江戸期の年取りの献立記録のなかで，飛騨地域から当該地域へ搬入された塩鰤を用いていた記述が確認できるが，ごく限られた経済的に裕福な者の年取りの記録で現れるものであった．明治20年代までは飛騨地域から搬出されたブリが野麦峠，さらに権兵衛峠を越えて伊那地域まで運ばれていた．しかし，明治30年代に鉄道が開通すると，このルートでのボッカによる物資輸送は縮小し，明治末期には途絶えた（向山 1988；胡桃沢 2008）．過去の年取りのブリ食の状況を，関連する記述がみられる各市町村の市誌，郷土研究資料や新聞記事などから確認した詳細は，林（2022a）に収録しているので，参照されたい．他方で，当該地域での近年の年取魚ブリの販売・消費実態，人々の年取魚ブリへの認識の詳細は不明である．

　ここで取り組む調査により，現在の木曽・伊那地域での年取りのブリ食の状況が確認されることで，長野県域での年取りでの魚の利用の地域差の把握や，地域らしいあるいは伝統的とされる食材・献立の活用・伝承を考えるための基礎的知見が得られる．また，現在の県域を越えて飛騨地域と木曽・伊那地域とに注目することで，共通する習慣，同じ食材を用いる食文化がどのように質の変容をともないながら分布しているか，習慣や食材に対する人々の評価や行動においてどのような共通

点や違いがみられるかをとらえることもできる.

2．現在の年取魚ブリの販売状況

　現在の木曽・伊那地域におい
て，年取魚としてのブリの販売
状況を各地のスーパーマーケッ
トや鮮魚店などで観察した（詳
細は，はやし 2021・2022）．年
取魚としてのブリの販売は，木
曽・伊那地域全域で確認され
た．チラシの記載や店頭のポス
ター・POP，特設コーナーの設
置状況から，スーパーマーケッ

図Ⅱ-2-1　年取り用のブリ商材
（2020 年 12 月，伊那市のスーパーマーケット
〔左〕・飯田市の鮮魚店〔右〕で購入・撮影）

トや鮮魚店で年末商材の販売促進のなかで重要なアイテムとして扱われていること
がうかがわれる.

　販売されているブリは，飛騨地域の塩鰤と同様に，普段の販売で扱われるブリ切
身とは異なる大ぶりで厚手がある（図Ⅱ-2-1）．地域や店にもよるが，一切の長さ
おおよそ 20 cm，厚みは 2 cm を超え，重さも 200 g 前後のものが中心であった.
特に飯田市周辺では調査地域の他のエリアのものよりサイズがより大きく，厚みも
ある印象が得られた．多くの店舗では，天然品より養殖品のほうが量が多く陳列さ
れ，扱われる産地・商材数も多く揃えられていた.

　それでも，年取魚としてのブリの起源を重視し，また産地のブランド力を踏まえ
て，富山県（氷見）産をはじめとする北陸からの集荷物を重視して商材を取り揃え
たり，それらを積極的に販売促進したりしているケースもあり，養殖商材との差別
化が図られている．伊那市を中心に展開するあるスーパーマーケットでは，バイ
ヤーこだわりの仕入れのようすやブリ食の意義などが POP やポスターで説明され，
商品にも説明ラベルが貼付されていた．飯田市の鮮魚店では，朝から多くの買い物
客が途切れることなく訪れており，大ぶりの切身を何枚も購入していた．特にサイ
ズが大きな氷見・佐渡産のブリの切身から売れていき，バックヤードで次々とラウ
ンドのブリが切身へとさばかれ，店頭に陳列されていた.

3．現在の年取魚ブリの消費状況
1）　調査方法

　第Ⅱ部2章の調査方法に準じ，木曽・伊那地域の住民を対象としたアンケート[1]
を実施した．個人情報を取得せず実施するため，配布には日本郵便のタウンプラス
を利用した．先行研究（田中 1957；向山 1988；芳賀 1991；松本市立博物館

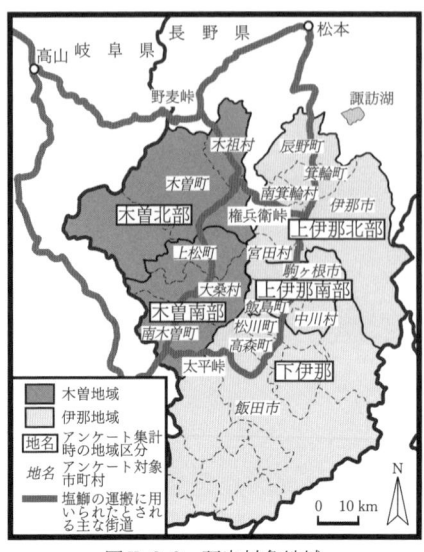

図Ⅱ-2-2　研究対象地域

2002；胡桃沢 2008）で指摘された過去の塩鰤運搬経路（江戸〔野麦〕街道，三州街道，権兵衛街道など）に近接する市町村の街道沿いの集落を対象とし（図Ⅱ-2-2），木曽地域で 3,706 通，伊那地域で 4,458 通配布した[2]．

　アンケートは 2020 年 7 月中旬から郵送し，9 月 15 日返信到着分までを集計対象とした．居住地・年齢層が無回答のものを無効とした結果，有効回収数・率は全体で 1,925 通・23.6%（木曽地域で 822 通・22.2%，伊那地域で 1,103 通・24.2%）となり，統計的に妥当な分析が可能な情報量が得られた．回答の地域割合は，配布時の割合と著しいずれはない．世帯数の小さな町村があり，適切に分析するため，集計では図Ⅱ-2-2 中の四角囲みで示した 5 つのエリアに集約して扱った．

2)　アンケート調査の結果

(1)　年取りでのブリ食実施状況と増減・維持の背景

　「ここ 5 年間で意識してブリ食をしたか」問うたところ，全体では 51.5% が「5 年とも意識して食べた」とした（表Ⅱ-2-1）．「5 年とも食べなかった」，「食べたか覚えていない」者は木曽地域 15.0%，伊那地域 15.8% にとどまり，現在でも年取りでブリ食をする習慣は，地域の人々により一定の継承がなされているといえよう．ただし，（調査当時（2020 年））20・30 歳代は「5 年とも意識して食べた」者は 4 割を下回り，22.6% は「5 年とも食べなかった」としている．習慣が若年層には十分伝承，意識されていない傾向は，飛騨地域での調査結果とも共通している．

　回答者のうち，40 歳代以上を対象として，「約 30 年前の年取りでのブリ食と現在のそれとの頻度の増減・維持」状況を問うた（1,586 人回答）．その結果，58.1% が「変わらない」，30.5% が「減った」，11.4% が「増えた」とした（表Ⅱ-2-2）．過去と現在のブリ食の頻度の増減・維持の理由や背景に注目すると，増減・維持に関わらず，多くの者が選択肢 1〜3，5 のように地域や家庭の食文化，伝統的習慣としてブリ食を認識，意識しており，その結果として年取りにブリを食しているようすがうかがえる．

　「増加」「維持」の主な理由・背景は，ブリ食を好意的に捉える傾向（選択肢 4・

表II-2-1　現在の年取りでのブリ食の状況

区分・回答者数		ここ5年の年末年始で「年末年始ならではの食事・献立」と意識して「ブリ類」を消費しましたか					
		5年とも意識して食べた	5年間のうち意識して食べた年のほうが多い	5年間のうち意識して食べた年のほうが少ない	意識していなかったが食べていた	5年とも食べなかった	食べたか覚えていない
全体	1,884	51.5	12.8	9.1	11.1	13.1	2.4
木曽地域	805	52.8	10.4	8.9	12.8	11.8	3.2
木曽北部	429	55.7	11.4	7.5	12.4	10.0	3.0
木曽南部	376	49.5	9.3	10.6	13.3	13.8	3.5
伊那地域	1,079	50.6	14.6	9.2	9.8	14.0	1.9
上伊那北部	326	43.3	17.2	10.4	11.0	16.3	1.8
上伊那南部	387	55.8	14.0	7.2	8.3	13.2	1.6
下伊那	366	51.6	12.8	10.1	10.4	12.8	2.2
20・30歳代	115	33.9	14.8	5.2	14.8	22.6	8.7
40歳代	192	44.3	13.0	7.3	14.1	16.1	5.2
50歳代	355	49.0	14.6	11.0	6.2	16.9	2.3
60歳代	548	52.4	13.5	9.1	10.9	12.6	1.5
70歳代	471	57.5	10.8	9.3	11.5	9.3	1.5
80歳代以上	203	56.7	10.8	8.9	14.3	7.9	1.5
※参考 飛騨地域（林〔2019〕より引用）	1704	63.7	12.6	5.6	9.6	6.5	2.0

（アンケート結果を基に作成．林〔2021c〕掲載の表を再編）

7・8），属する家の影響（3・19），年配者の嗜好への配慮（6），教育的機能（9）で，「増加」回答者では販売環境の向上や食材との接点の存在（11～13）も挙がった．一方，「減少」回答者では，家族構成の変化や自身の加齢の影響（選択肢14），ブリ以外への変更（16～18，21）が主因で，年取りの食事・調理の減少（26），献立決定する世代の変化（25）の指摘も特徴である．このように，ブリ食の増減・維持の理由や背景も，飛騨地域の傾向と類似している．

(2)　年取魚として利用される魚

　前掲表II-2-1のように，先述した飛騨地域での回答状況（林 2019）と比べ，木曽・伊那地域での年取りにブリ食をした割合はやや低くなった．前掲表II-2-2では，育った家と嫁ぎ先での習慣の違いがブリ利用の増減の一因に挙がっていた（選択肢2・3・19・20）．長野県では地域や家庭により，ブリ以外の魚も年取魚として用いられている（日本の食生活全集長野編集委員会 1986）．サケを用いる地域が広

表Ⅱ-2-2　年取りのブリ食の増減・維持の理由や背景

摂食増減・維持の理由や背景（複数回答可）	増減・維持の理由・背景に何らかの回答があった1,542人対象（%）		
	増加 （176人）	減少 （464人）	変わらない （902人）
1　地域に伝わる年末年始の習慣だから	35.8	17.5	50.0
2　自分の育った家庭・地域で年末年始はブリを食べてきたから	30.1	33.8	64.9
3　嫁いだ家庭・地域が年末年始にブリを食べる習慣があったので	26.7	11.9	21.6
4　私自身や家族はブリが好きだから	31.3	9.3	25.5
5　ブリを食べないと正月が来た気分がしない	26.7	19.0	35.7
6　親や祖父母世代が食べたがるので	8.0	12.7	12.5
7　ブリがあると豪華・ハレの日のメニューらしいから	22.2	8.2	13.5
8　子や孫に食べさせたいから	14.8	3.0	12.4
9　地域文化の伝承や食育を意識して	9.7	5.6	13.7
10　ブリを食べる習慣をTV・本，学校や料理教室などで知ったので	5.1	0.9	0.8
11　量販店などで多く販売されているから	27.3	9.9	8.4
12　年取りの品として妥当な価格・品質で販売されていたから	19.3	8.6	10.0
13　おせちやオードブル・刺身盛りを注文するとブリが入っているので	17.0	14.0	7.1
14　家族構成が変わったり，加齢による影響のため	3.4	22.2	0.6
15　ブリだと普段の食事と変わらないから	2.8	2.8	0.9
16　ブリではなく肉など他の食材のほうが豪華に感じる・ハレの日のメニューらしいから	0.0	12.9	1.3
17　肉など他の食材のほうがおいしいから	0.6	11.6	1.9
18　肉など他の食材のほうが安い・品質に対して価格が妥当	2.3	17.7	2.7
19　育った家庭・地域では年末年始にサケなどほかの魚を食べる習慣があるので	17.0	11.9	10.3
20　嫁いだ家庭・地域では年末年始にサケなどほかの魚を食べる習慣があるので	3.4	6.7	2.7
21　以前はブリだったが、最近はサケなどほかの魚を食べることが増えたので	1.7	23.1	2.3
22　準備・調理が面倒だから	0.6	3.2	0.6
23　地域の食文化や伝統は気にしない・身近でないから	2.3	7.3	3.4
24　私自身や家族がブリを好まない	0.0	9.7	2.2
25　子や孫など若い家族の意向で	0.6	11.2	0.2
26　年末年始に年越しを祝う食事をわざわざ摂らなくなったから	1.7	16.6	1.8
27　年末年始は外食や宿泊をするようになった	0.0	3.0	0.8
28　そのた	1.1	2.2	0.6

（アンケート結果を基に作成．林〔2021c〕掲載の表を再編）

く分布するほか，コイ（図Ⅱ-2-3），塩干魚（イワシ，サンマ，カツオなど）や煮イカ・塩イカ（中澤・三田 2004）（図Ⅱ-2-4）が地域産業の特性や家庭の経済事情，過去の流通環境を背景として各地で選択されてきた．特に伊那地域は，隔海性が高く海産魚の流通の困難性の高さが国内有数であった（田中 1957）．このため，過去には年取りでのブリ利用が困難，珍しかった市町村・家庭も多い．この点は，自由記述でも多数指摘がみられた．ここ5年の年取りに「用いた魚種」では（1,626人回答），「ブリのみを食した」者は43.1％にとどまり，49.8％は「ブリ以外の魚も年取りの品として食べた」としている．この状況は，年取魚はほぼ「塩鰤」である飛騨地域とは異なる特徴である．

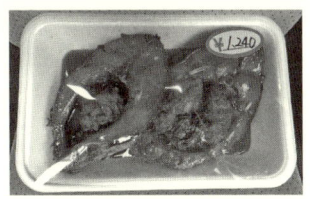

図Ⅱ-2-3　年取りに用いられるコイ献立の例
（2020年12月，飯田市で購入，撮影）

また，「約50年前（大阪万博開催からオイルショックのころ）に用いていた年取魚」（50歳代以上943人回答）でも，「ブリのみ食べていた」者は48.1％にとどまり，31.1％は「ブリも食べ，他の魚も食べていた」，20.8％は「他の魚を年取魚として食べていた」としている．「他の魚を年

図Ⅱ-2-4　年取りに用いられる塩イカ献立の例
（2020年12月，伊那市の旅館で提供，撮影）

取魚として食べていた」者は，より内陸性が高くサケやコイの利用が多かった伊那地域（587人の23.9％）では木曽地域（356人の15.7％）以上に存在した．

ここ5年の年取りで用いた「ブリ以外の魚種」としては（753人回答），古くから地域の年取魚とされてきたサケ（とそれに類するサーモン）（記載数：446），コイ（33）のほか，「尾頭付き」とされていたイワシ（25），サンマ（10）がみられた．マグロ（170），タイ（41），タコ（32），エビ（29），カニ（26），イカ（26）のほか，刺身盛り合わせ（93）や寿司（11）が多く挙がった．中澤（2012）などでも指摘があるが，海なし県の長野県でハレの食として海産魚，とくに現在では無塩の生魚が好まれ，過去，現在とも各家庭の経済状況に応じて用いる魚種や食品・献立が選択されてきたことが背景にあると考えられる．

(3)　年取りのブリ商材の内容，購入状況

(a)　塩がされたブリの利用状況

用いるブリについて，「購入時に塩がしてあったか否か」問うたところ（回答あり1,309人），「塩をしてある品を購入した」者は4.4％にとどまった．なお，先述(2)の50年前の年取魚を問うた設問では，当時すでに無塩ブリ（冷凍品）を用いて

いた旨や，刺身で食していた旨を，自主的に回答欄外に付記した者が多数あった（ブリ食をしていた木曽地域 300 人の 24.7%，伊那地域 447 人の 13.2%）．この点は，（現在の品は過去のものから質は変容しているものの）古くから用いられてきた「塩鰤」の扱いを継続している飛騨地域の年取魚ブリの利用実態とは異なる特徴である．

　自由記述でも，「40 年くらい前から大型量販店が進出してから，昔の魚屋さんが次々と閉店して，気が付いたら近くの店がすべてなくなってしまいました．それと同時に，塩鰤も消えたように思います．私が小学生のころにはブリを 1 本丸のまま購入して父がさばいて，3 日かけて食べました．もちろん塩鰤です」（下伊那・60歳代），「50 年くらい前は既に家庭で冷蔵庫がほとんどあったので，生のままのブリを使っていたと思う」（上伊那北部・60 歳代），「60〜70 年前は年取り魚と言えば塩鰤で天然のものだけだった．」（木曽北部・70 歳代），「親の時代には飛騨鰤だったことや塩鰤だったことを覚えていますが，私たちは生ブリしか覚えていません」（上伊那南部・80 歳代），「昭和 30 年代半ばには，塩鰤ではなく生のブリを正月に半身買っていました」（上伊那北部・70 歳代）などがあった．なお，記述にみられる「生（のブリ）」とは，高度経済成長期の流通事情を考慮すると，塩蔵していない品を指し，鮮魚ではなく冷凍物を解凍販売した品も多く含まれたと推測される．また「塩鰤」記述は，先述のように飛騨地域からの塩鰤搬入は明治期に途絶えているので，飛騨地域で流通する「塩鰤」と同質・同一商材ではなく，飛騨地域以外で塩蔵されたブリと考えられる．くわえて，「飛騨鰤」「塩鰤」表現・食材を見聞きしたことがない，親から教わっていない，との自由記述も多数みられた．

(b)　ブリの購入形態

　「購入形態」（1,351 人：複数回答可）は，「切身」（85.2%）が主流だが，「1 本」（7.6%）や「半身」（9.3%）もみられ，木曽地域では 1 本と半身での購入はあわせて 22.2%,,　下伊那では 16.0% であった．そのほか，「調理済みの加工品・惣菜や刺身で購入」も 5.5% みられた．「購入したブリが天然物であったか否か」問うたところ（1,351 人：複数回答可），「天然物」が 44.9%，「養殖・蓄養物」43.4%，「覚えていない・わからない」22.5% であった．

(c)　購入先

　「年取りのブリの購入先」（1,366 人回答：複数回答可）は，「量販店」60.5%，「鮮魚店」27.4%，「仕出し・惣菜店」4.6%，「生協」3.9% であった．富山県，愛媛県，鹿児島県などブリ産地の業者の「通信販売や産地直送サービス」の利用も4.8% あり，ごちそうとしてのブリ選択への意欲やこだわり，購入機会の多様化の一端として指摘できる．親類知人から長野県在住者への贈答の品として，ブリが選択される点も興味深い（「贈答」1.5%）．

(4) 用いられる献立とその変化

用いられる主な献立は，木曽地域と伊那地域とで違いがみられた（表Ⅱ-2-3）．飛騨地域からの流通距離がより近い木曽地域や下伊那地域では，焼き物が主であった．照り焼き（図Ⅱ-2-5〔上写真〕）は木曽・伊那地域とも多用され，塩鰤の食し方に近い「塩焼き（その後醤油等をかける場合も一部あり）」は木曽地域で利用が多い．

一方，上伊那北部・南部では，粕を使った調理方法（粕煮，粕汁，焼いたブリに粕をかける）（図Ⅱ-2-5〔下〕）が目立つ．この献立での年取りの実施は，木曽地域の回答ではわずかである．より長い距離を運んだ食材を用いる上伊那地域では，過去には塩蔵品とは言え質や味の劣化が免れなかったと推測される．よりおいしく安全に食する方法として酒粕が活用され，地域らしい献立が継承されてきたと考えら

表Ⅱ-2-3　現在の年取りのブリ献立

（単位：%）

区分・回答者数		用いた献立（複数回答可）						
		（塩）焼き	照り焼き	粕煮・粕汁・焼きに粕をかける	雑煮の具	刺身	ぶ・寿司・ブリ大根など）	その他（ブリしゃ
全体	1,378	40.3	60.3	25.4	5.0	25.3	6.4	
木曽地域	580	48.3	67.2	1.6	6.9	34.0	9.1	
木曽北部	319	53.6	63.6	1.6	8.8	31.7	8.8	
木曽南部	261	41.8	71.6	1.5	4.6	36.8	9.6	
伊那地域	798	35.8	55.3	42.7	3.6	19.0	4.4	
上伊那北部	228	22.8	54.8	59.6	6.1	17.5	6.1	
上伊那南部	298	30.5	59.4	50.3	1.7	20.8	3.7	
下伊那	272	52.6	51.1	20.2	3.7	18.4	3.7	
20・30歳代	62	58.1	59.7	21.0	0.0	30.6	8.1	
40歳代	124	46.8	54.8	24.2	4.8	22.6	5.6	
50歳代	265	50.2	56.2	23.4	3.4	27.2	7.2	
60歳代	409	39.6	61.6	26.4	4.9	24.7	6.1	
70歳代	364	35.4	63.5	27.7	6.3	25.8	6.0	
80歳代以上	154	31.2	61.0	23.4	7.1	22.7	6.5	

注：ここ5年間の年取りブリの喫食を「意識して」行っていた者を対象として献立を問うた
（アンケート結果を基に作成．林〔2021c〕掲載の表を再編）

図II-2-5 伊那市の旅館で大晦日の夕食に提供された年取りのブリ料理
上：照り焼き　下：酒粕を用いた汁もの
（2020年12月，伊那市で撮影）
夕食の提供時に宿の方から，「年取り」と年取魚ブリのこと，伊那地域ではブリを入れた粕煮・粕汁を献立に用いるのが昔からの習慣であることについて説明を受けた

れている．

　以上のように，日本の食生活全集長野編集委員会（1986）などで指摘されているような年取り魚の食し方が，現在でも木曽・伊那地域で一定程度選択，継承されていることが確認された．ただし自由記述（以下，引用箇所を原文ママ掲載）を確認すると，地域らしいあるいは伝統的とされる献立から変更した年取りの実施，献立への否定的・消極的評価や，年取りの取り止めも散見される．

　たとえば，「平成の半ば位はブリの切身が食卓に出て年取りはブリと決めて食べていたが，子どもや孫が大きくなるにしたがって，脂っこいと，しゃぶしゃぶ，刺身，そして牛ステーキになってしまい，しゃぶしゃぶが主流の年取りです」（木曽南部・70歳代），「ここ何年かは，ブリしゃぶや刺身で頂きたいので，養殖を1匹買って魚屋さんに三枚おろしにしていただいています」（下伊那・60歳代），「主人の両親が亡くなり，年取りにブリは食べなくなりました．他のごちそう（刺身やオードブル）があり，そんなに食べられない，もったいない，という理由で食べなくなりました」（下伊那・50歳代），「30年近くスーパーで働いていました．昭和から平成に代わるまでは，ブリも冷凍した1本もので入ってきていました．1本買いや半身買いが多かったと思います．切身も家族の人数分だけ買っていかれました．平成の10年ごろになると，年末の年取りも年取り魚から肉，刺身も寿司に代わってきました」（上伊那南部・60歳代）である．

　特に，独特な風味や味，食感がある酒粕を用いた献立に関しては，「粕煮から子供や孫が好む照り焼きや塩焼きに代わった」（上伊那北部・60歳代），「結婚してから主人が粕が嫌いで，食べ方が照り焼きとなった」（上伊那北部・40歳代），「縁起物だから食べるように勧められるのが嫌だった．私は子どものころからブリの粕汁は嫌だった」（下伊那・60歳代），「祖父母が好んでいた．粕には癖が強く，好みがはっきり分かれます．自分は臭いから苦手です．今の世代では，塩焼きや照り焼きの方が手間もかからず，好みに合っていると思います」（上伊那南部・20歳代）のような見解が世代を問わず多数みられる．

　約50年前の年取りでブリを用いていた者に当時の献立を問うたところ（複数回答可），木曽地域（266人）では「塩焼き」53.8%，「照り焼き」44.4%，伊那地域（386人）では「粕を使った献立」59.6%，「塩焼き」27.5%が各地域の主な献立であった．しかし現在選択される主な献立は前掲表Ⅱ-2-3のように「照り焼き」で，両地域で回答者の50%以上が用いている．また現在では，「刺身」で年取りのブリ食を摂る人も多い．

(5)　年取りでのブリ食に対する人々の認識

　以前から地域の年取りでブリを食べる習慣があることを知っていた1,413人を対象とし，年取りのブリ食に対して抱く考えや購入・調理・消費行動を確認し，現時点での木曽・伊那地域の人々が考え，選択しているブリ食のあり様の把握を試みた．先の第Ⅱ部1章でのアンケート実施と同じく，過去の記録で現れる年取りの内容やあり方を参照して用意した文が回答者自身の「考えや行動に当てはまるか否か，その程度を4段階評価で選択する」よう回答者に要請した．用意した文，回答者の評価得点の平均値は，表Ⅱ-2-4・表Ⅱ-2-5に示した．

　「とても／やや当てはまる・そう思う」回答者が多い（すなわち，評価得点の平均値が高い）文を踏まえると，各地域・世代に共通して人々には，「年越しにブリを食べることが重要」で，「普段食べるものよりもサイズ・見た目が立派」な品がよく，「多少価格が高くても」購入すると考え行動する傾向がみられる．これらは，飛騨地域での傾向とも似ていた．

　「塩焼き／照り焼きで食べるのが正統・伝統的」との考えは，木曽地域と伊那地域とで大差はないが，「粕汁で食べるのが正統・伝統的」では両地域の得点に開きがある．献立の地域性を人々が認知，容認していることや，ブリ大根や刺身など多様な献立の活用もあって，「どのような献立であってもブリを食べれば地域らしい正月の食卓といえる」も地域や世代を問わず得点は高まったと考えられる．また，量販店などの販売促進により年取魚ブリの「購入・消費の動機づけや理解が増す」との認識もみられた．

　一方で，飛騨地域で現在も食されるような「塩鰤」を消費するわけではない．「天然物へのこだわり」も，過去の搬出先である日本海沿岸，富山（氷見）や石川（能登）といった「産地へのこだわり」も，飛騨地域ほど高まらなかった．「飛騨鰤（など古くからの呼称）を使う」ことはなく，「飛騨鰤などのラベルの有無」にはこだわりは薄い．特に世代が若くなるにつれ，呼称利用や産地へのこだわりは得点が低まる．食材を用いる，食べる行為は継承されても，時代を経て食べ方や献立は変容し，必然性が無ければあるいは意識して伝えなければ，食文化の定着経緯，食べる意味は後の人々に充分認識，評価されない．

　なお，産地より価格やサイズ感が重要であるのは，肉や他の水産物を含めて多様な年取りのごちそうのなかでもブリ食が「（縁起物なので高級品，立派なものであ

表Ⅱ-2-4　年取魚ブリに対する認識（地域別）

項目／区分 （項目右の値は，全体区分の回答者数）		「年取魚ブリに関して，観点は自分自身のとの程度当てはまるか」（各観点への回答の平均得点）								※参考　駆地域（林〔2019〕で同項目の結果を引用）
		全体	木曽地域	木曽北部	木曽南部	伊那地域	上伊那北部	上伊那南部	下伊那	
年越しに「ブリを食べること」が重要である	1189	3.0	3.1	3.1	3.0	2.9	2.9	3.0	2.9	3.2
年越しに食べるブリは，養殖品のブリではなく天然品のブリであるべきだ	1168	2.2	2.2	2.2	2.3	2.2	2.3	2.2	2.2	2.5
年越しに食べるブリは，日本海で獲れたものであるべきだ	1152	2.1	2.2	2.1	2.2	2.1	2.2	2.1	2.0	2.9
年越しに食べるブリは，富山県産のものであるべきだ	1130	1.9	1.9	1.9	1.9	1.9	1.9	1.9	1.8	2.8
年越しに食べるブリは，氷見産であるべきだ	1121	1.8	1.8	1.8	1.8	1.8	1.9	1.8	1.8	
年越しに食べるブリは，能登半島産であるべきだ	1113	1.8	1.8	1.8	1.7	1.8	1.8	1.8	1.8	
年越しに購入するブリに，"年取り"あるいは"飛騨鰤（など昔からの呼称）"といった表示・ラベルが付いているか気に掛ける・明記される必要	1114	1.8	1.8	1.8	1.8	1.8	1.9	1.7	1.7	2.6
年越しに食べるブリは，普段食べるブリよりもサイズや見た目が立派であるべきだ	1196	2.7	2.7	2.7	2.7	2.7	2.7	2.7	2.7	2.5
年越しに食べるブリは，（鮮度・品質が納得いくものであれば）多少値段がはってもよい（・出費を渋るのはよくない）	1203	2.8	2.8	2.8	2.9	2.8	2.8	2.8	2.8	2.7
年越しに食べるブリは，「塩ぶり（無塩のブリでなく塩蔵されたブリ）」であるべきだ・これが正統だ	1112	1.7	1.7	1.7	1.7	1.7	1.7	1.7	1.6	2.5
年越しに食べる「塩ブリ」は，切り身になっているものではなく，1本や半身のものが正統だ・これを購入すべきだ	1117	1.6	1.6	1.6	1.7	1.5	1.5	1.6	1.4	1.7
年越しに食べるブリは，「塩で焼いて食べる」のが正統・伝統的である	1127	1.9	2.0	2.0	2.0	1.8	1.7	1.9	1.9	
年越しに食べるブリは，「照り焼きで食べる」のが正統・伝統的である	1166	2.2	2.3	2.2	2.4	2.0	2.0	2.1	2.1	
年越しに食べるブリは，「粕で煮て食べる（粕汁にする）」のが正統・伝統的である	1156	2.1	1.5	1.5	1.5	2.4	2.4	2.4	2.0	
年越しにどのような献立であってもブリを食べれば，地域らしい正月の食卓といえる	1183	2.8	2.8	2.8	2.9	2.8	2.8	2.9	2.8	2.9
年取りのブリについて，スーパーや鮮魚店が広告やポスター・のぼりなどでその販売を知らせたり，チラシやPOPで説明をしたり，年取りや特別販売コーナーを設けて存在を分かりやすくしてくれると，購入・消費や理解がすすむ	1151	2.9	2.8	2.9	2.8	2.9	2.9	2.9	2.7	
年越しにブリを食べる習慣がある範囲・地域の広がりが，同じ文化を持つ地域圏・親しみがわく地域である	1135	2.5	2.5	2.5	2.4	2.5	2.5	2.6	2.4	2.8
自分自身は，現在でも「飛騨鰤（など古くからの呼称）」の呼び方を使うことがある	1104	1.4	1.4	1.4	1.4	1.4	1.4	1.4	1.3	
自分自身も，子や孫などに「年取りや飛騨鰤（など古くからの呼称）を食べる習慣，調理方法を伝承している・教えたい	1130	2.3	2.3	2.3	2.3	2.3	2.4	2.5	2.2	

採点方式は，回答者が選択した程度に応じて以下のように配点した．全項目について，全回答者の得点の平均を算出した．
「とても当てはまる・そう思う」4点，「やや当てはまる・そう思う」3点，「あまり当てはまらない・そう思わない」2点，「まったく当てはまらない・そう思わない」1点．
ゴチ太字：「とても当てはまる・そう思う」（4点）もしくは「まったく当てはまらない・そう思わない」（1点）の回答割合が30％以上
灰色網掛け：得点平均が3.2以上，もしくは1.8未満
薄い灰色網掛け：得点平均が2.9以上3.2未満，もしくは1.8以上2.2未満

（アンケート結果を基に作成．林〔2021c〕掲載の表を再編）

表Ⅱ-2-5　年取魚ブリに対する認識（世代別）

項目／区分 （項目右の値は，全体区分の回答者数）		「年取魚ブリに関して，観点は自分自身のどの程度当てはまるか」（各観点への回答の平均得点）							9域（林[2016]）で同項目の結果を引用	参考※飛騨地
		全体	20・30歳代	40歳代	50歳代	60歳代	70歳代	80歳代以上		
年越しに「ブリを食べること」が重要である	1189	3.0	2.9	3.1	3.0	2.9	3.0	3.1		3.2
年越しに食べるブリは，養殖品のブリではなく天然品のブリであるべきだ	1168	2.2	1.9	2.0	2.0	2.2	2.5	2.6		2.5
年越しに食べるブリは，日本海で獲れたものであるべきだ	1152	2.1	2.0	2.0	2.0	2.1	2.4	2.4		2.9
年越しに食べるブリは,富山県産のものであるべきだ	1130	1.9	1.5	1.7	1.8	1.8	2.1	2.0		2.8
年越しに食べるブリは，氷見産であるべきだ	1121	1.8	1.5	1.6	1.8	1.8	2.0	1.9		
年越しに食べるブリは，能登半島産であるべきだ	1113	1.8	1.4	1.7	1.7	1.7	2.0	1.9		
年越しに購入するブリに，"年取り"あるいは"飛騨鰤（など昔からの呼称）"といった表示・ラベルが付いているか気に掛ける・明記される必要	1114	1.8	1.6	1.6	1.7	1.7	1.9	1.9		2.6
年越しに食べるブリは，普段食べるブリよりもサイズや見た目が立派であるべきだ	1196	2.7	2.7	2.6	2.6	2.7	2.7	3.1		2.5
年越しに食べるブリは，（鮮度・品質が納得いくものであれば）多少値段がはってもよい（・出費を渋るのはよくない）	1203	2.8	2.7	2.6	2.7	2.8	2.9	3.1		2.7
年越しに食べるブリは，「塩ぶり（無塩のブリでなく塩蔵されたブリ）」であるべきだ・これが正統だ	1112	1.7	1.6	1.6	1.6	1.7	1.7	1.9		2.5
年越しに食べる「塩ブリ」は，切り身になっているものではなく，1本や半身のものが正統だ・これを購入すべきだ	1117	1.6	1.4	1.6	1.5	1.6	1.6	1.8		1.7
年越しに食べるブリは，「塩で焼いて食べる」のが正統・伝統的である	1127	1.9	1.9	1.9	1.9	1.9	1.9	2.0		
年越しに食べるブリは，「照り焼きで食べる」のが正統・伝統的である	1166	2.2	2.0	1.9	2.0	2.9	2.4	2.6		
年越しに食べるブリは，「粕で煮て食べる（粕汁にする）」のが正統・伝統的である	1156	2.1	1.8	1.9	1.9	2.1	2.3	2.2		
年越しにどのような献立であってもブリを食べれば，地域らしい正月の食卓といえる	1183	2.8	2.9	2.7	2.7	2.8	2.9	3.0		2.9
年取りのブリについて，スーパーや鮮魚店が広告やポスター・のぼりなどでその販売を知らせたり，チラシやPOPで説明をしたり，特別販売コーナーを設けて存在を分かりやすくしてくれると，購入・消費や理解がすすむ	1151	2.9	2.8	2.8	2.8	2.8	2.9	2.9		
年越しにブリを食べる習慣がある範囲・地域の広がりが，同じ文化を持つ地域圏・親しみがわく地域である	1135	2.5	2.5	2.4	2.5	2.4	2.5	2.7		2.8
自分自身は，現在でも「飛騨鰤（など古くからの呼称）」の呼び方を使うことがある	1104	1.4	1.2	1.3	1.3	1.4	1.5	1.6		
自分自身は，子や孫などに「年取りや飛騨鰤（など古くからの呼称）を食べる習慣，調理方法を伝承している・教えたい	1130	2.3	2.4	2.5	2.2	2.3	2.5	2.2		

採点方式は，回答者が選択した程度に応じて以下のように配点した．全項目について，全回答者の得点の平均を算出した．
「とても当てはまる・そう思う」4点，「やや当てはまる・そう思う」3点，「あまり当てはまらない・そう思わない」2点，「まったく当てはまらない・そう思わない」1点．
ゴチ太字：「とても当てはまる・そう思う」（4点）もしくは「まったく当てはまらない・そう思わない」（1点）の回答割合が30%以上
灰色網掛け：得点平均が3.2以上，もしくは1.8未満
薄い灰色網掛け：得点平均が2.9以上3.2未満，もしくは1.8以上2.2未満

（アンケート結果を基に作成．林〔2021c〕掲載の表を再編）

るべき）重要献立・一番のごちそう」であるとの評価軸が，歴史的背景の重視や利用による地域アイデンティティの表出・確認よりも重視されているためと考えられる．自由記述でも，「少なくとも 40 年くらい，養殖のブリを食べて年越ししています．産地も気にしません．養殖の方が値段も安く，食べ慣れている味です．北陸のブリを食べる文化ではなく，年越し＝ブリのみが残っているように感じます」（木曽南部・50 歳代），「祖母がお年取りにブリを食べることと粕汁にすることには強くこだわっていましたが，産地などは特に気にしていなかったと思います」（上伊那南部・30 歳代）のような指摘がみられる．

　現地での販売観察から補足すると，各店頭に並ぶ商材の産地は数地域で，うち天然物は 1〜3 地域に限られる．天然商材では生と解凍があり，その色味が異なる．解凍商材は，需要が集中する年末に確実に販売できるよう，計画的なブリの確保に活用されている．産地の違いより「天然か養殖か」，「陳列品の脂の多少や色味」の違いのほうが，消費者は品質差を認識，実感しやすい．1 切 200〜250 g 程度での販売が多い年取り用切身は，天然物で 1 切 1,000〜3,000 円，養殖物でも 1 切 500〜1,000 円程度と値が張る．そのため，ごちそうとしての価値の裏付けとして富山県産や生の天然物であることに固執しない消費者は，ほぼ同じサイズの切身が陳列されている場合，価格は高めだが若干色味の落ちる解凍の天然物と，手ごろな価格で脂がのった色味の養殖物とで商品を比較し，購入選択することになる．

注：
1 ）　調査は，「金沢大学人間社会研究域「人を対象とする研究」に関する倫理審査委員会」の諸規定に沿って準備を進め，審査を経て実施した（承認番号：2020-1）.
2 ）　回収率を 10% 前後と想定し，分析に耐えうる回答数（回答比率 0.5，標本誤差 5 ％，信頼水準 95％）を得られるよう，タウンプラスの配達地区（の戸数）設定を踏まえ，全市町村の世帯数に対する各市町村の世帯数割合，地理的分布を配慮して街道付近のタウンプラス配達地区から選出した．なお，「自分の居住地域に過去にブリを運ぶ際に使われた街道があることを知っている」者は（1,830 人回答），17.6％にとどまった．

両地域の考察結果からみえること

　第Ⅱ部では，岐阜県飛騨地域においてブリ・サケに注目し，地域住民の日常の食事でのこれらの消費動向と，当該地域の年末の伝統的風習「年取り」で用いられる年取魚ブリに関する人々の消費実態やそれへの認識の「見える化」を試みた．あわせて，過去に飛騨地域から移入された食材を用いて「年取り」が執り行われていた歴史的背景を持つ長野県木曽・伊那地域での今日の年取魚ブリの消費実態やそれへの認識を明らかにした．そして，同じ食材利用の歴史をもつ両地域での現在の食文化の現況にみられる共通性と地域性に注目した．

　飛騨地域でのアンケート結果からは，日常の食卓では飛騨地域でもブリ商材以上に，より値ごろ感があり調理の利便性の高さや献立の幅の広さが認められるサケ商材の積極的な利用，評価がみられた．その一方で，地域の伝統行事である「年取り」の風習の継続や，そこで用いられる「年取魚ブリ」への関心の高さ，消費の継続も確認された．自由記述の内容からも，大晦日に塩鰤を食べる慣習や，富山湾沿岸から塩鰤が飛騨地域に搬入されてきた歴史，食の源泉への人々の認知や意識は，現在でも若年層を含めて地域内で一定程度共有され，好意的に受け止められているようすが確認できた．現在の飛騨地域の人々が考え，許容する「年取魚ブリ」のあり様はまとめると，「年取りにブリを食べることは，地域ならではの文化である．年越しには「ブリ」を食べることが重要で，どのような献立であってもブリを食べれば地域らしい正月の食卓である．食べるブリは，日本海で獲れたものが望ましい．昔に比べて塩分控えめの塩鰤でもよい．昔のように一本・半身で購入して切り分けずに便利な切り身で購入して消費することも，年取りの献立として妥当である」と説明できよう．

　実際に，飛騨地域の量販店や鮮魚店で販売状況を観察すると，養殖品・畜養品で製造された塩鰤も多数販売され，消費者に受容されている．半身での販売も確認できたが，切り身での販売が圧倒的に多い．書籍等で伝統的とされるようすから変容した商品形態や提供のされ方が，地域の人びとから「年取魚ブリ」の姿や商品として認識され，受容され，今日の「年取り」を構成している．年越しにブリ・塩鰤を食べることは地域ならではの文化であると考える人や，実際に年末年始にブリ・塩鰤を消費する人が，地域内に多数存在していることが確認された一方で，販売され

る商品形態や価格への不満や，家族構成や食環境の変化にともなうブリ・塩鰤の消費減退と他の食材への選択転換も確認された．

　社会状況や流通環境，生活のあり方，ニーズの変化を反映しながら，年取りの行為，食材の利用方法と質や量や，献立が過去のようすから変容してきた．変容した姿が登場して一定程度時間が経過し，人びとからこれらが年取魚ブリの当たり前の姿として受容されている．変容した商品形態や提供のされ方を用いて今日も年取りの風習が続けられ，重要な地域文化の表出例，地域アイデンティティを語るアイコンとして多くの人に認識，支持されている．飛騨地域については，氷見など富山湾沿岸のブリ水揚地と飛騨地域（の自分たちの居住地）とがブリのやり取りを通じて古くから結びつきを持っていたこと，そのブリ（長距離輸送に適した加工が施された塩鰤）を大切に食べてきたことが，地域ならではの物語性ある事象として，人々のあいだで語り継がれ，意識されてきた．このこともあって，くわえて今日では高鮮度の富山湾岸の魚が平時より多く流通するようになっていることもあり，人々のあいだに塩鰤の産地，高品質の魚の供給地としての「氷見」，「富山（湾）」という地名に対する関心・意識が強く持たれ，ポジティブな評価がなされる状況がみられる．この状況は，食と地域，人とのかかわりとして興味深い．

　一方，江戸期において高山からさらに山越えで塩鰤が搬入され，年取りで利用がみられた木曽・伊那地域でも，今日でも年取魚としてブリが一定程度利用され，伝統的で地域らしいとされる食文化は継続していること，ブリを食べることを重要と捉える認識があることが確認できた．ただし，今日の木曽・伊那地域での年取りでのブリ利用では，木曽地域でみられるような「塩鰤」でのブリ食の実施はなく，生鮮ブリを材料に用いた照り焼き・塩焼きが消費されており，さらに伊那地域では酒粕を用いた献立での消費に特徴がみられる．

　用いるブリの形態・産地，調理方法に違いはあるが，県境を越え，岐阜県飛騨地域と長野県中信・南信地域とが現在でも共通してブリを用いる年取りの継続がみられる．継続している地域の範囲が過去に存在した筑摩県[1]の圏域とほぼ一致する点も，「塩鰤」利活用がみられる地域間での食文化の活用・継承での連携を評価，検討する際の興味深い視点，材料といえよう．

　江戸期の塩鰤の流通拠点であった飛騨地域では，「日本海から搬入された「塩鰤」を焼いて食べること」が地域の文化・アイデンティティの確認の機会や表現手段となっており，年取魚の「ぶれない軸」となっていた．地域らしい年取りの食卓を代表，象徴する一品が塩鰤であるため，これを大幅に変質させたり削除したりすることを飛騨地域の人々は選択してこなかったと考えられる．一方木曽・伊那地域の場合，より内陸にあるため過去には海産物は一層手に入りにくく，年取りでは「ごちそうとして海産魚，なかでも出世魚であるブリを食べること」が重視，継承されてきたと推測される．年取りの献立の象徴として「塩鰤」一点集中の飛騨地域とは異

なり，各地域，各家庭で調達可能な海産魚をそれぞれ用い，そのなかでメインを張れる食材，ごちそうとしての扱いに不足のない食材として（過去には塩蔵の，現在では無塩の）ブリがとくに重宝されてきたと考えられる．そのため，普段より立派な厚み・サイズのブリを調達して食卓が構成され，多少出費がかさむことも一定程度容認されている（この点は，飛騨地域，木曽・伊那地域ともに共通する購入動向である）．ただし，当該地域の年取りでは，現在も飛騨地域で多用される「塩鰤」は用いられず，その必然性を人々は感じていない．広く地域の人々のあいだに年取りでのブリ食が普及する以前に，流通環境の変化により「塩鰤」の高山からの搬入が途絶え，その後は太平洋沿岸地域からの塩蔵ブリの搬入，のちには養殖ブリの搬入にも支えられて慣習が展開され，地域内に普及した．そのため，「塩鰤」という献立・形態であるべきという認識は地域の人々のあいだに根付かず，元々の塩鰤の搬出先（富山湾）のブリであることへのこだわりも飛騨地域の人々ほど強くはない．食し方も，地域や家庭の事情を踏まえて継承，選択される．

　以上のように，年取りのブリ食を今日も継続し，元は共通する食材を用いていた飛騨地域と木曽・伊那地域ではあるが，現時点での地域の食文化の定着・継承状況，食材利用のかたち，人々の認識や評価は，地域間で異なる性質のものとなっていた．両地域で年取りでのブリ食に関する地域間・時代でぶれない（文化の）軸としては，「ごちそうにふさわしいブリで年取りをすること」が重要である，という点が挙げられる．食材や食習慣が各地に伝わっていく過程で，各地域・時代の社会状況や食環境，家族のありようなどの影響を受け，食の形態や位置づけも変容している．そのような変容をともない遠隔地に食材・食文化が伝播，普及していく過程で，食材の産地や食文化の歴史的背景などへの意識，こだわりが薄れる場合や，原材料や作り方などが現地で用いやすいもの・方法に転換される場合もある．

　両地域においても，家族構成や加齢，食環境の変化などから，肉などほかの食材への変更，刺身やブリしゃぶなど別献立への変更，そもそも年取りの食事を摂らない，とする者もみられた．とくに，伊那地域では粕を用いた食べ方という独自性の高い献立で年取りが行われてきたが，この献立の特性（風味や舌ざわり）を苦手とする人も多く，現在の若年・中高年層では採用しない，調理したり食べたことがないとする指摘もみられる．木曽・伊那地域では，過去に飛騨地域から塩鰤を調達していたことが当該地域の年取魚ブリの起源と知らない人も散見され，年取りにブリを食べる理由や意義も充分伝承されているとはいいがたい．これらは，食材や伝統的な献立の継承の際に注意を要する傾向である．

　飛騨地域，木曽・伊那地域とも，年取りにブリを食べる習慣を好意的にとらえる人が現在でも（若年層を含めて）一定程度みられた．この点を踏まえると，地域の食習慣・文化として，年取りとそこで食べられるブリ食は，今後しばらくそれぞれの地域で一定数の人々が前向きに継続していくものと思われる．とはいえ，ここ

30 年間の消費の量・質の変化，特に若年層の調理・消費経験の減退も調査結果から確認できている．

　年取魚ブリの消費に強いこだわりを持つ現在の高齢層から，消費の主要世代が今後交代すると，あるいはほかの多様な食材との競合のなかで地域アイデンティティの表出例，地域文化を語るアイコンの 1 つでもある年取りでのブリ（塩鰤）であっても，摂食の持続や継承は容易ではないだろう．社会状況や流通環境の変化，生活の在り方の変化を反映しながら，「年取り」の行為や用いられる献立の内容や方法，質や量の一部が変容していくと考えられる．そして変化した状況も，年月が経過して定着すると人々から風習とそれを成立させる品として認知されると思われる．今後の地域の食文化の継承状況や変容の考察や，事例以外の地域・食文化での考察の積み上げによる食材・食文化の変容の過程や要因の析出は，今後の研究課題といえる．

　販売促進が購入・消費の動機づけ，食材理解を促すとの人々の認識が一定程度みられることから，販売者にはさまざまな年取り商材のなかからブリが選択されるような動機づけの創出が求められる．POP・ポスター等で購入や消費のメリットや商品特性，年取りのブリ食の意義を分かりやすく説明，強調すること，特設販売コーナーの設置やのぼり等での見える化などが考えられる．あわせて，家族人数分の切身枚数で購入可能な販売方法，天然・養殖物を活用した価格帯の多様化，調理簡便化への対応など，消費者が納得でき手を伸ばしやすくなる価格や品質，形態を配慮した工夫が重要となる．

　飛騨地域，木曽・伊那地域いずれの地域でも，用いられる「年取魚ブリ」は，社会状況や流通環境，生活の変化を反映し，年取り行為や用いられる「年取魚ブリ」の内容や質量，調理・出食方法，食材・献立に期待することがらを変容させ，人々の支持を得て存在し続けてきた．地域（食）文化の持続可能な継承，食資源の活用の容易さなどを考えると，環境条件や社会状況，人々の価値観やライフスタイルなどの変化に応じて，従前の食材・献立・習慣のかたちから一定程度変容することを許容，採用していくことも意義がある．その際に，地域の多くの人々がぶれない軸と考える観点を守りながら，多くの人々が納得しうる受容可能な変容を選択，形成していくこと，そして地域の食のもつ価値・背景，物語性などを品・献立とともに食べ手に伝えることが重要となる．次の 30 年，50 年，100 年後の「年取りのブリ食」は，どのような姿になっているだろうか．

注：
1）　1871（明治 4）年に第一次府県統合により飛騨国（高山県），信濃国中・南部（松本・高島・高遠・飯田・伊那の各県）と名古屋県（旧尾張藩領）の木曽地域を管轄するために設置された県である．県域は，現在の長野県中信・南信地方，岐阜県飛騨地方と中津川市の一部に

該当する．松本に県庁が置かれ，支庁が高山と飯田に設置された．第二次府県統合で廃止された（長野県と岐阜県に分割統合）．長野県ホームページ「歴史的地域区分について」https://www.pref.nagano.lg.jp/shichoson/kensei/shichoson/gappei/joho/shiensaku/shingikai/documents/2shiryou4_1.pdf（最終確認：2024 年 3 月 26 日）．

第Ⅲ部

石川県の事例から②

ハレの日の食にみる
地域資源の活用，献立の変容

（左：2020 年 3 月，珠洲市で撮影）

第Ⅲ部で注目すること

　第Ⅲ部では，石川県の事例を通して，ハレの日の食にみる地域資源の活用，献立の変容に注目する．具体的には，ここで取り上げる奥能登をはじめ能登半島の各地で執り行われる「キリコ祭り」と，加賀地域の主要な祭りのひとつである白山市鶴来地区の「ほうらい祭り」における会食を取り上げ，会食の実施形態，献立への地域資源の活用状況に関する特徴や課題と，会食が果たす機能，人々が会食に対して有する認識とそれらの変容を明らかにする．あわせてコラム③では，先の第Ⅰ部で注目した能登地域での海藻類の利用状況にも関連して，祭り以外の非日常の食の場面として葬儀・仏事での会食を取り上げ，会食実施の特徴や現在のようす，そこでの地域資源の活用，学びの機会について考察する．続けてコラム④では，ごく短い報告，覚書となるが，第Ⅰ・Ⅲ部で注目している能登地域で発生した 2024 年能登半島地震，2024 年 9 月の集中豪雨による地域らしいあるいは伝統的とされる食に関わる被災状況とその影響，その後の復興の試みについて報告する．

　これらの考察により，会食での地域資源の利用実態や文化特徴を把握でき，今後のそれらの活用や継承を検討する基礎的知見を得ることができる．また，石川県内 2 地域の会食に関する知見の収集とその比較から，会食活動・献立の継承のしやすさに影響する要素，観点を見出すことができる．それと同時に，社会，人々に対して会食が発揮しうる機能，会食からみえる地域の課題を浮かび上がらせることも，食を通して地域を見つめる地理学的研究の意義ある取り組みである．

　能登地域のうち「奥能登」は，輪島市，珠洲市，穴水町，能登町の 2 市 2 町からなる．能登半島の先端部に位置する奥能登は，石川県のなかでもここ 30 年間の少子高齢化，人口減少が著しく進行した地域である（図Ⅲ-0-1）．令和 2 年国勢調査の結果では，珠洲市と能登町とは高齢化率が 50％を超え，輪島市と穴水町も人口のほぼ半分は 65 歳以上で占められている．人口規模も，この 30 年で約 4 割減少した．このため，キリコ祭りの実施などの文化継承だけでなく，集落での交流や買い物，通院など日常の生活活動の環境維持にも課題を抱える．

　一方の白山市の「鶴来地区」は，加賀平野が広がる手取川扇状地の扇頂部に位置し，白山麓から平野部に出る谷口に栄えた町である．旧鶴来町は，2005 年 2 月に周辺市町村と合併し，白山市の一地区となった．ほうらい祭りで人形山車を引く集落群，祭りの実施エリアは，旧鶴来町域のうち中心市街地に所在し，そこには古くからの住民も多い．鶴来地区は石川県の県庁所在都市である金沢市にも隣接し，郊外では宅地開発も進んでいる．そのため，ここ 30 年間の高齢化の進展程度は，鶴来地区全体では奥能登に比べると緩やかで，地区人口も増加している（図Ⅲ-0-

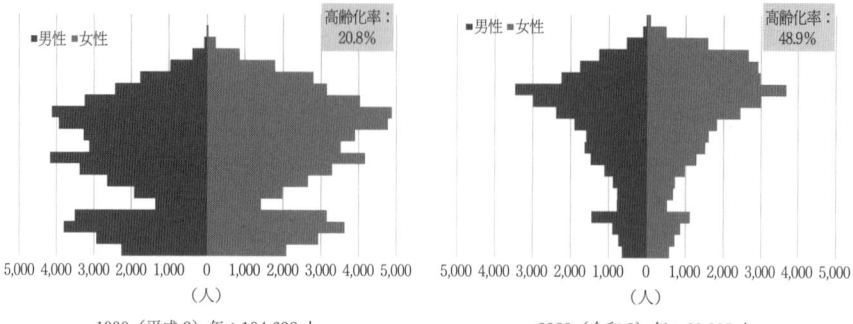

1990（平成2）年：104,632人　　　　　　　　　2020（令和2）年：60,905人

図Ⅲ-0-1　奥能登地域の人口ピラミッド（5歳階級：1990・2020年）

（1990・2020年国勢調査を基に作成）

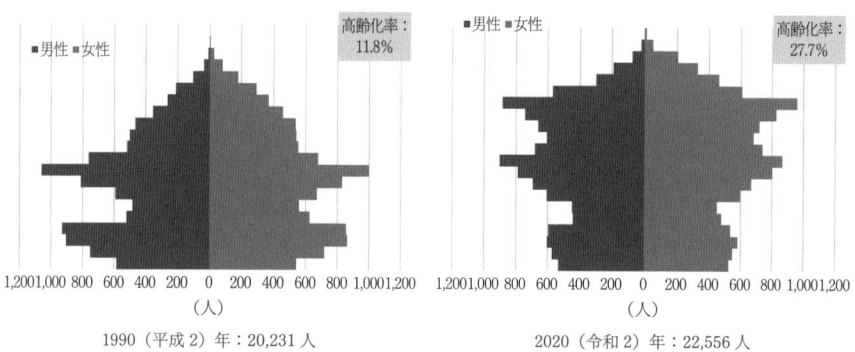

1990（平成2）年：20,231人　　　　　　　　　2020（令和2）年：22,556人

図Ⅲ-0-2　白山市鶴来地区の人口ピラミッド（5歳階級：1990・2020年）

（1990・2020年国勢調査を基に作成）

2）.

　祭りを含む年中行事は，人々の生活リズムを作る重要な儀礼で，基層文化の根幹をなす主要素として各地域の歴史的条件に規定され今日まで伝承されてきている（宮田 1997）．それら祭りでは，会食を催す場合が多い．その会食では地域らしいあるいは伝統的に食されてきた食材や行事食がみられる．大森（1999）や松田（2017）は，行事食の伝承条件として，人々の居住地域の生産物を中心として構成されていること，仕事を休んで行事食作りに専念できること，献立が決まっており調理方法等を高齢者ら経験者から教授可能であること，食材や献立が栄養的・嗜好的に調和がとれていること，そしてそれを毎年繰り返し作り食べることを指摘している．毎年各地域で開催される行事にともなう会食の場は，ハレ食・御馳走を摂りやすい機会，精神的な区切りをつけて満足感を得て農繁期の疲れを癒して生活力を

得る機会，大切な人との親睦を深める機会として人々から評価されるだけでなく，血縁や地域の共同体意識の再確認の場，地域の食文化の継承の機会としても重要である（今田 2018）．

　他方で，谷口（2017）や石井（2020）は，社会や生活様式の変化や地域性の違いに影響を受けて行事の質が変容することと，それへ注意を向けた考察の重要性を指摘し，現在実施される行事の多くが現代社会の流通・消費や情報と強く結びついていることに留意すべきとしている．井上・サントリー不易流行研究所（1993）や石井（2020）は，社会変化のなかで地域の祭りも慣習や社会的制約から強い影響を受け，所属集団全体で実施し，地域資源の恵みや宗教的・民族的な意義や行為を重視するものから，家族や知人との絆を深める交流の場や娯楽としての役割・評価の拡大，イベント化や，流通・情報環境の影響を受けた様式の変化が進み，従来の祭りの姿や意義づけから変容している場合も多いとしている．調理の担い手の作業負担，人々の料理に対する価値観や，社会規範の影響にも変化が生じ，意識や行動の変更への迷いやためらいをともないながら，調理や慣習の簡素化が進むことがある（村瀬 2013）．祭りの会食でも，行事食本来の意義の希薄化・形骸化，手作り料理から仕出し利用への変容，特定献立の利用減退がみられる（今田 2018）．他方で，様式・規模の一部変更を経つつも「会食する文化」自体は地域の人々から支持され，会食の実施が継承されることも多い（嘉瀬井 2019）．

　以上を踏まえると，祭りの会食も社会・環境条件や時代の変化にともない実施継続の判断，選択がされたうえで，さらに実施の際の食材・献立の購入・調理・消費の量やその形態・内容，調理方法は変容し，場合によっては他の食品に置き換えが進むこともあり得る．あわせて，人々が考え選択する祭りの会食としてあるべき姿やそれらを食べることに託す期待・願いが，ある時期の形や質からゆらいでいる，あるいは柔軟に変化している可能性もある．古家（2010）も，祭りの会食を含む郷土食は「歴史性と地域性に基づいて人々が形成してきた食に関する緩やかな合意とそれによってつくられた食」であり，「人々が地域の最大公約数と認める食」であって，変化の側面を等閑に付すことはできないとしている．中村均司（2012）の丹後地域の「ばらずし」の事例や，本書第Ⅱ部で注目した年取魚としてのブリ食のように，行事食の様式や用いられる食材・献立の形状や素材が変わるとき，地域の多くの人々が揺がず重視する要素を踏まえて柔軟に変更することで，人々に一定の評価や納得を得た食文化の継承が容易になることがある．

　他分野に注目を広げても，祭りに関する先行研究は祭礼の意義，運営組織の構造や実施体制，神事や道具類の特徴の研究が中心であった．祭礼の食に関連して，神饌の内容等の調査はみられる（小島 1989；丸山 1999）．しかし，祭りの構成要素でもある一般の人々の会食は多くの場合，実施の有無を簡単に言及するにとどまる．たとえば今田（2018）のような調理・提供の詳細とそこに存在する課題は充分

把握されていない．石川県内の祭りの先行研究でも，運営組織，神事・祭礼や供物の内容，山車などの構造特性への注目が中心で，人々の会食の詳細な調査や記述は限られる（日本の食生活全集石川編集委員会 1988；横山 1996；嘉瀬井 2019）．キリコ祭りやほうらい祭りの会食は，その具体的な献立の把握，現在と過去での会食状況の比較，地域資源や献立の活用・継承の実態のような会食の特徴や課題の詳細を把握する試みがみられない．くわえて，会食や献立に関して人々がどのような考えを持ち，どのように会食行動を選択，評価をしているのかは不明である．中村均司（2012），嘉瀬井（2019），本書第Ⅱ部のような，行事食の今後の継承を検討するうえで重要な人々の地域らしいあるいは伝統的とされる食に対する認識，献立の様式変容や継承を容易とする工夫に関する考察は，これまで数多くはなかった．

　第Ⅲ部では，これらの点に配慮しながら考察を試みる．奥能登，鶴来地区の人々が祭りでの会食で用いる食材・献立の内容や規模等とその変化，それらの選択・消費に関わる人々の考えや選択，行動，そして祭りの会食に対する認識，評価をとらえるため，両考察では当該地域の住民を対象としたアンケート調査を実施した．『家計調査』のように購入量・金額を正確に記録，回答する調査の依頼は困難で，得られた回答が人々の記憶や感覚に依存する点で，値や頻度の正確性には限界はある．しかし，対象地域内の多くの住民を対象としたアンケート実施により得られる情報から，対象とした地域（ひろがり）のなかでの会食に関するおおよその傾向・特徴や変容，課題，地域らしさの把握は可能と考える．また，両地域内のスーパーマーケットなどを観察し，祭りの会食に関わる食材・献立の販売活動の内容や工夫，住民らの買い物の様子などを把握するよう努めた．

　なお，実際の調理や会食現場の観察を基にした献立の中身や調理作業，提供方法の詳細な考察，アンケートで得られた自由記述のより詳細な分析，食材の流通・販売構造，販売促進のための工夫など関連業者らの活動に関する考察，食育活動に関する考察などは，今後の課題としたい．

「キリコ祭り」での会食の特徴・機能と人々の認識

1．はじめに

　ここでは，石川県の能登地域の各地で執り行われる「キリコ祭り」に関して，半島北部の奥能登での祭りの折の会食を取り上げ，その実施状況，人々の認識に注目する（図Ⅲ-1-1）．奥能登については，海藻類・魚醤の消費を指標として共通する食文化傾向のある地域範囲を検証した本書第Ⅰ部1章において，行政上の区分でも奥能登として扱われることの多い珠洲市，輪島市，能登町，穴水町の2市2町が，類似する食材の消費傾向にある地域として整理された．また自由記述では，地域の祭りの会食の際に奥能登で漁獲，採捕された水産物を盛んに消費している旨の回答を多数得たが，その利用の詳細は把握できていない．また，第Ⅰ部2章の考察では，祭りのごちそうの一品としての「なれずし」の利用が確認された．

　水産物あるいはそれを用いた寿司が会食の重要な「御馳走」とされ，祭りの実施地域と水産物の産地との関係のほか，行事の位置づけや規模，季節，経済的状況などが考慮されて，用いられる魚とその献立が選択される営みは，古くより沿岸域だけでなく内陸部でも各地にみられる（長崎 1996；升原 2005；橋村 2011；今田 2018；藤井 2019）．中村周作（2018）や中村亮（2018）のように，地域の水産振興，水産物消費の促進，地域の（魚）食文化の継承・活用を検討するうえでも，水産物の利用実態や課題を把握し，それを活かした取り組みの開拓や品の改善，働きかけの工夫を検討することにも一定の意義や有効性がある．奥能登の主幹産業・重要資源の一つである水産業・物と地域の（食）文化とのかかわりについて，より具体的に実態を把握することは，地域の今後の資源活用や文化継承の方策の検討や資源や産業の評

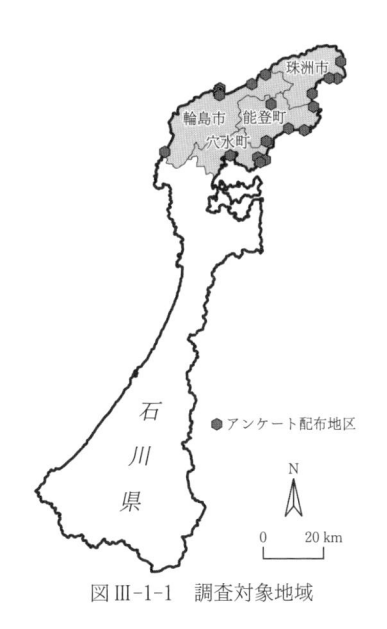

図Ⅲ-1-1　調査対象地域

図Ⅲ-1-2 キリコ祭りの会食（ヨバレ）
（能登町で 2019 年 7 月に筆者撮影）
上段：自宅内の一室で実施／中段：自宅の倉庫に机などを移動して実施／下段：倉庫を利用，多数の人が出入りして会食

価，創造の材料として役立つ．

そこでここでは，会食で用いられる食材や献立は多岐にわたるが，地域らしい水産物，寿司を中心に取り上げ，ほかの献立に関する知見も可能な範囲で収集し，地域の祭りの会食のあり様を明らかにする．

能登地域で執り行われる代表的な祭りとして夏から秋にかけて各地で実施される「キリコ祭り」がある．2015 年には，能登地域のキリコ祭りは「灯り舞う半島 能登〜熱狂のキリコ祭り〜」として日本遺産に登録された．キリコ祭りは，江戸初期から続く夏越しの祭礼あるいは豊作・豊漁感謝の秋祭りである．大型のものになると高さ十数メートルもある長方形の行灯の山車（キリコ．地域によりホウトウ，オアカシと呼ぶ）を担ぎ，町内を練り歩く．能登地域では，各集落でキリコを所有し，住民のキリコや祭りへの愛着は強い[1]．祭りの時期になると集落を離れていた者が帰省して祭りに参加することが多く，「キリコ祭にゃ帰ってこいや」，「正月には帰省しないが祭りには戻る」のような言葉も聞かれる（高橋・今村 1992；宇野 1997）．一方で近年は，高齢化や若年層の流出からキリコの運行や維持が困難に陥る集落や，学生など地域外の人々との交流により担ぎ手不足を補うことで，祭りの継続を試みる集落もみられる（小西 2018）．

祭りでは，家族や親類，友人や同僚を招いて盛大に食事を提供してもてなす慣習「ヨバレ」がある（守田 1988；小西 2018；嘉瀬井 2019）．キリコの担ぎ手や来訪者らにも飲食を振る舞う集落もある．過去には数十人を招待し，会食に用いるなれずしなどを数カ月前から準備したり，家族で数日前から膳の準備，調理をするなど，多くの労をかけて臨んでいた（守田 1988；守田・浜崎 1988；石川県教育委員会

1999).キリコ祭りを含む冠婚葬祭の実施では親類・知人，近所の住民など多人数の来客を迎えるため，奥能登の伝統的な家屋の間取りは，接客用の部屋を家屋前面に配し，来客規模に応じて各部屋を仕切る襖・障子を外すと一続きの大広間となるよう，社会的な交際空間機能を優先させたものとなっていた（珠洲市史編さん専門委員会 1979：p728・730，内浦町史編纂専門委員会 1982：p824）.会食には，自宅内の一室のほか，車庫や倉庫が利用される.家族や親戚での会食もあれば，多数の友人，職場関係者，町内の人々を招いて催す場合もある（図Ⅲ-1-2）.

図Ⅲ-1-3　まつり御膳
（珠洲市で2020年3月に筆者撮影）
左膳奥の刺身皿は，3人前盛合せ

　「能登の里山里海」の世界農業遺産への認定でも，遺産の重要で価値ある構成要素としてキリコ祭りとそこで実施されるヨバレ，用いられる地域資源を活かした献立への指摘がみられる（「能登の里山里海」世界農業遺産活用実行委員会 2013）.近年では，関係自治体や商工関係者により，観光活性の取り組みで地域文化を表現する素材としてキリコ祭りやヨバレが活用されている.珠洲市では飲食店が連携して，ヨバレの献立をアレンジした「珠洲まつり御膳」を輪島塗の銘々膳・塗椀で提供している（図Ⅲ-1-3）.

2．調査方法

　奥能登の人々が祭りでの会食で用いる食材・献立の内容や規模等とその変化，それらの選択・消費あるいは継承に関わる人々の考えや選択，行動をとらえるため，アンケート調査[2]を実施した.

　個人情報を取得せずに調査をするため，郵便番号を指定し該当の配達地区内の全配達対象に郵便物を配布する「タウンプラス」を利用した.奥能登で開催される主要なキリコ祭り[3]のなかから，祭りの実施範囲をタウンプラスの配達地区で指定可能なものを確認し，2市2町の世帯数割合や各市町のキリコ祭りの実施数を踏まえ，分布や世帯数に著しい偏りが生じないよう考慮して配布地区を選定した[4]（前掲，図Ⅲ-1-1）.その結果，合計で4,471通（珠洲市1,296／輪島市1,006／能登町1,788／穴水町381）送付した.各地の祭りの実施時期を考慮し，2019年7月から9月に3回に分けてアンケートを郵送し，各世帯で主に食事や買い物を担う20歳以上の者1名に回答を依頼した.

　アンケートの回収は，料金後納郵便を利用し，2019年11月末をめどとして返信を依頼した.12月10日到着分までを分析対象とした.各市町での会食の変容状況を確認することを鑑み，居住地・世代が無いものは，無効回答とした.その結果，

全体の有効回答数・率は 606 人・13.6%（各市町の有効回答率は，珠洲市 13.1% ／輪島市 11.8%／能登町 14.9%／穴水町 13.4%）であった．

　配布の市町村別構成割合と回収の市町村別構成割合とに著しい差は生じず，適切な分析に必要な回答数を得ることができた．「第Ⅲ部で注目すること」（前掲，図Ⅲ-0-2）で触れたように，対象地域で進む著しい少子高齢化の影響にくわえ，1 世帯につき調査票 1 通の依頼で，設問に過去の経験を問うものが含まれることから，世帯内のより年長者が代表して回答した可能性が考えられる．そのため，有効回答総数に占める 60 歳代以上の割合（70.3%）が高い構成となったと推測される．若年層の摂食実態や会食に対する認識の把握にやや難はあるが，世代構成を配慮して分析することにより，取得データから現在の地域の会食のおおよその傾向や課題をつかむことは可能と判断した．

　なお，アンケートの結果や傾向の解釈のための補足情報として自由記述の知見を活用する（数値や漢字表記の様式統一以外は原文ママで記載）．このほか，過去・現在の会食に関わる記録，情報を確認し，2019 年に対象地域内のスーパーマーケット等で食材等の販売・広報のようすや買い物客の購入活動を観察した．

3．アンケート結果からみえるキリコ祭りでの会食の実態
1）　回答者の状況

　各集落で開催されるキリコ祭りでの会食について，「ここ 3 年間の実施状況」を問うたところ（599 人回答），「家族や招待客のために，自らが・自家で振る舞い・ヨバレの料理を用意し，提供した」（66.6%），「祭りに関わる調理や消費を特に意識しなかった」（16.4%），「大量の振る舞いの準備はしなかったが家族と祭りを意識した献立等をいくつか購入，調理，消費した」（14.2%），「親類・知人宅に招かれて・手伝いに行って料理を消費した」（2.8%）と続いた．

　「家族や招待客のために，自らが・自家で振る舞い・ヨバレの料理を用意し，提供した」者（394 人回答）について，会食人数の分布を図Ⅲ-1-4 に示した．「参加があった者の属性」（複数回答可）を確認すると，「血縁者」（祖父母（回答あり：22 人），親とその配偶者（67 人），子とその配偶者（180 人），孫とその配偶者（51 人），その他の親族（188 人））のほか，「友人・知人」（232 人）や「同級生」（69 人），「職場関係者」（129 人），

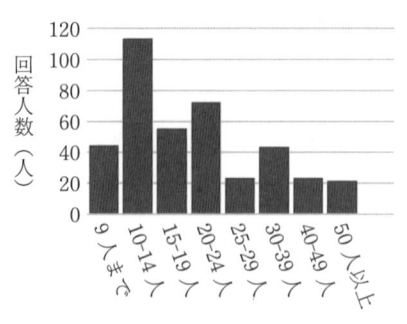

もてなした・ヨバレに招いた人数
図Ⅲ-1-4　会食への参加者数
（アンケートを基に作成．林［2021a］掲載の図を再編）

「同町内の人（祭り関係者を含む）」（56人）が多い．なお，「大量の振る舞いの準備はしなかったが家族と祭りを意識した献立等をいくつか購入，調理，消費した」者（85人）の会食人数は，「4人まで」が40.0%，「9人まで」が54.1%であった．

　一方，「祭りに関わる調理や消費を特に意識しなかった・しなかった」者（98人）が挙げた理由・状況（複数回答可）は順に，「以前は家でヨバレ・振る舞いをしていたがいまはしない」（56.1%），「家族人数の変化」（33.7%），「自身や家族の加齢のため」（28.6%），「普段から食べているものを食べればよい，伝統や習慣にこだわらない」（28.5%），「祭りに参加しなかった・行かなかったので」（18.4%）などが挙がった．「祭りに関わる調理や消費を特に意識しなかった・しなかった」回答割合は，12.2%（40歳代）から19.0%（50歳代）の範囲であった．

　「家族や招待客のために，自らが・自家で振る舞い・ヨバレの料理を用意し，提供した」者と「大量の振る舞いの準備はしなかったが家族と祭りを意識した献立等をいくつか購入，調理，消費した」者を合わせた484人を「会食実施者」として扱う．以下では，彼らを対象として，会食のための買い物，調理の状況や，食した献立の内容などの詳細を確認した．

　「買い物や調理の開始時期」や「当日食事提供に要した時間」は，「家族や招待客のために，自らが・自家で振る舞い・ヨバレの料理を用意し，提供した」者の場合，買い物は祭りの「5日前まで」（26.1%），「2日前」（23.8%）に開始する者が多く，「1週間前より以前から」（7.7%）もみられる．当日の調理時間は，「10時間まで」（18.8%），「3時間まで」（13.5%），「5時間まで」（13.0%）と続き，「10時間以上」（9.0%）もみられた．「大量の振る舞いの準備はしなかったが家族と祭りを意識した献立等をいくつか購入，調理，

図Ⅲ-1-5　会食のための食料品を買い出しする住民
（2019年7月，能登町で撮影）

消費した」者の場合では，「買い物は前日から当日」（41.2%），「2日前まで」（24.7%）が多く，提供時間では「3時間まで」（21.2%），「4時間まで」（17.6%）が多い．2019年7月の能登町宇出津での観察でも，町内のスーパーマーケット，食料品店，鮮魚店などに多くの住民が訪れ，食料品を大量に購入するようすを確認できた（図Ⅲ-1-5）．

買い物や調理をしたのは「回答者自身のみ」が42.8%，「手伝いあり」が53.1%であった．「手伝いあり」とした者に誰が手伝ったか問うたところ（複数回答），「子」（110人），「嫁」（93人）が多く，「姑」（47人），「その他親族」（48人）と続いた．選択肢に設けていなかった「夫・父」（25人）をその他に記載する者もあった．「20年程前と比べたキリコ祭りの会食のために用意する食事の量」を問うたところ，「減った」（61.6%）が多く，「変わらない」は20.0%，「増えた」は14.3%であった．

2） 用いた食材・献立

会食実施者（484人）に対して，ここ3年間の会食に用いた主な食材や献立の詳細を問うた．以下，食材・献立別に結果を整理する．

(1) 水産物の利用

水産物（魚，貝，海藻，鯨肉）の利用を問うた．92.1%の会食実施者が魚を用いていた．魚の購入・調達先は（魚利用ありのうち387人回答：複数回答可），「スーパーマーケット」（66.9%），「仕出し屋」（37.0%），「鮮魚店」（34.6%）を挙げたほか，「自家で漁獲・採捕，さばいた」（10.3%），「親戚・知人が漁獲・採捕，さばいた」（8.0%）もみられた．購入の場合の購入地域（回答あり340人）は，居住地域内が71.5%，能登地域内が27.9%であった．

用いられていた魚種には，奥能登の沿岸域で夏から秋に漁獲が盛んな魚種が多く挙がっている（表Ⅲ-1-1）．主として刺身と焼き魚に調理されている．自由記述（以下，原文ママ）では，「刺身は欠かせないと思う．人を招くにしても，よばれるにしても不可欠」

表Ⅲ-1-1　利用された魚種

刺身に用いられた魚種（327人記載あり：複数回答可）	回答者数	焼き魚に用いられた魚種（195人記載あり：複数回答可）	回答者数
タイ類	154	ハチメ（メバル）	48
ブリ類	147	タイ類	45
イカ類	142	ブリ類	23
エビ類	98	アジ	18
マグロ類	67	イカ	13
タコ	23	アユ	9
ハチメ類	21	カマス	6
アジ	15		
スズキ	15		
サーモン	10		

（アンケートを基に作成．林〔2021a〕掲載の表を再編）

（旧門前町・60歳代），「ア
ワビ，サザエ，刺身などが
あると御馳走になる」（旧
輪島市・20歳代），「刺身
にはうるさいので地元の鮮
魚店に注文しています」
（珠洲市・80歳代）のよう
に，祭りの会食を盛り上げ
る御馳走として刺身をとら
えて利用し，会食の献立と
して重視する指摘がみられ
た．

　貝も会食実施者の69.6
％が用いていた．貝の購
入・調達先は（貝利用あり

表Ⅲ-1-2　利用された貝類と海藻類

用いられた貝類 （311人記載あり， 複数回答可）	回答 者数	用いられた海藻類 （218人記載あり， 複数回答可）	回答 者数
サザエ	293	岩・絹モズク	178
アワビ	68	地物ワカメ	110
シダダメ	18	テングサ	25
アサリ	9	カジメ	23
バイガイ	8	イワノリ（板海苔に 加工されたもの）	20
アカニシ	5	ウミゾウメン	16
岩ガキ	4	エゴ	13
ハマグリ	4	ギバサ	12
シジミ	3	アカモク・イギス	各1

（アンケートを基に作成．林〔2021a〕掲載の表を再編）

のうち316人回答：複数回答可），「スーパーマーケット」（48.7％），「鮮魚店」
（19.0％），「仕出し屋」（18.0％）が多いが，「親戚・知人が漁獲・採捕，さばいた」
（17.1％），「自家で漁獲・採捕，さばいた」（12.0％）も重要である．購入の場合の
購入地域（回答あり263人）は，居住地域内65.7％，能登地域内31.4％であった．
貝のうち，特にサザエの利用が多い（表Ⅲ-1-2）．海女漁が盛んな輪島市では，貝
類利用のあった世帯のうちの92.0％がサザエを，44.0％がアワビを利用し，「海女
が採捕したサザエ・アワビの利用を意識して行った／もらえた」と回答する者も
50.0％あった．用いられる献立は，刺身のほか，サザエはつぼ焼きが多い．

　海藻の利用は，会食実施者の47.1％でみられた．海藻の購入・調達先は（海藻
利用ありのうち215人回答：複数回答可），「スーパーマーケット」（46.0％），「鮮
魚店」（9.3％）など店舗で調達する者もあるが，「自家で採捕・加工した」
（22.8％），「親戚・知人が採捕・加工した」（32.9％）とする者が魚の調達の場合以
上に多い点が特徴的である．主に用いられたのは，奥能登の沿岸域で盛んに採捕さ
れる絹・岩モズク，ワカメであった（前掲，表Ⅲ-1-2）．海藻類を用いた献立は，
主に酢の物で，そのほか汁ものやところてんなどである．

　鯨類の利用は，奥能登全体では会食実施者の8.3％にとどまっているが，古くよ
り水揚げや利用が盛んな能登町で利用が多くみられた点は特徴的である．「利用あ
り」とした40名の内訳は，旧能都町30人，旧柳田村3人，珠洲市4人，穴水町・
旧輪島市・旧門前町が各1人であった．自由記述では，「鯨とマグロは友人から世
話してもらっている」（旧能都町・70歳代），「鯨の内臓のゆでたものは子どもの頃
よく食べました．今は食べたくてもありません，残念です」（旧能都町・70歳代），

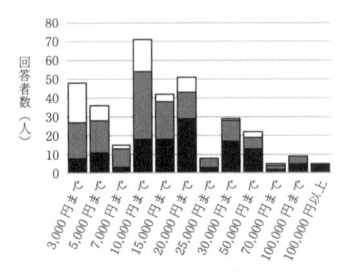

魚・貝の購入の合計金額

□「大量の振る舞いの準備はしなかったが家族と祭りを意識した献立等をいくつか購入，調理，消費した」者

■「家族や招待客のために，自らが・自家で振る舞い・ヨバレの料理を用意し，提供した」者で会食者数 19人まで

■「家族や招待客のために，自らが・自家で振る舞い・ヨバレの料理を用意し，提供した」者会で食者数 20人以上

図Ⅲ-1-6　魚・貝の購入金額
（アンケートを基に作成．林〔2021a〕掲載の図を再編）

図Ⅲ-1-7　いもだこ
（2020年3月，珠洲市で撮影）

「同地区の親戚の家へ行くと必ず鯨の皮の酢の物が出た．楽しみだった」（旧能都町・70歳代），「昔は鯨の皮の酢味噌和えをよくした」（珠洲市・70歳代）などがみられた．あわせて，購入・調達先（36人回答：複数回答可）は，「スーパーマーケット」（30.6％）．「鮮魚店」（36.1％）での購入が主であるが，「もらいもの」であるとした者が27.8％あったことも，鯨類の調達にみられる特徴である．

　なお，魚・貝の購入に要した合計金額の分布状況は，図Ⅲ-1-6に示した．会食全体の費用の規模（後掲，図Ⅲ-1-11）を鑑みると，水産物の活用・消費は会食において重要な位置づけにあるとわかる．

(2) 伝統的な，地域らしい食材や献立

　水産物以外の「回答者が考える伝統的な，地域らしい献立で会食に用いたもの」を問うたところ（複数回答可：399人回答），「赤飯」（81.5％），「昆布巻き」（58.6％），「山菜や豆腐の煮物」（28.8％），「飾り切りした野菜の煮物」，「トビウオなどときゅうりの酢の物」（各25.6％）が挙がった．これらは，過去の会食の記録でも言及があり，現在でもスーパーマーケットなどで多く陳列，販売され，後述の設問でも購入した惣菜として多く挙がっていた．

　本書第Ⅰ部2章で取り上げた「なれずし」（前掲，図Ⅰ-2-2）も利用が確認された（17.3％，約9割はアジ利用で，残りはハチメ，ウグイ，コノシロ利用）．「昭和の時代にウグイのなれずしを用意したらお客様が喜んで一晩で1斗の日本酒を飲んだ（10人で）」（旧柳田村・50歳代），「来た人がアユのなれずしと鯨の刺身がとてもおいしかったと毎年年賀状に書いてきます」（旧能都町・70歳代）などがみられた．そのほか，「イイダコ煮物」（6.0％），「川魚の焼き物・甘露煮」（5.8％，大半はアユ）や，本書の第Ⅰ部1章で注目した海藻類に関連して，「エゴようかん」（4.0％）（前掲，図Ⅰ-1-7d）も少数だが

確認された．

　なお，キリコ祭りの会食に出すべき献立について，自由記述で「茶わん蒸し」を挙げた者が多数あった（129人）．実際に提供した献立を確認した設問でも，「茶わん蒸し」が多く確認された（153人）．そのほか，サザエご飯，サザエつぼ焼きや，第Ⅰ部1章でも指摘があった（サト）イモをタコと一緒に魚醤油あるいは醤油で調味して煮た「いもだこ」（図Ⅲ-1-7）もみられた．

　珠洲市の回答者を中心に，果物や菓子などを来訪者に土産としてもたせる「こぶた」への言及がみられる．先に確認した過去の会食の記録でも会食で用いられる品として「こぶた」への指摘があった．自由記述ではたとえば，「幼い頃に祭りに行った思い出は，こぶたをもらえたことだった．最近はおこづかいに変わりつつあるが……．こぶたの風習は続けていきたいと思う」（旧内浦町・40歳代），「昔はヨバレに行くと必ず，こぶたと言って果物やジュース，お菓子などをもらって帰っていました．それが楽しみで親と一緒にヨバレに行ったものです」（珠洲市・50歳代），「子供の頃は親と一緒についていくと「こぶた」といってドロップ，バナナ，饅頭の3点セットがもらえた．それが欲しくて嬉しくて．大人になって「生活改善」ということでなくなりお金がかからなくて良かったと思った」（珠洲市・60歳代）である．ただし，現在の会食で利用があった伝統的で地域らしい食材・献立を問う設問で「こぶた」を用意した者は，3名にとどまった．

　そのほか，旧門前町からの回答では「地区の者で一緒に作って食べる「カレー汁」」が散見された．和惣菜の献立ではなくとも，集落の祭りで住民が継続して作り，消費してきた献立も，集落のアイデンティティを確認できるもの，コミュニケーション・ツールとなっている一品として評価できる．

(3)　日本酒の利用

　日本酒は，「利用あり」が会食実施者の90.1％を占めた．購入地域（359人記載あり）は，70.2％が居住地域内で購入，25.9％が能登地域内で購入としていた．購入・調達先（複数回答可：391人記載あり）は，個人酒店（53.7％），スーパーマーケット（33.5％），ディスカウントストア（16.9％），ドラックストア（9.7％）と続いた．

　用いた銘柄（複数回答可：358人記載あり）は，85.2％の者が「能登の地酒」を選択していた．具体的に挙げられた銘柄は，「宗玄（宗玄酒造：珠洲市）」（139人），「竹葉（数馬酒造：能登町旧能都）」（124人），「初桜・大慶（櫻田酒造：珠洲市）」（58人）が多い．このほかにも，「谷泉（鶴野酒造所：能登町旧能都）」，「能登誉・千枚田（清水酒造所：輪島市旧輪島）」，「白菊（白藤酒造店：輪島市旧輪島）」，「大江山（松波酒造：能登町旧松波）」がみられた．

(4)　オードブル・仕出しの利用

　オードブル・仕出しの利用について問うたところ，会食実施者の80.8％が「利

図Ⅲ-1-8　スーパーマーケットの売り場に多数陳列されているオードブル（2019年7月，能登町で撮影）

用あり」とした．購入場所（複数回答可：記載あり 289 人）は，主に仕出し屋・飲食店（57.1％）とスーパーマーケット（48.8％）であった．購入地域（267 人記載あり）は，67.4％ が居住市町内，31.1％ が能登地域内とした．約 20 年前と比べたオードブル・仕出しの利用量（363 人回答）は，45.7％ が「増えた」とし，25.3％ が「変わらない」とした．

　「増えた」理由・背景として主に記載されていた事柄は，労力・時間の削減への言及が多くみられた（楽である，便利である，時短になる，手軽である，作るのが面倒，後片付けが楽，女性の手間削減：52 人）．加齢に関わるもの（加齢で調理が難しい・疲れる，作る量が減少：37 人），仕事や介護で時間がないこと（20 人），若い来訪者の影響（子や孫，若者の増加／若年者が好むので：17 人），献立の多様さ・豊富さ（色々な献立がそろう，自分では作らないものがある，自分では品数を多く準備できないから：11 人）も多い．利用の増加の理由として，客や家族が「増加したため」（26 人），「減少したため」（18 人）の両方が挙がっている点は興味深い．他方，「減った」理由・背景としては，「客や家族の減少」（71 人）が圧倒的に多く，献立の内容への不満（他の家でも同じものが出されるので手を付けない人が多い，たくさん残る，揚げ物が多いことが嫌い）（12 人）が挙がった．

　2019 年 7 月に能登町宇出津でスーパーマーケットなどを観察した例では，各店舗がオードブル（図Ⅲ-1-8）のほか，刺身盛り合わせ，赤飯や惣菜，果物や，酒類や菓子などの贈答品など，祭りの会食用に多くの品物を揃え，広告や POP，ポスターなども充実させ，販売を促進していた．各店舗では，多数山積みされた予約分のオードブルや壁一面に貼られている予約リスト，引き取りに来店した顧客対応が続くようすなどを確認できた．

　オードブル・仕出し利用に関する自由記述では，「昭和 40 年代は赤飯，にしめ，刺身，酢の物，昆布巻き，こんにゃく煮物，焼き魚など各々家庭の手作り料理だった．昭和 50 年ごろから仕出が増えた」（珠洲市・60 歳代），「若い頃は全て手作りでやっていた．年取ったら 1 日中立ちっぱなしが辛く仕出しにしている．疲れ具合が全く違う」（旧能都町・50 歳代），「私の幼い頃（昭和 50 年頃），祭り御膳は各家庭に必ずあった朱に塗った膳と椀に盛り付けられていた．多分ほとんど手作りの山菜煮物・酢の物・天ぷら・きんぴらなどと決まっていたように思う．前日から昆布

巻きなどの用意をした．平成初期頃より仕出しになり，塗り物のうつわは見かけなくなり，職場関係の招待客は何軒かまわると仕出し料理が同じだったこともあった様子．伝統がとぎれることは付き合いが希薄になりさみしい」（珠洲市・50歳代），「昔は女性がキリコ祭りに参加することがあまりなかったので，女性は裏方で料理を作ったりお客様の世話をしたりで忙しかったんですが，最近は女性も祭りに参加して楽しんでいたいので仕出し料理とかが女性の負担を軽くして助ける役目をしていると思います」（旧能都町・60歳代），「よばれでは本当は郷土料理や手作りのものでもてなしたいと思うが，姑も自分も忙しいため，仕出し屋に頼んでいる」（珠洲市・50歳代）などが得られた．

図Ⅲ-1-9　スーパーマーケットで販売される和惣菜
（2019年7月，能登町で撮影）

(5)　オードブル以外の惣菜利用

　会食実施者のうち，64.3％がオードブル以外の惣菜も利用していた．購入先（複数回答可：224人記載あり）は，スーパーマーケット（69.6％）が多く，仕出し・飲食店（35.7％），弁当・惣菜店（5.4％）も利用されていた．利用のあった主な惣菜としては，「酢の物」（複数回答可，311人回答あり：123人），「昆布巻き」（120人）が挙がった．他方で，「フルーツ盛合せ」（105人），「とんかつ・フライ類」（100人），「サンドイッチ」（93人），「ローストビーフ」（84人）と，洋食の献立の利用が目立つ．そのほか，「山菜（ゼンマイやフキなど）の煮物」（78人），「その他和食惣菜」（77人），「天ぷら」（63人），「野菜・豆腐の煮物」（57人）などの利用がみられる．

　和食の献立の惣菜（以下，和惣菜）の利用について，約30年前（昭和の終わりから平成のはじめごろ）に比べてその増減を問うた．回答があった408人のうち，66.9％が「減った」，26.0％が「変わらない」，7.1％が「増えた」とした．理由（213人記載あり）として，「減少」では「来客や家族の人数の減少」（48人）のほか，「（会食者の構成が世代交代したり若年層が多くなったりしたことで，）来客の好みに合わせると洋食主体になること，若者を中心に和惣菜が好まれない・食べてくれないため」が多い（60人）．また，「作るのに時間や手間がかかる・時間が取れない」（31人），「オードブル・仕出し利用の増加」（25人），「作り手の加齢・死去や世代交代」（19人），「残される量が多くもったいない」（16人），「暑い時期で作り置くと腐敗が心配」（13人）なども挙がった．

　先述した各スーパーマーケットの現地観察でも，惣菜売り場で上述のような和惣菜が多数提供されていた（図Ⅲ-1-9）．和惣菜の家庭内での調理や伝承は困難に

図Ⅲ-1-10　寿司店から予約しておいた寿司桶を
持ち帰る人
（2019 年 7 月，能登町で撮影）

なってきているが，スーパーマーケットが和惣菜の提供も対応していることで，地域内での献立の伝承や消費を継続できる環境，量は不要だが少しは揃えておきたいというニーズを満たす手段が一定程度地域内で確保されているといえよう．

(6)　ご飯ものの利用

「寿司（笹寿司以外）」は回答者の 61.6％ が利用していた．購入先には，スーパーマーケット（56.2％），個人寿司店（35.1％），回転寿司店（9.8％）が挙がった．購入量は，6〜10 人前（44.1％）とする回答が多く，5 人前まで（24.0％），16〜20 人前（12.9％）がこれに続き，20 人前以上の者も 9.1％あった．購入金額は，5,000 円までは 23.1％，5,000 円以上 10,000 円までは 30.7％，10,000 円以上 20,000 円までは 29.2％，30,000 円以上は 17.0％であった．

2019 年 7 月の能登町宇出津での現地観察では，町内の寿司店に注文の品を受け取りに来る顧客や，寿司桶を手にした通行人の姿を多数確認できた（図Ⅲ-1-10）．寿司盛り合わせが大量に陳列されたスーパーマーケットの惣菜コーナーや，一般営業を臨時休業にして寿司盛り合わせの引き渡しに対応する回転寿司店なども観察することができた．魚を用いたハレの料理として寿司は人々から評価されやすく，流通・販売環境が充実している今日では，刺身を摂る要素も持ち合わせる握りずしが祭りの会食の主要な献立の一つとなっている．

なお，次章で考察するほうらい祭りなど加賀地域の祭りの会食で盛んに用いられる「笹寿司」は，寿司喫食有無の回答があった者（368 人）の 33.1％の利用にとどまった．調達先には，スーパーマーケット（56.2％），専門店（寿司店や芝寿司販売店など）（35.1％）を挙げ，自家で手づくりする者はごくわずかであった．

「赤飯」は，喫食有無の回答があったうち 71.7％で利用があり，53.3％は自家で炊いていた．和洋菓子店・餅店に注文した者は 31.1％あった．前掲図Ⅲ-1-3 のまつり御膳や会食に関する文献整理，自由記述の内容などから，過去の祭りの会食では握り寿司などではなく，赤飯が提供されてきた．そのため赤飯は，多くの人から会食の主要な献立と認識されており，現在でも自ら調理する人，購入して献立に取り入れている人が多いと思われる．

(7)　会食の費用と購入地域

ここまでに確認してきたもの以外にも，肉類や野菜，菓子・つまみ，ビールなど

アルコール類，ソフトドリンク，果物，宅配ピザなど，会食に用いられた食材・献立はさまざま存在する．これら会食に要した食材・献立の購入総額を問うた．回答が得られた437人の額の分布状況は，図Ⅲ-1-11 に示した．

ハレの日の食事であるから支出を惜しまないという人々の思いがある結果の現れではあるが，相当額のまとまった支出が発生することを踏まえると，家計への影響，負担感が生じることは否めない．食材・食費の購入総額に占める居住市町内での購入金額の割合を問うたところ，回答があった451人のうち76.3%が「4分の3以上」，13.7%が「半分より多く4分の3まで」，6.2%が「半分程度」，3.8%が「半分以下」とした．祭りの会食が継続，実施されることで発生する相当量の食料品の購買が，地域の商業活動の維持や経済活性に与える影響も大きいといえる．

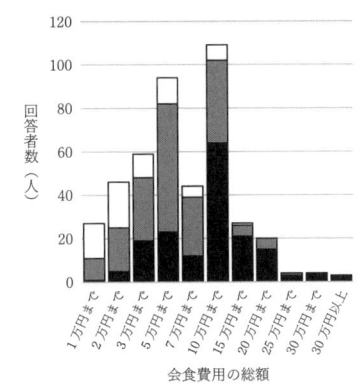

図Ⅲ-1-11　会食での食費の総額（アンケートを基に作成．林〔2021a〕掲載の図を再編）

　自由記述でも，「「宇出津祭りかタダの日か」と言われてきました」（旧能都町・60歳代），「旧輪島市内の多くは家族中心，または親族たちが集まる場合がほとんどなので好物を並べにぎやかに会食することがほとんどの家だと思える．珠洲市などのように家々をまわることもなく，時間も限られているので帰省の子供たちと楽しい時間が過ごせて使う金額もそれほど負担と考えていないです」（旧輪島市・70歳代），「珠洲市における御膳式は金銭的人員的にも負担であり宇出津式のオードブル形式が今後の負担面からも有効である．また食材のロスも省ける」（穴水町・50歳代），「招待客と一般客（町内の担ぎ手など）とでは提供する料理も異なります」（珠洲市・50歳代）のように，会食の負担への認識や，地域や相手による会食の形式の違いへの指摘がみられる．

　この点を考慮し，会食への参加者一人あたりの費用水準を，市町別に確認した．ただし，回答者に対して正確な費用や参加者数を記録させて回答を求めていないため，算出した値は費用水準を捉える目安である．あばれまつりのように祭事の規模が大きく多くの人が集う祭りが実施されるため会食が盛んな印象がもたれる旧能都町の一人当たりの費用（平均値）は，「家族や招待客のために自家でヨバレ料理を提供」で3,857円，「大量の振る舞いの準備はしなかったが祭りを意識した献立をいくつか用意」で5,162円であった．この金額は，他地域（輪島市・珠洲市・穴水

町・能登町のうち旧能都町域を除く地域）の費用水準（「家族や招待客のために自家でヨバレ料理を提供」で 2,886 円（穴水町）～4,945 円（珠洲市），「大量の振る舞いの準備はしなかったが祭りを意識した献立をいくつか用意」で 4,737 円（能登町〔旧能都町除く〕～7,272 円〔珠洲市〕）に比して，著しく高い状況にはない．旧能都町の場合，キリコの担ぎ手の舞い込みを含めて多数の来客に対応するため（前掲図 Ⅲ-1-2 の下段写真），オードブルを多用した会食構成となる傾向がある．あらかじめ来訪者数が定まらなくても来客に柔軟に対応できること，調理や給仕の手間が省けること，客それぞれの好み等にあわせて食事を摂れることにくわえ，銘々膳で提供される会食に比べると価格を抑えることができるメリットがある．オードブルの活用が結果に影響していると考えられる．

　家族・親類や親しい友人との会食には，調理や給仕に手間をかけ，より内容の充実したものを提供する傾向がある．各市町の結果とも，大人数への会食対応をした世帯での一人当たりの費用水準よりも，少人数での会食のみであった世帯のそれの方が高い．また，刺身やサザエ・アワビの利用を重視する傾向がある輪島市や，銘々に御膳で食事提供をする集落・世帯が比較的多い珠洲市は，他の市町の費用水準より高めになっている．

(8) 調理の外部化

　「家庭・自分で調理しなかった食事」は，用意した食事の全体量に対してどの程度あったか問うた．回答があった 446 人については，「7 割以上購入して準備」（33.2％），「半分以上購入して準備」（19.5％），「ほぼすべて購入して準備」（17.9％）の順であった．家庭内調理で対応する割合は，減少傾向にある．

　現在と約 30 年前（昭和の終わりから平成のはじめごろ）と両方の状況に回答があった者（395 人）について，会食準備における購入に頼る割合の変化を問うたところ，回答上位の変化パターンは，「ほぼ家庭内で調理→7 割以上購入」（40 人），「半分以上購入→7 割以上購入」（34 人），「ほぼ家庭内で調理→変わらない」・「7 割以上→変わらない」（各 29 人），「ほぼ家庭内で調理→半分以上購入」（28 人），「ほぼ家庭内で調理→3 割以上購入」（26 人），「ほぼすべて購入→変わらない」（22 人）であった．約 30 年前の時点ですでに，回答者の 23％が準備の 7 割以上を家庭外調理に拠っていた．

　オードブルなどを利用して調理を外部化する一方で，「以前は家庭で準備していたが，主婦 1 人になったのでオードブルや刺身を注文し，少しだけ手作りのものを添えるようにしている」（穴水町・60 歳代），「調理済みのオードブルなどの利用が多いと思う．自分で作るのは煮物か酢の物，茶わん蒸し程度である」（穴水町・70 歳代）のように，一部の献立については家庭内で調理をすることを続ける様子も自由記述から確認できた．

　なお，第Ⅰ部のコラム①に関連して，過去には会食に用いる海藻や山菜は自家で

の採捕・加工，あるいは親類・知人や近隣住民からのおすそわけで確保していた者も多くあったが，現在ではそのような食材の確保・調達は減少している．「山菜や海藻を祭りのために自分で採取・採捕すること」（402人回答）は，「今もしている」25.4%，「昔はしていた」28.4%，「したことがない」46.3%であった．「祭り用に山菜などを知人におすそ分け」する経験も（393人回答あり），「今もしている」とした者は17.6%にとどまった．

3）　会食への人々の認識とそこからみえる祭り・会食実施における課題

　会食に参加しなかった人を除く回答者（508人）を対象として，回答者が考える「キリコ祭りの会食」のあるべき姿や役割を問うた．各項目について，回答者が選択した当てはまる程度に応じて1〜4点を配し，回答者全体の得点の平均値を算出した（表Ⅲ-1-3・表Ⅲ-1-4）．

　結果に注目すると，全体では，会食の準備や対応に「時間や労がかかって負担感がある」（全体の平均値：3.3），「お金がかかって負担感がある」（3.2）と考える人が多く，高齢化の進展や家族のあり様が変化するなかで会食の規模や出される献立数などは「祭りを続けていくためにも簡素化や縮小をしてもよいと思う」（3.3）の平均得点が高かった．この3つの項目は，ほぼすべての世代・地域で「とても当てはまる・そう思う」回答の割合が3割を超えた．会食の簡素化を一定程度容認する住民が多数存在することが分かる．

　くわえて自由記述からは，「8割以上の食品ロスがある」（旧能都町・50歳代），「オードブルなど余って捨てられるのがいつももったいないと思う．お客さんを招く方としては足りないというのが嫌で多めに用意するのでしょうが，祭りのときの食物は多くが余って捨てられているのをよく見る」（旧輪島市・50歳代），「よばれに来る人は2，3の家へ回ることもあるので，同じ料理をだされると食べられないことがあるので，御膳に無駄ができる場合がある．そこで，オードブルで対応することになる」（珠洲市・60歳代），「夏祭りでは仕出し料理を大量に用意した家庭では翌日にほとんど捨てており非常にもったいない」（旧柳田村・60歳代）のように，多くの時間や費用，労力を費やして準備した会食であるにもかかわらず，多くの食品廃棄・ロスが発生していることを問題と考える指摘や，御膳での提供の課題，おもてなしの心を重視するあまりに過剰に食事を用意してしまう状況や簡略化を進める際に周囲の目が気になる点への言及も散見された．

　上記に関連して，昔ながらの方法や道具を無理に用いない会食の調理・提供でも「正統」「ふさわしい」（3.0），惣菜やオードブルでもキリコ祭りの献立として「ふさわしい」「妥当」（3.0）と思う者も多い．なお，自由記述では，ヨバレの減少やオードブルなどの利用，調理の簡略化・規模縮小に関する言及が216人中53人でみられ，多くの場合そのような動向を肯定的に捉えている．自由記述からも，

表Ⅲ-1-3　キリコ祭りの会食に対する認識（地域別）

項目／区分 〈各項目への回答者数〉	観点は「自分自身にどの程度当てはまるか」（各項目に関する回答者の平均得点値）				
	全体	珠洲市	輪島市	能登町	穴水町
キリコ祭りでは，「ヨバレ・会食を行う／参加すること」が重要である〈398〉	2.7	2.7	2.9	2.9	2.8
キリコ祭りでは，「ヨバレ・会食を行う／参加すること」が楽しみである〈394〉	2.7	2.5	2.8	2.7	2.7
キリコ祭りで「ヨバレ・会食を行う／参加すること」で，「家族や知人との絆や親睦を深める」ことができる〈398〉	3.1	3.0	3.2	3.2	3.1
キリコ祭りのヨバレ・会食をすると，家族や知人らと，「昔の思い出，家族や祭りのことや地域の食文化・食材のことなどを会話する機会」がうまれる〈395〉	3.0	2.9	3.1	3.0	2.8
キリコ祭りの「ヨバレ・会食を準備，提供すること」は，「地域の女性の活躍の場・重要な役割」である〈390〉	2.4	2.3	2.4	2.4	2.5
キリコ祭りのヨバレ・会食に出される料理は，「手づくりであること」が重要，理想である〈391〉	2.2	2.4	2.1	2.3	2.0
キリコ祭りの食事に出される料理は，昔ながらの方法や道具を無理に用いず，調理方法を簡単にしたり，便利な道具を使ってものでも「正統」「ふさわしい」と思う〈394〉	3.0	3.0	3.0	3.0	2.8
スーパーや弁当・惣菜店などで販売されている祭り料理やオードブルでもキリコ祭りの献立として「ふさわしい」「妥当」と思う〈395〉	3.0	2.9	3.1	2.9	3.1
キリコ祭りのときのヨバレ・会食に出される料理を家庭外の調理に頼る場合には，多少費用が掛かっても「地元の仕出し屋・割烹や飲食店」に頼るべきだ〈388〉	2.6	2.8	2.5	2.5	2.4
キリコ祭りのときのヨバレ・会食には，「能登産のサザエやアワビ」が欠かせない〈395〉	2.4	2.2	2.7	2.5	2.5
キリコ祭りのときのヨバレ・会食には，「能登産の鮮魚でひいた刺身」が欠かせない〈394〉	2.9	3.0	2.8	2.8	2.8
キリコ祭りのときの酒は，「能登の地酒」であることが重要〈391〉	2.5	2.7	2.1	2.6	2.1
キリコ祭りのときのヨバレ・会食があると，地元の水産物を「意識して食べる・食べさせる機会」が得られる〈392〉	2.7	2.7	2.6	2.7	2.5
スーパーなどで祭りの時期になると，祭りの会食用の食材や地元の産品，水産物が特別に売り場を設けて販売されたり，チラシや店内POPでアピールされているおかげで，「郷土料理としての会食や献立，地域食材を意識したり，食べる機会が得られたり，作ってみようと思ったりする」〈386〉	2.4	2.4	2.4	2.4	2.3
キリコ祭りのヨバレ・会食があるおかげで，「郷土料理の作り方や献立の種類を学ぶ機会」が得られる〈384〉	2.2	2.3	2.4	2.1	2.3
キリコ祭りのヨバレ・会食では，「できるだけ郷土料理や地元の食材を利用したい」〈391〉	2.7	2.8	2.7	2.7	2.5
キリコ祭りの食事準備やヨバレには，「時間や労がかかって負担感がある」〈395〉	3.3	3.4	3.0	3.4	3.2
キリコ祭りの食事準備やヨバレには，「お金がかかって負担感がある」〈394〉	3.2	3.2	2.9	3.4	3.1
自分・我が家が用意したキリコ祭りの食事・ヨバレについて，「よその家の様子や他人からの評価が気になる」〈384〉	2.1	2.1	1.8	2.2	2.1
キリコ祭りのヨバレで，「自宅に多数の他人が舞い込むことに負担感や抵抗感がある」〈383〉	2.5	2.6	2.5	2.5	2.5
今後，ご家庭や地域で高齢化・過疎化が進んでいくなかで，キリコ祭りのヨバレの規模や出される献立数などは，「祭りを続けていくためにも簡素化や縮小をしてもよいと思う」〈398〉	3.3	3.3	3.1	3.4	3.3

採点方法は，回答者の選択した程度に応じて以下のように配点した．各項目について，全回答者の得点の平均を算出した．
「とても当てはまる・そう思う」が4点，「やや当てはまる・そう思う」が3点，「あまり当てはまらない・そう思わない」が2点，「まったく当てはまらない・そう思わない」が1点.
ゴチ太字：「とても当てはまる・そう思う」（4点）もしくは「まったく当てはまらない・そう思わない」（1点）の回答割合が30％以上
灰色網掛け：　得点平均が3.2以上，もしくは1.8未満
薄い灰色網掛け：　得点平均が2.9以上3.2未満，もしくは1.8以上2.2未満

（アンケートを基に作成．林〔2021a〕掲載の表を再編）

表Ⅲ-1-4　キリコ祭りの会食に対する認識（世代別）

項目／区分〈各項目への回答者数〉	観点は「自分自身にどの程度当てはまるか」（各項目に関する回答者の平均得点値）				
	全体	40歳代以下	50歳代	60歳代	70歳代以上
キリコ祭りでは，「ヨバレ・会食を行う／参加すること」が重要である〈398〉	2.7	2.9	3.0	2.7	2.7
キリコ祭りでは，「ヨバレ・会食を行う／参加すること」が楽しみである〈394〉	2.7	2.9	2.8	2.5	2.6
キリコ祭りで「ヨバレ・会食を行う／参加すること」で，「家族や知人との絆や親睦を深める」ことができる〈398〉	3.1	3.4	3.1	3.1	3.1
キリコ祭りのヨバレ・会食をすると，家族や知人らと，「昔の思い出，家族や祭りのことや地域の食文化・食材のことなどを会話する機会」がうまれる〈395〉	3.0	3.1	2.9	3.0	3.0
キリコ祭りの「ヨバレ・会食を準備，提供すること」は，「地域の女性の活躍の場・重要な役割」である〈390〉	2.4	2.4	2.4	2.4	2.4
キリコ祭りのヨバレ・会食に出される料理は，「手づくりであること」が重要，理想である〈391〉	2.2	2.0	2.1	2.3	2.3
キリコ祭りの食事に出される料理は，昔ながらの方法や道具を無理に用いず，調理方法を簡単にしたり，便利な道具を使ってものでも「正統」「ふさわしい」と思う〈394〉	3.0	3.1	3.1	3.0	3.0
スーパー・弁当・惣菜店などで販売されている祭り料理やオードブルでもキリコ祭りの献立として「ふさわしい」「妥当」と思う〈395〉	3.0	3.2	3.1	2.9	2.7
キリコ祭りのときのヨバレ・会食に出される料理を家庭外の調理に頼る場合には，多少費用が掛かっても「地元の仕出し屋・割烹や飲食店」に頼むべきだ〈388〉	2.6	2.4	2.8	2.5	2.6
キリコ祭りのときのヨバレ・会食には，「能登産のサザエやアワビ」が欠かせない〈395〉	2.4	2.2	2.5	2.4	2.5
キリコ祭りのときのヨバレ・会食には，「能登産の鮮魚でひいた刺身」が欠かせない〈394〉	2.9	2.6	2.8	2.8	3.1
キリコ祭りのときの酒は，「能登の地酒」であることが重要だ〈391〉	2.5	2.3	2.4	2.5	2.7
キリコ祭りのヨバレ・会食があると，地元の水産物を「意識して食べる・食べさせる機会」が得られる〈392〉	2.7	2.4	2.7	2.6	2.8
スーパーなどで祭りの時期になると，祭りの会食用の食材や地元の産品，水産物が特別に売り場を設けて販売されたり，チラシや店内POPでアピールされているおかげで，「郷土料理としての会食や献立，地域を意識したり，食べる機会が得られたり，作ってみようと思ったりする」〈386〉	2.4	2.3	2.4	2.4	2.5
キリコ祭りのヨバレ・会食があるおかげで，「郷土料理の作り方や献立の種類を学ぶ機会」が得られる〈384〉	2.2	2.1	2.1	2.2	2.3
キリコ祭りのヨバレ・会食では，「できるだけ郷土料理や地元の食材を利用したい」〈391〉	2.7	2.5	2.6	2.7	2.8
キリコ祭りの食事準備やヨバレには，「時間や労がかかって負担感がある」〈395〉	3.3	3.3	3.4	3.3	3.4
キリコ祭りの食事準備やヨバレには，「お金がかかって負担感がある」〈394〉	3.2	3.3	3.3	3.2	3.3
自分・我が家が用意したキリコ祭りの食事・ヨバレについて，「よその家の様子や他人からの評価が気になる」〈384〉	2.1	2.4	2.2	2.1	2.0
キリコ祭りのヨバレで，「自宅に多数の他人が舞い込むことに負担感や抵抗感がある」〈383〉	2.5	2.5	2.5	2.5	2.6
今後，ご家庭や地域で高齢化・過疎化が進んでいくなかで，キリコ祭りのヨバレの規模や出される献立数などは，「祭りを続けていくためにも簡素化や縮小をしてもよいと思う」〈398〉	3.3	3.2	3.2	3.3	3.5

採点方法は，回答者の選択した程度に応じて以下のように配点した．各項目について，全回答者の得点の平均を算出した．
「とても当てはまる・そう思う」が4点，「やや当てはまる・そう思う」が3点，「あまり当てはまらない・そう思わない」が2点，「まったく当てはまらない・そう思わない」が1点．
ゴチ太字：「とても当てはまる・そう思う」（4点）もしくは「まったく当てはまらない・そう思わない」（1点）の回答割合が30％以上
灰色網掛け：　得点平均が3.2以上，もしくは1.8未満
薄い灰色網掛け：　得点平均が2.9以上3.2未満，もしくは1.8以上2.2未満
（アンケートを基に作成．林〔2021a〕掲載の表を再編）

「40〜50 年前は赤御膳でよばれだったけれど，仕出し屋ができお母さんたちが楽に
なってきたのは時代の流れ」（珠洲市・60 歳代），「30 年ほど前は各家庭ですべて
賄っており，輪島塗のお膳は各家庭に 10〜20 人前分揃えていた．近年は若い人に
なり，座卓にオードブルになった．祭りの 1，2 日前にお赤飯を配って（呼び使
い），祭りの接待を促す．今は少なくなった」（旧柳田村・70 歳代）のように，（輪
島塗の）朱色の御膳での提供が減少していることが確認された．

　「珠洲市のよばれは御膳が主流で経費の負担が大きい．近年はオードブルになっ
ている所も増えてきたが，まだまだである．伝統的な料理云々ではなく，御膳かど
うかを周りの人は気にしている（市内の 60 代以上の方は特に）．（中略）御膳だと
呼んだ方だけの分しかなく突発には対応できない．しかも来なかった場合はそのま
ま余ってしまう」（珠洲市・40 歳代）のように，珠洲市では（手づくりの献立を多
く含む）御膳での提供の利用を継続している事例，指摘が散見された．他方，会食
の規模が大きい能登町（宇出津のあばれまつり）や，簡素化や家族のみの会食が増
えている輪島市では，「その昔は輪島塗の御膳椀．今はテーブルでオードブル」（輪
島市・70 歳代），「昔，親世代が買った食器や御膳等が今は使われなくなり片付け
も楽になりました」（輪島市・60 歳代），「子どもの頃は輪島塗の赤いお膳で料理が
出ていた．時代とともに仕出し料理，オードブルでの会食に移り変わった」（旧能
都町・60 歳代）のように，オードブル・仕出しへの切り替え，家族中心の会食へ
の変容に関する指摘が多数みられた．

　自由記述を踏まえると，地域や集落により多少の差はあるが 1970 年代に仕出し
等への切り替えが進行し，その後さらに（洋食メニューが多く含まれる）オードブ
ルが 1980 年代半ばから 1990 年代初めに増加，定着したと推定される．

　提供される会食が「手づくりであること」は重要，理想であるが（2.2），会食の
おかげで「郷土料理の作り方や献立の種類を学ぶ機会」が得られる（2.2）と考え
る者は少なく，特に 50 歳代以下の層では否定的に捉える者の割合が高い．手づく
りを続けている者でも，調理することを楽しんで作る者，味の良さを利点として積
極的に手づくりを選択するケースだけでなく，「子供の頃は楽しむ一方であったが，
自分が接待の主となってからは負担感が増えている．オードブルなど簡素化しても
いいのだろうが，母が 2 日間手を抜かず料理し，接待していた姿が忘れられず，つ
い気合いを入れてしまう．疲れるが，たくさんの人が来てくれ会話に花が咲くと楽
しいし喜んでもらえる満足感があるので何とか頑張っている」（旧能都町・60 歳
代）のような意見もみられた．また，「以前はアワビ，サザエを用いるのが当たり
前だったが，今は高価で買わなくなった．子どもたちもあまり欲しがらない．20〜
30 年前，姑の時代は全て手料理で，知人なども座敷に上がって夜遅くまで飲食し
て，後片付けも夜中までかかってしまい，大変だった．今は私の時代になり，オー
ドブル中心にすませているが，高齢となった姑は気にくわない様子です．私自身も

後ろめたいです．楽ですが……．でも，家族だけの食事なので……」（旧輪島市・50歳代）など，調理の簡略化・合理化と提供の量・質の変更にともなう周囲の反応とのあいだで心の葛藤がある例も確認された．これらを考慮すると，従前の会食で用いられてきた献立の調理知識・技能の伝承の場，学習機能は低下し，これら機能に対する人々の価値評価は変化してきているといえよう．

　関連して，「ヨバレ・会食を準備，提供すること」は，「地域の女性の活躍の場・重要な役割である」（2.4）の回答に関連して，自由記述では女性の会食の準備・調理や提供に関わる負担への不満やマイナス評価が多数（自由記述回答216人中58人）みられた．たとえば，「年に1回の祭礼，地域活性化にも一役になっていると思うけど，料理担当としては大変な1日です．1週間ゆっくりしないと元の体に戻りません．経済面でも，1か月以上の家計費にあたります．でも祭りは1年間の区切りになり，来客は1年間に1回だけ会える人も多いです．来年からやめようとは思いません．85歳の私，1年1年戦力にはなれませんが」（旧内浦町・80歳代以上），「女は朝から夜遅くまで会食の準備や後片付けにおわれて祭りに参加できにくい事が多い．正直大変」（穴水町・60歳代），「よばれは主に男性が喜んでいるのであって，女性には負担だと思います」（穴水町・60歳代），「親も能登の人間です．私も子どもの頃は祭りで人が自宅に集まってくる事が楽しみでしたが，成人になり母の手伝いをする様になってから祭りがくるのが少しおっくうに感じるようになりました．とにかく女の人は座る間もなく，キリコを見に行く時間もなく，ずっと台所に立っていました」（旧輪島市・60歳代），「ヨバレは女性の犠牲の上に成り立っている」（珠洲市・60歳代），「35年前嫁いで来た年は65人前すべて，手作りでした．祭りも何か所か地域が重なり我家で何軒目とかで作ったごちそうに手もつけられず翌日にはゴミ箱へ，コップに入ったお酒やビールは流し……あんな悲しい事はありません．それでも毎年毎年繰り返し……（夫も毎日のように続く祭りに出かけよっぱらって帰って来ました）．2年程前から夫も出かけなくなり子どもたちと私達夫婦で簡単なごちそうと赤飯で祭りを楽しんでいます（キリコ祭りの思い出はただただ悲しいです）」（珠洲市・60歳代），「「祭りが終わってあっさりしたね」が友人との合言葉．無駄が多い．祭りは楽しくなく苦痛（体力的・精神的）」（旧能都町・50歳代），「私にとっては，会食は負担です．3日間とても疲れます．食事の用意だけが仕事ではないので．できればヨバレはしたくないです．家族だけで過ごしたいですね」（旧能都町・40歳代），「嫁いで30数年になります．初めのころは，仕事を休んで姑とお膳を出してすべての料理を作っていました．しかし，だんだん仕出しに変わり，費用はかかりますが，姑も歳を取って私の仕事中心で，仕方がないかなと思っています．私は何十年と地元のキリコ祭りを見たことがありません．夫や子供たちは参加していますが，主婦はずっと台所に立ち，お客の相手や夜遅くまで後片付けがあり，やや不満です．早めに会食し，みんなと祭りを見に行けるよ

うになればいいと思っています」（旧柳田村・60 歳代）といった指摘がみられた．

その一方で，「ヨバレ・会食を行う／参加すること」で，「家族や知人との絆や親睦を深める」ことができる（3.1），家族や知人らと，「昔の思い出，家族や祭りのことや地域の食文化・食材のことなどを会話する機会」がうまれる（3.0）と，会食の親睦機能への評価は全世代・地域で高い．「能登では親類とお酒を飲むことが少なく，年に一度のお祭りで会い，会食することが楽しみとなっている．しかし，祭りは女性の労力負担が大きく，大変な苦労となっているので，女性の負担を少なくする方法で行うことが大切である．そのため我が家では，できるだけ外注（オードブル，刺身など）を多くし，全員が会食に参加できるようにしている」（旧柳田村・60 歳代）のように，会食に関わる者皆が親睦を深めるための工夫を意識して試みる者もみられた．なお，「私は他県出身で，年二回の祭礼は親せきしか行き来しなかったので，能登地区のよばれに不特定多数の人が出入りすることにとても違和感があり，よく夫と言い争いになった．経済的にも時間的にもとても負担だった．今では 4 人の子供と孫達しか来ないので，今となっては思い出」（珠洲市・60 歳代）のように，家庭への多くの人の出入りが負担に感じられる場合もある．

キリコを担ぐ男性が祭りの主役で，物事の判断における主導権を握りやすい状況になるため，祭りのあり様が男性の目線，都合が優先されて形成される傾向はある．しかし，会食も祭りを構成する重要な要素である以上，これを成立させ，切り盛りしている裏方（多くの場合，女性）の置かれた状況，考えにも一定の配慮が求められよう．過去と異なり，家庭外での就業や介護等の負担も増え，収入を男性に大きく依存しない家庭，核家族，収入の少ない世帯も増えるなど，奥能登の家族・家計像は変化している．奥能登では少子高齢化の進行が著しく，祭りの担い手不足が課題となっている．集落によっては祭り自体の開催が困難に陥っているケースも生じ，女性の担ぎ手を認めたり，集落外から応援の参加者を受け入れたりする例もある[5]．最重要課題である「祭り（祭礼）の存続」を優先するならば，会食の簡素化や調理の外部化も有意義な策である．人々が共通して重視したいと考える会食の役割を一定程度継承しながら，先例に縛られず，祭りに関わる者の多くが楽しめ，祭りの継続にもつながるような準備・提供方法，献立の内容などの模索，改善はあってよい．

地域経済への波及効果や，地域資源を認知，あるいは積極的に利用する機会を提供する機能に関しては，「能登産の鮮魚でひいた刺身」が欠かせない（2.9），地元の水産物を「意識して食べる・食べさせる機会」が得られる（2.7），「できるだけ郷土料理や地元の食材を利用したい」（2.7）のように，一定の評価と継続がみられる．食材の多くを居住市町内で購入するようすも確認できた．水産業や海女漁が活発で，祭り（の会食）の規模が大きい地域で，能登産のアワビ・サザエ（輪島市2.7，能登町 2.5）や刺身（珠洲市 3.0，輪島市 2.8）への強いこだわりがみられ

た．ただし，これら項目への評価も，若年層の得点は高齢層に比して低く，今後も水産物がこの機能を発揮していけるか，会食の在り方の変化に注意を要する．

注：

1） 奥能登（平成の合併前の2市4町1村）で合計580のキリコが立ち，776のキリコ保有があること，これに中能登のキリコを合わせると半島全体で約800のキリコが立ち，1,000近いキリコが集落で保有されていた（奥能登広域圏組合 1994；宇野 1997）．小西（2018）は，2015年時点で奥能登と七尾市・志賀町で186の実施があるとしている．

2） 配布・回収体制や質問紙の設問内容・形式などに関して，「金沢大学人間社会研究域「人を対象とする研究」倫理審査委員会」の審査を受けている（承認番号 2019-8）．

3） 祭りの実施地の分布・数・規模には差がみられる．石川県の「能登ふるさと博」ウェブサイト「2019年開催のキリコ祭り」での記載（https://notohaku.jp/event/class/kiriko/〔最終確認：2019年10月7日〕），「ほっと石川」ウェブサイト「日本遺産「灯り舞う半島　能登　熱狂のキリコ祭り」」での記載（https://www.hot-ishikawa.jp/kiriko/jp/index.php〔最終確認：2019年10月7日〕）の両方に取り上げられているもののなかから対象を選択した．

4） 回答比率0.5，標本誤差5％，信頼水準95％と設定し，回収率10％程度と想定して，配布数を検討した．奥能登の世帯数（各市町の2019年4月末あるいは5月1日時点の住民基本台帳による）は30,205で，配布目標数を各市町の世帯数比率に準じて案分した．タウンプラスの特性を考慮し，事業所等への配達が多数を占める地区を極力回避し，かつ1地区の配布数が各市町全体の配布数に占める割合が著しく高くならないよう，平成の大合併以前の旧町村のバランスも考慮しながら町丁を選択した．

5） 小西（2018）の事例のほか，金沢大学でも学生がキリコ祭りの応援に赴いている（金沢大学広報誌『Acanthus』45；13）．県と県内大学が連携して学生を募る事業（能登キャンパス構想推進協議会 「能登・祭りの環」インターンシップ事業 http://noto-campus.jp/wp/wp-content/uploads/H30_festival_tsuika.pdf〔最終確認：2020年3月4日〕）もある．

「ほうらい祭り」での
会食の特徴・機能と人々の認識

1. はじめに

　1章での奥能登の「キリコ祭り」での会食への注目に続いてここでは，石川県の白山市旧鶴来町にある「鶴来地区」（図Ⅲ-2-1）で行われる「ほうらい祭り」を取り上げ，会食の実施状況，人々の認識に注目する．

　「ほうらい祭り」は，白山信仰の本宮四社の一つである金劔宮にかかわる祭礼である．平安末期に起きた加賀国司と白山信仰で重要な寺の僧とのいさかいに端を発し，両成敗の院宣を不満とした寺の僧が激しい神輿振りをして都に強訴し，国司が配流となった事件が起源である．その際に担がれた金劔宮の神輿のみ還御したことを祝って祭りが執り行われたものが，のちに五穀豊穣，豊作感謝の秋祭りになった．毎年10月初旬の週末に，神輿のほか，神輿を守る獅子舞や，各町会で作成する造り物（人形山車）が町内を練り歩く（渋谷 1988；高橋・今村 1992；浅野 1994；杉山 1994）．

　ほうらい祭りでも会食をする慣習がある（日本の食生活全集石川編集委員会 1988；新澤ほか 2017）．家族・親戚のほか，友人や職場関係者などを招いてもてなす．また，神輿の担ぎ手らに飲食を振る舞うこともある．鶴来地区では，町内を練り歩く祭り関係者に振る舞いやすいよう，玄関先に料理を置いて接待する方法がみられる（図Ⅲ-2-2）．

　白山市での地元産の発酵調味料の摂食実態に関するアンケート調査（第Ⅰ部コラム②）では，酢の利用に関連してほうらい祭りで「笹寿司」を多用する旨の指摘を鶴来地区の回答者から多数得た．笹寿司は，鶴来地区を含む加賀地域一帯で祭りなどに用いられる献立のひとつで，鶴来地区ではクマザサに酢飯を乗せ，酢でしめた塩サバやシイラを具に用いてきた（中

図Ⅲ-2-1　調査対象地域

図Ⅲ-2-2　玄関先での振る舞い
（白山市で 2019 年 10 月に筆者撮影）

図Ⅲ-2-3　ほうらい祭りでの伝統的な献立の例
（白山市で 2019 年 10 月に筆者撮影）
写真の笹寿司には，塩サバが用いられている．写真（左）は，写真（右）
の裏面のようす．裏面には，干しサクラエビと紺のり（海藻を干して青く
着色したもの），ゴマが用いられている

島・吉田 1988；青木 2012；新澤ほか 2017）．なお，2019 年 10 月のほうらい祭り
では，鶴来地区内の横町うらら館で祭りの振る舞い料理として観光客らに「笹寿
司」が無料提供されていた（図Ⅲ-2-3）．振る舞いの品には，笹寿司とともに，地
域らしい伝統的な献立の「えびす」（図Ⅲ-2-3 の上写真の中央）[1]やゼンマイのク
ルミ和えなどが添えられていた．くわえて近年では，地域住民や観光客に対する笹
寿司作り体験，調理教室の開催もみられる．それら学びの機会の紹介や募集の文面
にも，笹寿司が鶴来地区の伝統的な献立，ほうらい祭りには欠かせない地域らしい
品である旨が記されている[2]．なお鶴来地区では，祭りで多用されることから笹寿
司のことを「ほうらい寿司」と称して商品名に使用するケース[3]や，「祭りすし」

と呼ぶこと（鶴来商工会 2004）もある．このような状況を考慮して，会食に用いられる食材・献立は多岐にわたるが，鶴来地区ならではの寿司である「笹寿司（ほうらい寿司）」を中心に考察し，ほかの献立に関する知見も可能な範囲で収集して地域の祭りの会食のあり様を明らかにする．

2．調査方法

　会食で用いる食材・献立の内容や規模等とその変化，それらの選択・消費あるいは継承に関わる行動や考えをとらえるため，アンケート調査[4]を実施した．個人情報を取得せずに調査をするため，指定した配達地区内の全配達対象に郵便物を配布する「タウンプラス」を利用した．ほうらい祭りの開催にかかわりが深い鶴来公民館管内の町丁に該当する配達地区すべてを配布対象地区とした．総発送数は，1,454 通であった．祭りの実施時期を考慮し，2019 年 9 月下旬にアンケートを郵送し，各世帯で主に食事や買い物を担う 20 歳以上の者 1 名に回答を依頼した．アンケートは 2019 年 11 月末をめどとして料金後納郵便を利用して実施し，12 月 10 日到着分までを分析対象とした．

　世代の記載が無いものを無効回答とした結果，有効回答は 273 通（有効回答率：18.8％）で，適切な分析に要する回答数を確保できた．回答者の地域・年齢分布は，20 歳代 5 人，30 歳代 15 人，40 歳代 32 人，50 歳代 52 人，60 歳代 70 人，70 歳代 72 人，80 歳代以上 27 人であった．1 世帯につき調査票 1 通の依頼で，過去の経験を問うものが含まれることから，世帯内のより年長者が代表して回答した可能性と，対象地域である中心市街地には古くから居住する高齢の住民も多いことを反映して，60 歳代以上の回答割合が高い属性構成となったと考えられる[5]．若年層の摂食実態や認識の把握にやや難はあるが，世代構成を配慮しつつ分析に臨むことにより取得データから現時点での鶴来地区の会食のおおよその傾向や課題をつかむことは可能と判断した．

　なお，アンケートでは，祭りに会食に対する考えや経験などを自由記述でも問うている．結果の理解や傾向の解釈のための補足情報としてこれを活用する（以下，自由記述は，数値や漢字表記の様式統一以外は原文ママで記載）．このほか，過去・現在の会食の記録，情報発信を確認し，2018・2019 年秋に鶴来地区に所在するスーパーマーケット，食料品店，直売施設，惣菜店で食材等の販売・広報のようすや買い物客の購入活動を観察した．

3．アンケート結果からみえるほうらい祭りでの会食の実態
1）　会食の実施状況

　「ここ 3 年間のほうらい祭りでの会食の状況」（273 人回答）は，「家族や招待客のために，自らが・自家で振る舞い・会食料理を用意し，提供した」（61.9％）が

最も多かった．そして，「祭りに関わる調理や消費を特に意識しなかった・しなかった」（16.8％），「大量の振る舞いの準備はしなかったが家族と祭りを意識した献立等をいくつか購入，調理，消費した」（15.4％），「親類・知人宅に招かれて・手伝いに行って料理を消費した」（5.9％）と続いた．

なお，各世代の総回答数に占める「祭りに関わる調理や消費を特に意識しなかった・しなかった」回答割合は，40歳代以上では11.1％（70歳代以上）から21.9％（40歳代）であったが，

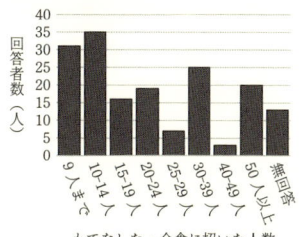

図Ⅲ-2-4　会食への参加者数（アンケートを基に作成．林〔2021b〕掲載の図を再編）

20・30歳代は50.0％と高率であった．「祭りに関わる調理や消費を特に意識しなかった・しなかった」者（46人）の理由・状況（複数回答）は順に，「普段から食べているものを食べればよい」（32.6％），「祭りのために特別な料理を準備するのは面倒」（26.1％），「祭りに参加しなかった・行かなかったので」（23.9％），「家族人数の変化」「自身や家族の加齢のため」「家での振る舞いをしなくなったから」（各19.6％），「伝統や習慣にこだわらない」（13.0％）などが挙がった．都市部に近接して立地し地域内に若年・壮年層の人口が一定程度ある鶴来地区での理由の回答が，近隣住民との日常の交流が多く高齢化の進展が課題となっている奥能登でのキリコ祭りの場合のそれと傾向が異なる点が興味深い．

「家族や招待客のために，自らが・自家で振る舞い・会食料理を用意し，提供した」者（169人）の会食に参加した人数の分布は，図Ⅲ-2-4に示した．参加者の属性は，「血縁者」（祖父母〔回答あり：12人〕，親とその配偶者〔21人〕，子とその配偶者〔80人〕，孫とその配偶者〔35人〕，そのほか親戚〔74人〕）のほか，「友人・知人」（88人），「同町内の人（祭り関係者を含む）」（52人），「同級生」（31人），「職場関係者」（26人）と続いた．「大量の振る舞いの準備はしなかったが家族と祭りを意識した献立等をいくつか購入，調理，消費した」者（42人）の会食人数は，「4人まで」が57.1％，「9人まで」が33.3％であった．

以下の問いでは，先の問いで「家族や招待客のために，自らが・自家で振る舞い・会食料理を用意し，提供した」者と「大量の振る舞いの準備はしなかったが家族と祭りを意識した献立等をいくつか購入，調理，消費した」者を合わせた211人を「会食実施者」として扱い，該当者に会食のための買い物，調理の状況や，食した献立の内容などの詳細を確認した．

「家族や招待客のために，自らが・自家で振る舞い・ヨバレの料理を用意し，提供した」者の場合，買い物の開始時期は「5日前まで」（34.3％），「7日前まで」（33.1％）に開始した者が多い．当日の調理時間は，「10時間まで」（23.1％），「15

時間以上」（16.0%），「5時間まで」（11.2%）と続いた．前章のキリコ祭りでの準備の傾向に比べ，やや長い時間となっている．後述のアンケート結果を参照すると，家庭内調理により会食を準備する部分が比較的多いことが，この背景と推測される．「大量の振る舞いの準備はしなかったが家族と祭りを意識した献立等をいくつか購入，調理，消費した」者の場合，買い物の開始時期は「5日前まで」（33.3%），「2日前」（16.7%）に開始が多く，当日の調理時間は「3時間まで」（21.4%），「4時間まで」「5時間まで」（各14.3%）が続いた．「20年程前と比べたほうらい祭りの会食のために用意する食事の量」は，「減った」（52.6%）が多く，「変わらない」は26.5%，「増えた」は15.6%であった．

2）　用いた食材・献立

　会食実施者に対して，ここ3年間の会食に用いた主な食材や献立の詳細を問うた．

(1)　笹寿司の利用

　「笹寿司の利用」について問うたところ，会食実施者の99.1%が「笹寿司を食べた」と回答している．「ほうらい祭りの会食＝笹寿司」という図式が人々のあいだで成立しており，このことから笹寿司は現在でも，地域を代表する祭りの会食における中心的，重要な献立として欠かせない存在であるといえる．

　また，多くの人が「笹寿司を自分で作った」点も，ほうらい祭りの会食の特徴と指摘できる．「食べた」と回答した209人に笹寿司の調達方法を確認したところ（複数回答可），「自分で作った」82.3%，「もらった」8.6%，「購入した」17.2%，「無回答」1.4%であった．「自分で作った」と回答した172人にその詳細を確認した．材料の購入地域（166人回答）は，「鶴来地区内」85.5%，「白山市内」13.9%，「それ以外」0.6%であった．材料の購入場所（147人回答，複数回答可）は，「スーパーマーケット」91.2%，「直売所」11.6%，「鮮魚店など専門小売店」19.7%であった．自由記述では，「ほうらい祭りと笹寿司の関係は，なくてはならない．手間暇かけてもメイン料理です．昔は笹を山に取りに行っていたこともありましたが，最近は熊が出没して怖いので，店で買っている．笹寿司を作るのは大変だが，2，3軒あげるので二升はつくる．手作りはやはりおいしい」（70歳代）のような指摘がみられる．

　笹寿司を巻く「笹の調達方法」（166人回答，複数回答可）は，「購入した」47.6%，「もらった」10.8%，「自分で取ってきた」43.4%であった．「笹は山からとってくる．熊鈴をつけて二人で行く，一人ではいかない」（60歳代）のように，現在でも多くの住民が地域の山などから笹を自分で取ってきて準備している点は，ほうらい祭りの会食準備，笹寿司づくりの特徴として特記に値する．

　ただし自由記述を参照すると，採取だけでなく「大正生まれの親から笹洗い，笹

拭きが大変だったと聞いた」（60歳代），「笹寿司づくり
は大変だと思います．まず，笹の確保，2，3日水に漬
けて洗って，拭いて，形を整えて，一旦冷蔵庫に保存
し，祭りの1日前に水に漬けて戻して拭いて，と，二度
繰り返すことを思うと，大変と思ってしまう．でも，子
どもや孫たち，地区以外の友人，親族が，笹の香りのき
いた寿司はおいしい，と言ってくれることが，伝統であ
り，鶴来地区の郷土料理であると思っています」（60歳
代）の指摘のように，使う前の下準備にも時間を要する
ため，負担に感じる者も多い．くわえて，「去年までは
山に笹を取りに行っていたが，時間やクマのことを考
え，今年は購入してみた．フルタイムで働いているの
で，土日にまとめて祭りの準備をするが，時間が足りな
いと感じています」（50歳代），「昔は笹を自分で取りに
行っていたが，今は買っています」（70歳代），「笹だけ
は本物を使い続けてほしい」（50歳代）のような自由記
述も散見される．このように，鶴来地区周辺の山で採取
した新鮮な笹を用いることが理想であると感じるもの
の，安全のため採取を取りやめて購入に切り替える者
や，仕事の多忙化などから購入による調達とする者もみ
られる．

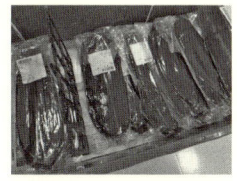

図Ⅲ-2-5　笹寿司用の笹
の販売
（2019年10月〔上〕，
2020年9月〔下〕に鶴
来地区で撮影）
上写真は真空パックでの
常温販売（青森県産），
下写真は冷凍販売（金沢
市産）

　鶴来地区のスーパーマーケットや直売所を観察したと
ころ，笹寿司用の笹の販売が確認できた（図Ⅲ-2-5）．
2019年9・10月のあるスーパーマーケットでの販売では，青森県産の笹が，切り
揃え，水洗いされて真空パック詰めで販売されていた（50枚入り700円，100枚入
り1,380円）．2020年9月に観察した直売施設での笹の販売では，60枚入り500円
で冷凍保存されたものが扱われており，隣市の金沢市の個人が納入した品であっ
た．地域ならではの伝統的とされる献立が地域外からの材料供給に支えられ成立し
ている例，献立に用いられる原材料の流通（確保・補完・利用）の遠隔化・長期化
の例でもある．
　笹寿司を「誰と作ったか」問うたところ，記載があった163人のうち回答者ひと
りで作った者が31.3％で，複数名で作ったとする者が多かった（68.7％）．「一緒
に作った相手」（複数回答可）として多く挙がったものは，「子」（47人），「夫」
（34人），「嫁」（30人），「親・祖父母」（17人）があった．「親・祖父母」回答や
「子」回答に関しても，欄外付記や自由記述で「父親」「祖父」「息子」と言及する
ものもみられることから，「夫」と合わせると笹寿司を作った人のなかに男性が一

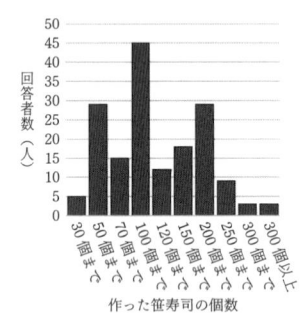

図Ⅲ-2-6　作った笹寿司の数（アンケートを基に作成．林〔2021b〕掲載の図を再編）

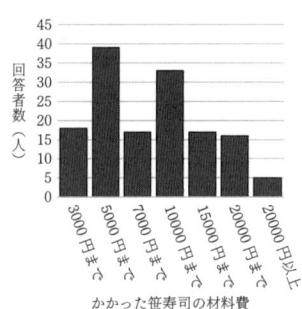

図Ⅲ-2-7　作った笹寿司の費用（アンケートを基に作成．林〔2021b〕掲載の図を再編）

定程度含まれていると考えられる．「鶴来生まれなので，笹寿司は大好きで，主人と笹取りに行き毎年欠かさず作って，県外の子どもたちにも送っている」（70 歳代）のように，笹寿司を巻く作業以外にも，笹を取ってくる場面で男性の活躍や協力がみられる．調理に（積極的に・楽しんで）関与する男性の存在が一定程度ある点は，奥能登のキリコ祭りでの会食準備と異なる鶴来地区の会食準備の特徴と指摘できる．

また，「祖母と一緒に向かい合って作っていました．今は娘と作っていますが，伝統を守っていくため，とても大切なことだと思います．鶴来の人間として，娘たちに伝えていきたい」（50 歳代），「小学生のこと，学校から帰って自宅で祖母と母，兄と茶の間の机いっぱいに笹の葉を並べて，笹寿司を作っていました．作りながら，形が崩れた寿司を食べるのが好きでした．祖父や父が帰ってくると，寿司をマスに敷き詰めて押していました」（40 歳代），「笹寿司を作るとき，家族みんなで手分けして作りますから，年一度のことですし，良いと思う」（40 歳代），「主人の地元である鶴来に引っ越してきたとし，主人の母から笹寿司の作り方を教えてもらいました．地域の，家族の一員になれたようで嬉しかったです」（20 歳代）のような自由記述がみられる．これらのように，家族で会話をしながら協力して笹寿司を作る姿や，それを楽しみにしている，毎年の恒例行事としているようす，子や孫，嫁らへの調理方法などの伝承機会となっている状況が，若年層も含めて多く確認された．

「使った道具」（172 人回答）は，94.8％が「昔ながらの押し寿司用の道具」とした．自由記述では，「夫婦そろって県外出身のため，30 年前に鶴来にやってきたときに一番初めにしたのが，ほうらい祭りのための家紋入りの提灯の購入と，笹寿司の桶を買って作り方を知人に習ったことだった．以来毎年作って，祭りにも参加している．鶴来の人間になるためになくてはならないものだ」（50 歳代）がみられた．

「各家庭で作る笹寿司の数・費用」も，図Ⅲ-2-6・7 から相当量・額であることが分かる．多くの家庭で，100 個前後の笹寿司を手作業で包んでいる．家族や仲間

と手分けして作業するケースが多いとはいえ，これには一定の時間を要する．「作るのにかかった時間」（143 人回答）は，「3 時間まで」42.7%，「5 時間まで」29.4%，「10 時間まで」21.7%，「10 時間以上」6.3%であった．ひとつひとつの寿司に材料を載せ，笹で巻くため，また作る数も多いことから，会食準備のなかで笹寿司を作る時間が占める割合は大きい．

　自由記述では，「ほうらい祭り＝笹寿司というイメージ．笹寿司を作っていると，ほうらい祭りの時期がやってきた，とワクワクする．食事の準備は大変ですが，やはりこの時期が楽しいです」（50 歳代），「ほうらい祭りの会食や笹寿司はとても大事なことだと思います．1 年たった 1 回の行事（神事）であり，伝統を守ることも大切だし，会食や笹寿司により人と人とのつながりが増え，親睦を深めることができる．何より，祭りを迎えることができる感謝の気持ちで笹寿司を作っています．私は当たり前になっていますが，来客者のなかには笹寿司が楽しみで来られる方があります．やはり笹寿司は特別感があるようです」（50 歳代）のように，笹寿司を作る作業を楽しむ者，意義を感じながら作る者が多数確認できる．

　一方で，「笹寿司は伝統食で好きですが，歳を重ねると，正直笹寿司作りが苦痛になります．他の市に嫁いだ娘たちに笹寿司作りをしっかりと覚えてもらえたらうれしいです」（70 歳代），「笹寿司作りは，時間，労力がかかるので，三年前からおはぎ屋にお願いしている」（60 歳代），「伝統として守っていくことは大切だと思うが，準備して笹をとってくるところから始まり，調理，後片付けまでが大変なことになるので，本音を言うと，面倒くさい」の（30 歳代）のように，準備に手間がかかるため負担に感じている者や購入に切り替える者もみられる．

　また，「ほうらい祭りで笹寿司の作り方を知り，一人で作れるようになったが，何年作っていても負担である．物理的にも精神的にも．なにも準備しないと，肩身が狭くなるような気がして，仕方なく用意している」（50 歳代），「以前は自分で作らないといけないと思い込んでいたが，仕事が忙しくなり，笹寿司を頼んで作ってもらい，オードブルを取り寄せるようになった．補充する分はどうしてもつくらなくてはいけないが，楽になった」（60 歳代）のように，笹寿司を「作らなければならない」という認識との葛藤もみられた．

　笹寿司に「包む魚種」は，流通が未発達の時代には塩サバが中心であったと考えられる．そのほか，塩マスも用いられ，シイラも高級な具として重視されていた．現在作る際に用いる魚種を問うたところ（170 人回答，複数回答可），「マス・サーモン」91.8%，「サバ」57.6%，「シイラ」7.6%と挙がり，そのほか，ブリ，タイ，アジ，ウナギ，クジラも回答が得られた．

　サバやマスは過去には，日本海で漁獲され，塩蔵されたものが鶴来地区にもたらされていたと考えられる．ただし，2019 年 9・10 月の鶴来地区での笹寿司の材料販売の観察で，たとえばあるスーパーマーケットで材料の原産国・地域表示を確認

図Ⅲ-2-8　笹寿司用の魚
販売
(2020 年 9 月，鶴来地区
で撮影)

すると，塩サバは静岡県産，塩ベニサケはアラスカ産，マス（トラウトサーモン）はチリ，クジラ（皮）はオランダ産であった．主要な具材である魚についても，流通・調達地域の遠隔化がみられ，笹の調達とともに伝統食の成立環境の変化として興味深い．

スーパーマーケットでは，調味済み・フィレの塩サバなどのほかにも寿司の具のサイズに適した大きさにスライスされてトレーに並べられた状態で販売されている品も多い．予約を受け付けている旨のポスター等や購入を促す POP などの店内・売り場への掲示も多く確認された．鶴来地区の鮮魚店では，塩サバやマスのほかにシイラやタイ，クジラなど様々な魚種にも対応できる旨や予約受付を案内する張り紙・看板，笹寿司用ネタの価格表などかみられ，寿司用にスライスしたネタ販売が確認できた（図Ⅲ-2-8）．

なお，魚とは別に自由記述などで「油揚げ」も主要な具として指摘があった（20.6％）．自由記述などから，過去に，高価な魚の代替として用いた具であったが，利用が定着し，定番の具材となっていることがわかる．このほか各家庭で違いがあるが，干し桜エビや紺のり（海藻を干して青く着色したもの），ゴマ，ガリ，酢大根，レモンなどが笹寿司の具として加わる．魚など上述の具材に加えて，寿司飯を作るための酢，折詰など，笹寿司関連の品は，ほうらい祭りが近付くとスーパーマーケットなどの目立つ場所に特設コーナーが設けられ，広告や POP・ポスターなどでも販売促進が盛んになされている．

自由記述からは，「笹寿司の材料は家庭によって多少違うので，それが会話のタネになる」（60 歳代），「色々な家庭で笹寿司の味が少しずつ違っていて，それを食べるのが楽しみです」（50 歳代），「笹寿司はその家庭の味や種類があって面白い」（40 歳代），「具材は，エビ，青い海藻，マスか稲荷が当たり前と思っていたのに，家庭によって具材が違うことを知り，衝撃を受けたことを覚えています」（20 歳代）のように，各家庭で味付けや用いる具に違いやこだわりがある．地域らしい献立であることに加えて，「家庭の味」が存在し，それを感じられる笹寿司が人々に評価されているといえよう．

なお，「購入した」と回答した者について，購入地域を問うた．回答があった 34 人のうち，「鶴来地区内」が 79.4％，「白山市内」が 20.6％であった．購入場所

表Ⅲ-2-1　笹寿司を食べる量の増減，維持の理由

（単位：％）

笹寿司の喫食量の増減・維持の背景や理由（複数回答可）	増えた (18人)	変わらない (61人)	減った (128人)	笹寿司の喫食量の増減・維持の背景や理由（複数回答可）	増えた (18人)	変わらない (61人)	減った (128人)
美味しい	72.2	65.6	33.6	寿司の存在を気にかけない・なくても困らない	5.6	3.3	4.7
好き	66.7	52.5	29.7	普段から笹寿司が販売・消費されるようになったので	11.1	0.0	7.8
祭り気分が盛り上がる・ハレ食だから	55.6	59.0	25.0	美味しくない	0.0	0.0	0.0
習慣だから	72.2	63.9	52.3	好きではない	0.0	1.6	0.8
伝統を守る・継承のため	50.0	55.7	28.9	自分や家族が作らなくなった	0.0	0.0	10.2
自分で作るのが楽しい	16.7	18.0	16.4	くれる人がいなくなった	0.0	0.0	0.8
家族らが作るから	16.7	16.4	10.9	高い	5.6	3.3	4.7
くれる人がいる	11.1	9.8	3.1	家で祭りの振る舞いや会食をしなくなった	0.0	1.6	10.2
手軽で食べやすい	33.3	31.1	19.5	他に食べるものがたくさんあるから	0.0	1.6	10.9
安い	5.6	0.0	0.0	若い人が食べないので	0.0	1.6	7.0
材料や品が多く販売されている	11.1	4.9	4.7	祭りの時に食べる習慣がない	0.0	0.0	0.0
加齢のため	0.0	3.3	26.6	石川県出身ではないのでこだわりがない	0.0	3.3	0.0
家族の人数の変化	16.7	6.6	43.8	その他	11.1	1.6	6.3
伝統や習慣にこだわらない	0.0	3.3	0.8				

60％以上選択の項目　　40％以上選択の項目
20％以上選択の項目　　10％以上選択の項目

（アンケートを基に作成．林〔2021b〕掲載の表を再編）

（26人回答，複数回答可）は，「スーパーマーケット」46.2％，「笹寿司専門店」30.8％，「弁当・惣菜店」15.4％，「寿司店」3.8％，「その他（地元の飲食店など）」26.8％であった．購入した笹寿司の数は，「10個以上30個まで」（11人），「10個まで」・「100個以上」（各5人），「70個以上100個まで」（4人），「30個以上50個まで」・「50個以上70個まで」（各3人）であった．また，「知人などからもらった」者について，もらった数を問うたところ（17人個数記載あり），「5個まで」4人，「10個まで」4人，「20個まで」6人，「20個以上」3人であった．

　笹寿司を食べた209人に，10〜20年前に比べたほうらい祭りの時の笹寿司の喫食量について確認したところ，「増えた」8.6％，「変わらない」29.2％，「減った」61.2％，無回答1.0％であった．増加・維持の背景として，笹寿司を好んでいることにくわえて，笹寿司を食べることが「習慣」であり，「祭り気分が盛り上がるから・ハレ食だから」と多くの人が認識している（表Ⅲ-2-1）．地域の祭りの会食，献立の「伝統を守る・継承のため」に作り続けているとする者も多く存在してい

る．笹寿司が「手軽で食べやすい」点も，慌ただしい祭りの会食に適しているため評価されている．喫食量が減少したとした群でも，増加・維持と回答した群ほどではないが上述の項目の選択割合は比較的高く，笹寿司が好まれない，好意的評価が抱かれていないことが喫食量の減少の背景ではない．減少の主な要因は，自身や家族の加齢，家族人数や招待者の減少の影響，会食の献立の多様化（の結果として相対的に食べる量〔個数〕が減っていること）である．

(2) 笹寿司以外の伝統的な，地域らしい食材や献立

笹寿司のほかに，「えびす（べろべろ）」（図Ⅲ-2-3 の〔上〕の中央にある卵を流し入れた寒天）も祭りの会食にも用いられる地域らしい伝統的な献立のひとつとされる．祭りのイベントでの振る舞いにも「えびす」が用いられていた．会食実施者に「えびす」の「利用の有無」を確認すると，「食べた」44.1％，「食べなかった」50.2％，無回答5.7％であった．「食べた」者に「調達方法」を確認すると（92人回答），「自分で作った」72.8％，「購入した」15.2％，「知人などからもらった」12.0％であった．

「えびす」の調理方法は，味付けした寒天液に溶き卵としょうが汁を手早くかき混ぜながら流し，流し箱に注いで冷やし固めると完成である．比較的作業工程や材料が少なく，調理の難易度も低いこともあり，手作りするハードルが高くないことが影響して，自家調理の割合が高くなっていると考えられる．

「えびす」以外に挙がった地域らしい献立・食材としては，58人が「ゼンマイ」（うち，煮物51人，クルミ和え4人）を挙げた．前掲図Ⅲ-2-3（上）にも，ゼンマイのクルミ和えも添えられている．このほか，「アユ」（塩焼き・甘露煮），「クルミ」（和え物，飴炊き，つくだ煮，えびすへの利用），「堅豆腐」（白峰・白山麓の名物である），「ウナギ・ドジョウ」（かば焼き），「ゴリ」（つくだ煮，唐揚げ），「カタハの煮物・きんぴら」，「てんばおくもじ」（塩蔵したテンバナ（カラシナ）を塩出しして煮たもの）の記載がみられた[6]．

(3) 日本酒の利用

日本酒は，会食実施者の86.7％が「利用」していた．

「購入地域」（複数回答可：172人記載あり）は，75.6％が「鶴来地区内」，15.1％が「白山市内」で購入していた．購入・調達先（複数回答可：143人記載あり）は，「個人酒店」（49.0％），「スーパーマーケット」（40.6％），「ディスカウントストア」（20.3％），「ドラックストア」（3.5％）と続いた．

「用いた銘柄」（複数回答可：151人記載あり）は，84.1％が「白山市の地酒」を選択した．具体的に挙げられた銘柄は，「菊姫（菊姫合資会社：旧鶴来町）」（79人），「萬歳楽（小堀酒造店：旧鶴来町）」（50人）が多く，この二つの蔵は鶴来の中心市街地に立地している．このほかに，白山市内の酒蔵である「手取川（吉田酒造：旧松任市）」，「天狗舞（車多酒造：旧松任市）」が挙がった．

(4) オードブル・仕出しの利用

　オードブル・仕出しの利用について問うたところ，会食実施者の51.7%が「利用あり」，45.5%が「利用なし」とした．利用があった者に購入場所（複数回答可：記載あり83人）を問うたところ，主にスーパーマーケット（57.8%）と仕出し屋・飲食店（36.1%），弁当・惣菜店（13.3%）であった．購入地域（複数回答可：記載あり102人）は，69.7%が鶴来地区内，17.4%が白山市内とした．20年程前と比べたオードブル・仕出しの利用量（125人回答）は，31.2%が「増えた」とし，28.0%が「変わらない」，40.8%が「減った」とした．

　「増えた」理由・背景には，「労・時間の削減目的（家で作るのが面倒，作りたくない，後片付けが楽，自分では作らない献立や品数がある）（16人）への言及のほか，「加齢の影響」（8人），「来客の増加」（9人）や「客層の変化の影響（子や孫，若者の増加／若年者が好むので）（6人）が挙がった．「減った」の理由・背景には，「客や家族の減少」が圧倒的に多く（29人），「献立の内容への不満（脂っこい，単調な献立で飽きる，他の家でも同じものが出されるので手を付けない人が多い，たくさん残る）（8人），「廃棄が多い」（3人），「手づくりの方が喜ばれる」（2人）が挙がった．

(5) オードブル以外の惣菜などの利用

　会食実施者のうち，「オードブル以外の惣菜」を46.4%の者が「利用」していた．購入先（複数回答可：98人記載あり）は，「スーパーマーケット」（63.3%）が多く，「仕出し屋・飲食店」（16.3%），「弁当・惣菜店」（5.1%）も利用があった．

　「利用した惣菜の内容」（複数回答可：98人記載あり）は，「山菜（ゼンマイやフキなど）の煮物」（37人）や「酢の物」（26人），「その他の和惣菜」（24人），「野菜・豆腐の煮物」（21人），「天ぷら」（20人），「昆布巻き」（16人）のような和惣菜のほか，「とんかつ・フライ類」（38人），「（サラダなど）洋惣菜」・「ローストビーフ」・「フルーツ盛り合わせ」（各28人）のような洋惣菜，「（餃子や春巻きなど）中華惣菜」（18人）が多く挙がった．惣菜のうち煮物など「和食の献立（「和惣菜」）の利用」について，「約30年前（昭和末期から平成の初め）と比べた増減」を問うたところ（156人回答あり），65.4%が「減った」，28.2%が「変わらない」，6.4%が「増えた」とした．

　そのほか，「和洋菓子」は会食実施者の60.7%が利用しており，購入者の84.3%が鶴来地区内で購入している．和洋菓子店やスーパーマーケットでの購入が多い．奥能登での祭りの会食で多用されていた「寿司（握りずしや巻きずしなど）」に関しては，笹寿司の利用が多い鶴来地区では会食実施者の10.4%の利用にとどまっている．

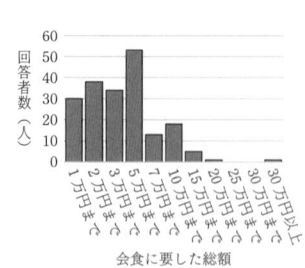

図Ⅲ-2-9　会食での食費の総額
（アンケートを基に作成．林〔2021b〕掲載の図を再編）

(6)　会食の費用と購入地域

　ここまでに確認してきたもの以外にも，たとえば肉類や野菜，スナック菓子・つまみ，ビールなどアルコール類，ソフトドリンク，果物，宅配ピザなど，会食に用いられた食材・献立はさまざま存在する．これら会食のために要した「食材・献立の購入総額」について会食実施者に問うた．

　回答が得られた 193 人の額の分布状況は，図Ⅲ-2-9 に示した．5 万円以内に収まるとした回答者が多いので，前章で考察した奥能登のキリコ祭りでの会食の支出状況に比べると負担感は小さいといえる，しかし，多くの家庭の 1 か月の食費と比べて相当な規模にあたる額を 2 日間で使うため，経済的な負担は一定程度感じられる．

　食材・食費の購入総額に占める「居住市町内での購入金額の割合」は，回答があった 195 人のうち 54.4% が「4 分の 3 以上」，19.5% が「半分より多く 4 分の 3 まで」，16.9% が「半分程度」，9.2% が「半分以下」とした．

(7)　調理の外部化

　会食で用意した食事のうち，「家庭・自分で調理しなかった食事」は，全体の量に対してどのくらいの割合を占めたか問うた（183 人回答あり）．「ほぼ自分で・家庭内で調理して準備」（27.3%），「3 割以上購入して準備」（18.0%），「半分以上購入して準備」（16.9%）の順であった．奥能登のキリコ祭りの会食の調査結果に比べると，会食の規模や提供する食事の量が小さいことや揃える献立の数が多くないこともあって，比較的多くの家庭で現在でも献立の多くを家庭内調理で対応する傾向がみられる．

　あわせて，「約 30 年前（昭和の終わりから平成初期にかけて）の調理状況」も問うたところ，「ほぼ自分で・家庭内で調理して準備」（44.4%），「1 割以上購入して準備」（17.6%），「3 割／半分以上購入して準備」（ともに 20.0%）であった．現在と約 30 年前との「調理の外部化の推移」をみると，「ほぼ自分で・家庭内で調理して準備→変わらない」（32 人）が最多であるが，「ほぼ自分で・家庭内で調理して準備→ 3 割以上購入」（12 人），「ほぼ自分で・家庭内で調理して準備→半分以上購入」（10 人），「ほぼすべて購入→変わらない」・「1 割以上購入→ 3 割以上購入」（各 8 人）と続いており，家庭内調理の割合は徐々に減少している．

3）　会食への人々の認識

　会食に参加しなかった人を除くアンケート回答者（227 人）を対象として，回答者が考える「ほうらい祭りの会食」のあるべき姿や役割，考えを問うた．各項目に

表Ⅲ-2-2　ほうらい祭りの会食に対する姿勢や考え

観点〈全体の回答数〉	各観点は「自分自身にどの程度当てはまるか」（回答者の平均得点値）				
	全体	40歳代以下	50歳代	60歳代	70歳代以上
ほうらい祭りの食事では，「笹寿司を食べること」が重要である〈178〉	3.3	3.0	3.2	3.6	3.2
ほうらい祭りの食事のときに，自分は「笹寿司を食べたい」，「笹寿司があったほうがよい」と思う〈182〉	3.5	3.4	3.6	3.7	3.3
ほうらい祭りの食事に出される笹寿司は，「手づくりであること」が重要，理想である〈179〉	3.1	2.8	2.8	3.2	3.3
ほうらい祭りの食事に出される笹寿司は，昔ながらの方法や道具を用いず，調理を簡単にした作り方や，便利な押しずしづくり道具・ありあわせの道具で簡便につくったものでも「正統」「ふさわしい」と思う〈174〉	2.4	2.5	2.7	2.5	2.3
寿司店や量販店などで販売されている笹寿司でも，ほうらい祭りの献立として「ふさわしい」「あったほうがよいと思う〈175〉	2.6	2.5	3.0	2.6	2.5
ほうらい祭りのときの笹寿司は，用いられる魚が「サバ」が正統だ／であってほしい〈173〉	2.2	2.1	2.3	2.2	2.1
ほうらい祭りのときの笹寿司は，用いられる魚が「国産」が正統だ／であってほしい〈173〉	2.6	2.2	2.7	2.6	2.6
ほうらい祭りのときの笹寿司は，用いられる魚が「天然」が正統だ／であってほしい〈173〉	2.3	2.0	2.2	2.3	2.6
ほうらい祭りのときの笹寿司は，用いられる酢が「(タカノ酢など)地元の酢」であることが重要だ〈177〉	2.6	2.3	2.4	2.6	3.0
ほうらい祭りの会食があるおかげで，郷土料理としての笹寿司を意識して食べる機会が得られる〈176〉	3.3	3.1	3.5	3.4	3.1
ほうらい祭りの会食があるおかげで，郷土料理としての笹寿司を知ったり，作り方を学ぶ機会が得られる〈175〉	3.3	3.2	3.3	3.5	3.1
ほうらい祭りの会食で笹寿司を食べながら，家族や知人らと，「昔の思い出，地域の食文化・祭りのことや笹寿司つくりの経験などを会話する機会」がある〈172〉	3.0	2.7	2.9	3.1	3.1
祭りの時期になると，「スーパーなどで笹寿司の材料や笹寿司が特別に売り場を設けて販売されたり，チラシや店内POPでアピールされている」おかげで，「郷土料理としての笹寿司を意識したり，食べる機会が得られたり，作ってみようと思ったりする」〈172〉	2.8	2.7	2.8	3.0	2.8

ついて，先の第Ⅲ部1章での考察手法と同様に，回答者が選択した当てはまる程度に応じて1～4点を配し，回答者全体の得点の平均値を算出した（表Ⅲ-2-2）.

　まず，ほうらい祭りの食事では「「笹寿司を食べること」が重要」（全体の平均値：3.3），「自分は笹寿司を食べたい，笹寿司があったほうがよいと思う」（3.5）と，笹寿司に対する祭りの会食の献立としての強い意識や支持の存在，重要な位置づけがなされている点が確認された．喫食する量の面だけでなく，人々の認識の面においても，笹寿司が会食形成における中心的献立であり，祭り（の食）を象徴す

表Ⅲ-2-2　ほうらい祭りの会食に対する姿勢や考え　（つづき）

観点 〈全体の回答数〉	各観点は「自分自身にどの程度当てはまるか」（回答者の平均得点値）				
	全体	40歳代以下	50歳代	60歳代	70歳代以上
ほうらい祭りの笹寿司づくりは，「時間や労がかかるので負担感がある」〈176〉	3.3	3.2	3.4	3.3	3.2
ほうらい祭りの笹寿司づくりは，「お金がかかるので負担感がある」〈174〉	2.8	2.7	2.9	2.9	2.9
ほうらい祭りでは，「会食を行う／参加すること」が重要である〈175〉	2.9	3.0	3.0	3.1	2.8
ほうらい祭りでは，「会食を行う／参加すること」が楽しみである〈173〉	2.9	3.1	2.8	3.0	2.8
ほうらい祭りで「会食を行う／参加すること」で，「家族や知人との絆や親睦を深める」ことができる〈177〉	3.3	3.3	3.2	3.4	3.2
ほうらい祭りの「会食を準備，提供すること」は，「地域の女性の活躍の場・重要な役割」である〈172〉	2.6	2.6	2.5	2.7	2.6
ほうらい祭りの会食に出される料理は，「手づくりであること」が重要，理想である〈173〉	2.4	1.9	2.1	2.7	2.7
スーパーや弁当・惣菜店などで販売されている祭り料理やオードブルでも，ほうらい祭りの献立として「ふさわしい」「妥当」と思う〈174〉	2.9	3.1	3.1	2.9	2.6
ほうらい祭りのときの会食に出される料理を家庭外の調理に頼る場合には，多少費用が掛かっても「地元の仕出し屋・割烹や飲食店」に頼るべきだ〈173〉	2.2	2.1	2.2	2.2	2.2
ほうらい祭りの会食では，「できるだけ郷土料理や地元の食材を利用したい」〈175〉	2.7	2.2	2.6	2.9	2.9
ほうらい祭りの食事準備は，「時間や労がかかるので負担感がある」〈176〉	3.3	3.3	3.3	3.3	3.2
ほうらい祭りの食事準備は，「お金がかかるので負担感がある」〈174〉	3.2	3.1	3.2	3.2	3.2
自分・我が家が用意したほうらい祭りの会食について，「よその家の様子や他人からの評価が気になる」〈169〉	2.2	2.4	2.2	2.2	2.2
ほうらい祭りの会食で，「自宅に多数の他人が来ることに負担感や抵抗感がある」〈169〉	2.6	2.5	2.4	2.6	2.6
今後，ご家庭や地域で高齢化・過疎化が進んでいくなかで，ほうらい祭りの会食の規模や出される献立数などは，「祭りを続けていくためにも簡素化や縮小をしてもよいと思う」〈172〉	3.1	3.0	3.2	3.1	3.2

採点方法は，回答者の選択した程度に応じて以下のように配点した．各項目について，全回答者の得点の平均を算出した．
「とても当てはまる・そう思う」が4点，「やや当てはまる・そう思う」が3点，「あまり当てはまらない・そう思わない」が2点，「まったく当てはまらない・そう思わない」が1点．
ゴチ太字：「とても当てはまる・そう思う」（4点）の回答割合が30％以上．なお，「まったく当てはまらない・そう思わない」（1点）の回答割合はいずれの項目の全体・各世代でも30％以上になるものはなかった．
灰色網掛け：　得点平均が3.2以上，もしくは1.8未満
薄い灰色網掛け：　得点平均が2.9以上3.2未満，もしくは1.8以上2.2未満
（アンケートを基に作成．林〔2021b〕掲載の表を再編）

る一品となっているといえる.

あわせて,今日では日常的にスーパーマーケットや専門店で笹寿司を購入することはできるが,ほうらい祭りの会食があるおかげで「郷土料理としての笹寿司を意識して食べる機会が得られる」(3.3),「郷土料理としての笹寿司を知ったり,作り方を学ぶ機会が得られる」(3.3) と考える人も多い.「笹寿司づくりは時間や労がかかるので負担感がある」(3.3) だが,「手づくりであることが重要,理想である」(3.1) と考えており,「会食で笹寿司を食べながら,家族や知人らと昔の思い出,地域の食文化・祭りのことや笹寿司つくりの経験などを会話する機会がある」(3.0) 点を評価している.

先述2)(1)で確認したように,祭りの会食で笹寿司を食べ続ける理由として,多くの人が笹寿司を食べることが「習慣」であり,「祭り気分が盛り上がるから・ハレ食だから」と認識し,地域の祭りの会食,献立の「伝統を守る・継承のため」に作り続けていると挙げていた.自由記述では,「笹寿司は鶴来の伝統の料理」(60歳代),「ほうらい祭りでの笹寿司はとても大変ではあるがこれも文化の一つとして考えるといいことと思う」(70歳代),「その地域の伝統料理が若い世代に受け継がれていくことは大切だと思う」(40歳代) など,笹寿司に地域の伝統や文化を感じ,その継承を肯定的に捉えている指摘がみられる.

以上のように,笹寿司はほうらい祭りに不可欠なものであり,鶴来地区ならではの献立として多くの人々から認識されている.笹寿司は,鶴来地区の存在やそれと自己とのつながりを意識させる品となっている.また,笹寿司を食べることだけでなく,作る行為に関しても多くの人々が意義や重要性を感じている.男性を含む家族で協力して手作りする過程で,会話が弾み,調理の技能や献立に関する知識などが継承され,手軽に食べることができておいしいと感じている人が多い.自由記述からは,「家庭の味」へのこだわりや思い出,各家庭の笹寿司の味の違いへの関心の高さやそれを識別している人の多さも確認された.このことから,人々から笹寿司づくりが好意的に評価され,現在でも地域内で継続されているといえよう.そして,会食が持つ調理の技能・知識の伝承機能は,多くの人々のあいだで比較的維持されていることが確認でき,笹寿司を作る行為には地域アイデンティティや家族の結束を再確認させる機能も発揮している.なお,スーパーマーケットなどでの笹寿司関連商材の販売促進やチラシ・ポスターや POP などでの働きかけも,笹寿司の調理・消費の促進に対して一定の効果,意義がある(2.8).自由記述でも,「材料を用意するのが,ハードルが高いと思っていましたが,地域のスーパー(レッツ)に全てそろっていたので,作ってみようという気になりました」(20歳代)との記載がみられた.

一方で,具材の魚や用いられる酢について,伝統的な具材や地域食材,国産・天然品へのこだわりは,一定の評価はみられるが著しく強いこだわりが存在するとは

言えない．過去の記録では塩サバが主な魚種として挙げられていたが，若年層に好まれ，手に入りやすくなったサーモン・マスの利用がより多くみられた．販売されている商材の産地には，先述のように石川県産のものだけでなく，国内各地のほか海外のものも含まれていた．スーパーマーケット，鮮魚店では寿司用にスライスされたネタが提供され，自宅での下準備は不要である．

　寿司酢に関しても，前述の第Ⅰ部コラム②の調査では笹寿司を作るときには鶴来地区の醸造業者の酢を用いるようにしている旨の記述がみられ，2019年10月の祭り直前の店頭の観察でもその酢がほかの笹寿司作り関連商材とともに目立つ場所に大量に陳列されていた．自由記述でも「家庭で多少酢の加減などが違っていて，笹寿司の味が違うのが良い」（50歳代）のような指摘がみられた．

　しかし，地元の酢を使う点へのこだわりは著しく高いわけではなく（2.6），「酢飯も，仕出し屋さんやばらずし，じんずしに頼んで一升単位で購入している家もあるそうです．それぞれの店で酢飯の味が違うので，好みの店に頼むそうです」（30歳代）のように家庭外に調理の一部作業が代替されていることや，「今では自分で合わせ酢を作ってすし飯を作ることがほとんどなくなり，すし酢を購入して作ることが多いようだ」（70歳代）のように，出来合いの調味料を用いることで味の画一化が生じている可能性も確認された．

　現在の食環境を考えると，日常の食事でも食べ慣れているサーモンの利用や，安く購入できる他地域産・輸入品の利用，スライスされた魚や味が決めやすい調整済みの酢のような手軽な材料の利用に対して，人々の抵抗感は薄く，多くの人々は簡便化されていく食の変容を受け入れているといえる．会食で「笹寿司を（作り）食べること」がより重要な観点であり，この実現が優先される環境が維持される現状，変容を容認する人は多いと考えられる．

　関連して，「スーパーや弁当・惣菜店などで販売されている祭り料理やオードブルでも，ほうらい祭りの献立として「ふさわしい」「妥当」と思う」（2.9）もやや高い得点となった．同じ会食の献立でも，笹寿司を手作りすることへのこだわりや調理の継続に比べ，そのほかの献立を家庭外調理で代替することに対する抵抗感は低いようすがうかがわれる．祭りの会食の献立のなかで最も重要，象徴的な品である笹寿司づくりに最大限の時間や労力を費やせば，調理を通じた家族との交流機能や伝承機能はそこで充足されるので，調理者も家族も会食に対する大きな満足感，達成感が得られる．

　ほうらい祭りでの会食に関する評価結果に注目すると，「会食を行う／参加することで，家族や知人との絆や親睦を深めることができる」点は世代を問わず高い得点を得ている（3.3）．会食を行う／参加することが「重要」（2.9），「楽しい」（2.9）もやや高い得点であった．会食の親睦機能は現在でも維持されているといえよう．他方で，準備や対応に「時間や労がかかって負担感がある」（3.3），「お金が

かかって負担感がある」（3.2）と考える人が世代を問わず多く，「会食の規模や出される献立数などは祭りを続けていくためにも簡素化や縮小をしてもよいと思う」（3.1）の平均得点も高かった．

　自由記述でも，会食の準備での時間や労力，費用の負担を重いと感じている指摘はみられる．この点は，第Ⅲ部1章の奥能登のキリコ祭りの会食とも共通する傾向である．ただし鶴来地区の場合，銘々膳ではない会食の提供，仕出しの活用が進んでいる．舞い込みに対しても，玄関先にオードブルなどを置いておき自由に飲食してもらうことで提供の手間や気遣い，接待の労が削減され，客人の滞在時間が短いスタイルとなっている（前掲，図Ⅲ-2-2）．そのため，奥能登で会食の準備に携わる人々が抱く負担感に比べると，負担に対するネガティブな感覚が緩和されている可能性がある．先に見たように，笹寿司づくりに対する好意的評価も存在する．これらが影響してか，自由記述での会食準備や調理の負担に対する否定的な意見や強い不満を示す記述は，奥能登でのアンケートに比べると目立たない．

　とはいえ，会食や笹寿司づくりに課題や懸念が存在しないわけではない．先の笹寿司づくりに関する自由記述の例のほかにも，「笹洗いを含めてとても手間がかかる寿司なので，女性はとても大変．伝統を守るという意味ではとても良いことであるが，それのために毎年この季節が来るころは女性たちからの愚痴が生まれる．それが子どもや親せきに対して「してあげたいこと」ならよいが，そうでないなら少し縮小して愚痴らなくてよい方向へ行くことも大切だと思う．祭りの後，体調を崩している人を見ると少々気の毒さを感じます」（60歳代），「元々鶴来地区で生まれ育った人は，自分たちのお祭りとして会食など楽しく参加できるが，よそから来た人にはかなり抵抗がある．自分も旧鶴来町内からこの鶴来地区に嫁いできたが，嫁ぎ先の家は県外から来たこともあり，笹寿司作りは嫁いだ日から経験が少しあった自分の仕事になった．姑も仕事のため，一緒に祭り料理を作ることもなく，最大50人分の料理を作ったり，あまり良いイメージがない．男の人のためのお祭りです」（50歳代），「食べる分，頂く分には郷土料理でおいしいなと思うが，数十個から数百個作ると聞くと，正直大変そうだなと思う．私の家族は地元出身ではなくよそ者なので，用意することはないが，料理を用意しているお宅は金銭的負担も大きく大変と聞く」（40歳代），「結婚を機に鶴来に住むようになった．嫁ぎ先の両親宅に招かれて毎年会食に参加しているが，手伝うことはあまりない．参加するのは楽しく，親せきや友人が集まり皆楽しそうにしていますが，義母の負担は多大なものだと思う．自分は招く側になりたくないと正直思います」（30歳代），「伝統が継承されて地域文化になっていると考えているが，負担感もある．思いは，今の時代に合わない面もあるが，今の時代に止めてしまうと次の時代に続かないので，極論は「やむなしの継承」が本音である」（60歳代）のように，負担感や疑問を抱きながらも作業を継続している者や会食の準備にネガティブな印象を持つ者も散見され

る．

　また，会食そのものに関しても，「知らない人にも振舞う伝統はなくしたほうが
いいと思う．作る，準備する側は，普段の付き合いで喜んでもらえたらいいが，非
常識な行いは祭りのイメージを損ねると思う．無礼講の意味ははき違えてほしくな
い」（50 歳代），「もう少し素朴な感じ（笹寿司とおにしめ，くだものだけ）で，お
もてなしできないだろうかと思います．きっと大昔はそのような感じだったのでし
ょう．年々食べきれないような，またはいつでも食べられるようなものばかり
で」（50 歳代）のような指摘がみられた．今後の持続可能な祭事・会食のあり方を
考えるうえで示唆に富む．

注：
1）　加賀地域を中心に石川県内で作られてきた献立で，味付けした寒天液に溶き卵としょう
が汁を手早くかき混ぜながら流し，流し箱に注いで冷やし固めたものを切り分けて食す．えび
すは，冠婚葬祭に多用される献立である．金沢市など県内各地では，日ごろから惣菜売り場に
置くスーパーマーケットなども多くみられる．
2）　白山市ホームページ「食育・地産地消　まるごと！はくさん！」2023 年 5 月 16 日記事
「鶴来の伝統食「ほうらい寿し（笹寿し）」作り」https://www.city.hakusan.lg.jp/machi/chisan
chisyo/1007924/1008070/1008085.html（最終確認：2024 年 3 月 28 日），石川県観光公式サイ
トほっと石川旅ねっと「いっぷく処 おはぎ屋」https://www.hot-ishikawa.jp/spot/detail_4680.
html（最終確認：2024 年 3 月 28 日）．
3）　鶴来商工会 HP の「まちの駅獅子の里つるぎ」2016 年 7 月に掲載の「（株）タイサ」の
紹介 https://osisi.jp/shop/（最終確認：2024 年 3 月 27 日）．「ほうらい寿司は鶴来で昔から作ら
れていた笹寿司ですが，現社長が鶴来らしい名前にしようと 20 年ほど前に提言した物です」
との証言が記載されている．
4）　調査にあたり，「金沢大学人間社会研究域「人を対象とする研究」倫理審査委員会」の審
査を受けている（承認番号 2019-8）．
5）　鶴来地区全体では，金沢市，野々市市や松任地区に接することから住宅開発が進み，若
い世代の居住も増えている．ただし，ほうらい祭りを実施する中心市街地（鶴来公民館地区）
の 2019 年 6 月 30 日時点の高齢化率は，33.4％（人口は 3,957 人）と鶴来地区のなかでは比較
的率が高い（白山市 HP「地区別年齢分別の住基人口」http://www.city.hakusan.lg.jp/kikaku
sinkoubu/jouhoutoukei/toukei/jukijinkou_tiku.html〔最終確認：2020 年 2 月 5 日〕）．
6）　笹寿司やえびす，てんばおくもじなどを含むこれら地域らしい，伝統的な献立は，日本
の食生活全集石川編集委員会（1988）に収録されている鶴来地区の近隣である旧松任市の坊丸
町の記録でもみられる．

第Ⅲ部 3章

両地域の考察結果からみえること

　第Ⅲ部では，石川県の奥能登の「キリコ祭り」，白山市鶴来地区の「ほうらい祭り」における会食の実態に注目し，会食の特徴や課題，会食が果たす機能，人々が会食に対して有する認識を把握し，それらの変容を明らかにすることを試みた.

　「キリコ祭り」での会食は，親類・知人や集落の住民らとの親睦を深める機会や地縁の再確認の機会として有意義なものと多くの人々から評価されていた．くわえて，地域資源の認知や，購買・消費による地域の経済活動の活性，地域の食文化の継承の場として一定の影響力や機能を有していることが確認できた．会食に用いる食材の多くも，主に居住市町のスーパーマーケットなどで購入されている．相当額の支出が，会食のためになされている．奥能登で採取された山菜や伝統的な献立も，以前ほどではないが今日の会食にも取り入れられていた．また，奥能登で漁獲，採捕された水産物は，人々から祭りの会食に必要な・重要な食材，「御馳走」と認識され，今日の会食でもそれを献立として意識的に取り入れること，相当額の支出を厭わないことが継続されていた．過去に見られなかった握り寿司も，流通環境が向上した現在の会食では水産物を摂ることができる御馳走として主要な献立となっている.

　一方で，高齢化や家庭内の勤め人の増加，食環境の変化を背景に，輪島塗の銘々膳での提供の減少，和惣菜の利用の減少と，仕出し・オードブルの活用がみられた（図Ⅲ-3-1）．変化したスタイルや献立も，祭りの会食として妥当なものと多くの人々から支持されていた．高齢化による祭りそのものの実施の維持が困難化や，男性だけでは不足する祭礼運営・実施の人材の補充や社会の価値の変化にともない，裏方ではなく祭礼運営・活動への女性の参加のニーズやそれを容認する機運の拡大も，徐々にだが能登地域の複数の集落のキリコ祭りでみられるようになってきている．また，男性主体の祭りの体制のなかで潜在していた，もてなし対応に追われて祭礼に充分参加ができていない状況から生じる女性の不満，手間や費用がかかる割に会食者からの評価が得られなかったり食べ残しが多く出たりする会食のコスト・パフォーマンスの低さなども，地域や家庭内に生じている課題として今日浮びあがってきている.

　これらを考えると，地域文化の重要な柱である祭事の持続可能性を優先するなら

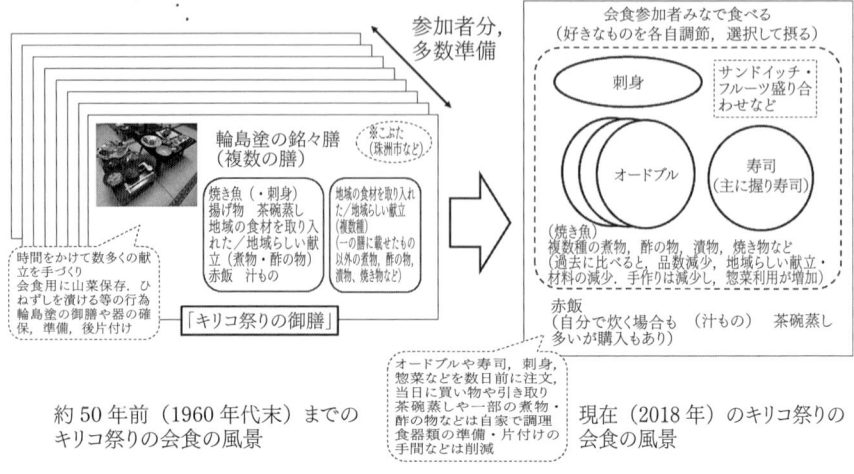

図Ⅲ-3-1　「キリコ祭り」の会食の変容
（調査結果を基に作成．林〔2021a〕掲載の図を再編）

ば，会食の調理や費用の簡略・圧縮はある程度はやむを得ない，今後緩やかに改善を進めていくべき側面であると指摘できる．本調査の後の時代になるが，新型コロナウイルス感染症（COVID-19）の流行で祭りが数年中止されたことで，会食実施の連続性が途絶え，新しい会食形態や献立の購入・調理の選択肢が地域でも取り入れられるようになってきた．このようなタイミングは（アクシデントによる祭・会食の中止は残念なことではあるが），これからの新しい祭りの会食実施のかたちを探る契機にもなりえる．日常的に豊かな食事を摂ることが可能になった今日，おもてなしの心を重視し，来客に気遣いするあまりに，食べきれない量の食事が用意され，廃棄される状況に疑問を感じ，会食の量やあり方の改善を望む人も多い．家庭外に就業している，介護などで多忙であるなどの理由から調理時間を確保することが難しい人も増えている．「フードロス」，「倫理的消費」，「時短」のような新しい視点・価値観も，これからの祭りの会食の姿の形成に少なからず影響を与えるだろう．

　奥能登のキリコ祭りの会食の場合，刺身やサザエなど水産物が重視される献立として存在している．他方で，何種類もの献立を盛り付け，銘々膳で提供する会食をしてきた．そのため，たくさんの献立が取り入れられた「御膳一式」が「キリコ祭りの伝統的な会食の姿，地域らしい祭りの献立」として理解されてきた傾向があると推測される．そうであるならば，高齢化や多忙化，嗜好の変化とともに様々なおかずが詰め合わせされている「オードブル」の活用に移行すると，「御膳一式」のなかに含まれていた多彩な和惣菜，伝統的な献立（の家庭内調理）は，調理・会食

の場からまとめて削減されやすい.

それでも現状では, アンケートの記載からは, いくつか煮物や昆布巻きを追加で購入するようにしている, あるいはすべてを購入した惣菜・オードブルに置き換えることにはためらいもあり, 茶わん蒸しやちょっとした煮物は家庭で調理している, といった対応が垣間見られた. その点で, 奥能登のスーパーマーケットや惣菜店, 仕出し屋は, 多様な和惣菜の製造・販売による家庭外での調理の代替, 店頭で献立提案のPOP等の掲示のような学習機会の提供に取り組むことで, 奥能登らしいと人々が考える献立や食文化の継承に少なからず貢献している.

また現時点では珠洲市を中心に御膳での会食が続く集落もあるが, 観光ガイド等で例示される輪島塗の御膳・器で銘々にふるまわれる料理の提供方法や, 昆布巻きや山菜の煮物などを中心とした献立は, 現在の奥能登の会食では必ずしも主流とはいえない. 地域の高齢化の進展などを考慮すると, 将来的には「輪島塗の赤御膳で提供される地域資源が用いられた品数豊富なヨバレの食事」が, 実際の祭りの会食ではほとんど見られなくなる可能性も考えられる. その一方で, ヨバレの会食は他地域にはない慣習で, 地域の祭事や資源, 人々の営みとつながる歴史性, 物語性がある. 数多くの来客をもてなすための輪島塗のお膳, 器などを一式 (家庭や集落で) 揃えておく習慣, 文化があったことが, 地域産業 (漆器業) の形成・維持にもつながっていた面もある. この提供スタイルは, 豪華さがあり, 見栄えもよい. ここ最近のキーワードでいうところの「インスタ映え」,「バエる」にもつながるところがある. これらの点を活かして, 奥能登の文化の記号化の一例, 地域の知恵の蓄積や歴史・伝統, 産業などを知る装置として, 観光や地域学習で「銘々膳で数多くの献立を出す祭り料理」が意図的に活用される場面もみられるようになった. ただ将来的に, 銘々膳での会食提供が地域の祭りで実際には用いられていないにも関わらず, 観光などで注目され利用される状況になると, 実態がともなわない・郷愁に頼る資源活用となりかねない. 会食の実態の変容と利活用の展開の今後についても, 引き続き注目を要する.

鶴来地区の「ほうらい祭り」での会食に関するアンケート調査からは, 笹寿司が祭りの会食に欠かせない献立と多くの人が認識し, 相当数の笹寿司を用意していることが確認された. 今日でも笹寿司を家族で会話をしながら手作りする世帯, 男性も参加して準備する世帯も多い. 会食の献立のなかで笹寿司は, 人々から祭りの会食に必要な献立, 核となる一品と認識, 評価され, 今日の会食でも調理, 消費が継続されていた. 会食は親しい人との交流や地縁の再確認の機会として有意義なものと多くの人々から評価されていた.

会食に用いる食材の多くも, 地域のスーパーマーケットなどで購入されている. 会食のために, 相当額の支出を厭わない傾向も続いている. 地域で採取された山菜や伝統的な献立も, 以前ほどではないが今日の会食にも取り入れられていた. ま

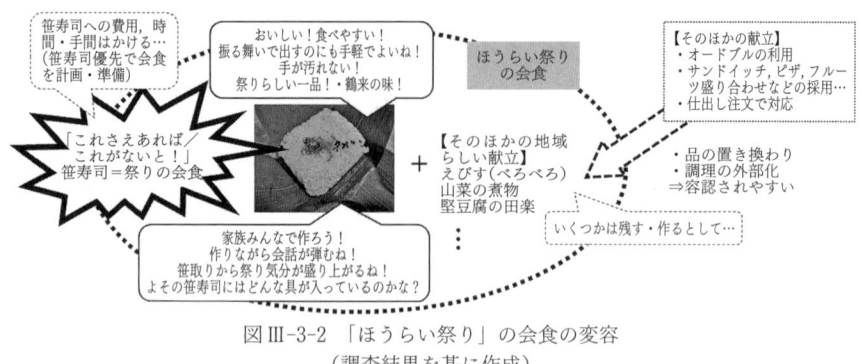

図Ⅲ-3-2　「ほうらい祭り」の会食の変容
（調査結果を基に作成）

た，「ほうらい祭り」においても会食は，親族・知人らとの交流の深化，地縁の再確認，地域資源の認知や，購買・消費による地域の経済活動の活性，地域の食文化の継承の場として一定の影響力や機能を発していた．そして，スーパーマーケットや仕出し店，惣菜店などでは，和惣菜を提供したり，店頭の目立つ場所で笹寿司の材料を提供したり，POP などを掲示して祭りの会食や献立の存在を周知するなどしていた．これら家庭外の調理・販売機能には，地域らしい献立や食文化の継承，献立への摂食・学習機会の提供に一定程度役割を果たし，地域文化の継承に貢献しているといえる．

　一方で，高齢化や家庭内の勤め人の増加や食環境の変化を背景に，仕出し・オードブルの活用や，和惣菜の利用の減少，笹寿司の材料の質的変化がみられた．しかし，変化したスタイルや献立も，祭りの会食として妥当なものと多くの人々から支持されていた．会食の量やあり方について，改善を望む人も散見された．

　ほうらい祭りの会食の場合，笹寿司が単独で会食の重要な献立として認知され，「おいしい」「食べやすい」「祭りといえばこの品」など，好意的に評価されている（図Ⅲ-3-2）．先述のようにキリコ祭りの会食の場合，「お膳で出される料理一式」が人々から地域らしく伝統的な会食の姿として認識されている．そのため，時代が変わるなかで調理の簡便化が進んだ結果，お膳で出されるさまざまな献立がオードブルに置き換えられ，従前用いられてきた会食の献立の多くが作られなくなり，献立や調理技術の継承が難しい状況にある．それに対して鶴来地区の会食では，「笹寿司」が単体で祭りの会食の献立として象徴的な存在，核となる品となっている．笹寿司を作る行為には，上述したような特性やメリットがあると多くの地域の人々に認識，評価されていた．

　笹寿司さえあれば，多くの人々が地域の祭り（ほうらい祭り）の会食のあるべき姿としておおよそ納得がつきやすく，妥当な状態であると評価することとなる．こ

のことから，奥能登に比べると，鶴来地区は地域らしい（祭りの会食の）文化の継承について有利な条件にあるといえよう．笹寿司に対して多くの人々は，食べることだけでなく，作る行為にも意義や重要性を感じている．男性を含む家族で協力して笹寿司を手作りし，会話を楽しむ家庭が今日でも多く存在している．会食が持つ調理の技能・知識の伝承機能は，笹寿司づくりの場面に関しては比較的維持されているといえよう．食を通じた地域伝統の継承や地域らしさの具現化は，笹寿司を用いてそれに時間や労力を費やして取り組めば，多くの人々の納得や満足感が得られやすく，参加しやすいと思われる．

　他方で，笹寿司さえ揃えれば，ほうらい祭りの会食としての一応の体裁が整うため，それ以外の献立を仕出しやオードブルに置き換えて効率化を図ることへの抵抗感は低まると考えられる．金沢都市圏に位置する鶴来地区は，都市的な食環境や利便性追求に比較的寛容な住民意識も多く含まれると考えられる．そのため，奥能登以上に慣習や形態の合理的変容が多くの人に容認され，浸透することも考えられる．現時点では，高齢層を中心に，山菜・クルミ料理やえびすなど昔から用いられてきた献立の調理・消費が一定程度維持されている．しかし今後，消費の中心世代が今の若年層に移っていくなかで，これら献立や食材の利用の継続，消費水準の維持は容易とはいいがたい．奥能登での考察結果も参照すると，とくにオードブルをより積極的に活用するようになることで，笹寿司以外に従前準備，調理されてきた地域らしい献立は，祭りの会食の構成要素から消えていきやすいと考えられる．

コラム③
葬儀の会食の実施状況と変化

　第Ⅱ・Ⅲ部では，年中行事や祭りの会食の実施とその変化に注目した．冠婚葬祭の会食は，日常（ケ）の食以上に献立，使用食材，調理方法などの様式・ルールの順守・継承が重視される傾向がある．「冠・婚・祭」の会食は，ポジティブなハレ食で，人々がその実施を楽しみにしている．食材や献立には，日常食さない高価なものも積極的に取り入れられ，（ハレの場であることを理由にして遠慮せず，気負いなく）「御馳走」を摂る工夫がなされてきた．

　一方の仏事，として「葬」の場での会食は，その性格上，ポジティブな雰囲気で摂られるものでもなく，キラキラとした献立では構成されない．地味な献立が多く，それを淡々と摂ることも多い．そのような人々の仏事への関わりや仏事での会食機会も，ご多分に漏れず，社会状況や地域環境，人々の生活様式・価値観の変化の影響，葬儀社・葬儀会館の活用の増加を受け，過去に比べると減じてきているし，それらの質も変化してきている（板橋 2002；石井 2020）．たとえば，長崎県壱岐市の「壱州豆腐」の事例（桂ほか 2018）では，会館での会葬の増加にともない伝統的な仏事献立から全国で一般的に用いられるような仏事用仕出し・弁当の利用が主となったこと，多量の豆腐を用いる献立に対する人々の飽きも影響して，仏事献立での豆腐利用が縮小し，地域独特な仏事の豆腐料理の継承がなされにくくなってきている．

　北陸地域一帯に共通するが，石川県は全国のなかでも仏教（とくに浄土真宗）信仰が厚い地域とされる．「百姓のもちたる国」を作りあげた歴史，日々の読経，豪華な仏壇・仏間の確保，報恩講など仏事にかかわる年中行事で形成された 1 年の生活リズム・学習機会など，仏教と結びついた生活様式・習慣の継承，歴史文化への誇りがみられる．現在でも県内各地の寺院で仏事が盛んで，そこに多くの地域の人々が関与し続けている．他方で，先の「第Ⅲ部で注目したい点」でふれたように，仏事が盛んな能登地域では少子高齢化の進展，人口減少が深刻で，第Ⅲ部 1 章で注目したキリコ祭りと同様に仏事もその実施や継承に困難がともないつつある．

　能登地域の例ではないが，団塊ジュニア世代（このトピックで紹介するアンケートの年齢区分では 40 歳代に該当）である筆者の経験を振り返ると，小学生（1980年代前半）の時に島根県津和野町で，自宅葬で営まれた曾祖父の葬儀に参列した．各部屋のふすまが取り払われて大広間になり，そこに祭壇や参列者のスペースが確保された．棺桶に男性陣が蓋をして釘を打って縁側から運び出し，故人の使っていた茶碗を玄関先で投げ割ってから出棺した光景が，初めての葬儀参列であったこと

もあり，強く印象に残っている．農村地域であったので，集落の方々が手伝いに来られ，受付や炊き出しを担っておられた姿もかすかに記憶がある．

ちなみに先日（2022年），輪島市のある集落の方から，奥能登の一部集落では現在でも自宅葬で営まれ，そこに集落の人々が手伝いに出て，女性たちは通夜の前から葬儀の後までの会食の段取りを手分けして行っている，若い世代がいないのでもうそろそろ慣習も途絶えていくのでは，という話を伺った．上述の自分の経験から40年近く経過している今日でも似たような営みが現存していると知り，驚きと新鮮さを覚えた．

我が家（山口県山口市）は，父・母の両親4人と3世代3世帯同居をしていた時期があり，4回葬儀を出す経験（1990年代前半から2000年代後半）があった．祖父母4人の葬儀はいずれも葬儀業者を利用した自宅葬で，会食は自宅で摂ったもののほぼ仕出しで対応した．当時はすでにセレモニーホール・会館で営むスタイルが多く，自宅葬ということが友人らから珍しがられた．1990年代に出した葬儀は，それなりに参列者も迎え，町内や父の職場からの手伝いの方もあり，会食人数も30名近かった．先述の津和野の葬儀のように農村部の古い家屋ではないので，病院から戻ってくる棺桶，祭壇を置くスペースなどを確保するため，慌てて家具移動をし，少々強引に安置した．しかし最後4回目の葬儀では，近しい人だけで執り行うコンパクトなものにし，祭壇も簡略化して，ストレッチャーの上に棺を安置していた．会食も10名弱で手の空いた人からバラバラと仕出し弁当を摂った．

我が家は寺の行事に参加したことがなく，葬儀や法事で住職がお越しになると毎度，お鈴や香炉の配置を修正される信心深くない門徒であるし，県庁所在市の新興住宅地に居住している転勤族（祖父母との同居後は父が単身赴任）である．だから，葬儀の簡素化への気兼ね，伝統的で地域らしい会食へのこだわり・知識などもなく，ご町内の目など社会規範による縛りもさほどなく，町内にも地域の古くから慣習のようなものが明確に共有されてもいないため，会食や葬儀内容の簡略化を容易に実行できたのかもしれない．全国的には都市部を中心に，葬儀やその会食の簡素化，伝統的様式の変容が進んでいる．筆者の経験もある程度，全国的な動向と沿っているだろう．

脱線したが話題を戻そう．ここでは第Ⅲ部1章で扱った奥能登で2019年に実施したアンケートで収集した情報を基に，葬儀での会食の実施とその変化について若干であるが目を向けてみよう．なお，回答者の「行事や檀家としての勤めなど寺とのかかわり」（593人回答）では，「自世帯に年に何度も・よく参加している者がいる」（40歳代まで34.2%〜70歳代以上51.7%），「自世帯にはたまに参加している者がいる」（40歳代まで25.0%〜50歳代38.1%）が多くみられ，仏事が盛んな文化が地域で続いていることの現れと言えよう．一方で，40歳代までの回答では，「自世帯からはほとんど参加していない」（17.1%），「自世帯は檀家ではない，寺に

表Ⅲ-コ③-1　ここ 3 年間での仏事にともなう会食の機会

区分 (回答者数)	仏事に関わる会食あり	ここ 3 年間での食事をともなう「仏事」の経験の有無，およびその内容（複数回答可）(%)					仏事に関わる会食の機会はなかった
		報恩講や葬儀などの会食の調理をする機会があった	仏事用お弁当・仕出しなどを食べた	飲食店で仏事用料理を会食した	（輪島塗の）銘々膳・お椀に準備された地域の伝統的な仏事食を摂った	精進料理などの仏事向けではない，普通のメニューを摂った	
全体 (570)	88.2	29.6	74.4	45.1	11.9	12.1	11.8
40 歳代まで (74)	75.7	14.9	62.2	29.7	9.5	13.5	24.3
50 歳代 (103)	90.3	29.1	81.6	41.7	12.6	10.7	9.7
60 歳代 (202)	90.6	36.1	77.7	49.5	11.4	10.4	9.4
70 歳代以上 (191)	89.5	28.8	71.7	48.2	13.1	14.1	10.5
珠洲市 (162)	86.4	25.3	69.8	46.3	12.3	13.0	13.6
輪島市 (111)	91.0	27.0	73.9	45.9	16.2	14.4	9.0
能登町 (249)	87.1	32.9	76.7	43.8	10.4	9.6	12.9
穴水町 (48)	93.8	33.3	79.2	45.8	8.3	16.7	6.3

（アンケートを基に作成）

関わりがある意識は薄い・ない」（23.7%）回答が他世代より多い．

　「ここ 3 年間での食事をともなう仏事の経験の有無」（570 人回答）については，全体では 9 割弱の者が何らか機会を持っていた（表Ⅲ-コ③-1）．50 歳以上の各世代では，身内や知人などに関わる仏事の発生頻度が高まることもあり，多くの者に経験がある．しかし 40 歳代まででは，約 4 人に 1 人は未経験であった．「仏事用お弁当・仕出しなどを食べた」，「飲食店で仏事用料理を会食した」と，仏事用の外食・中食で会食が賄われているケースが多い．なお，従来型の仏事の食事のあり方にこだわらず「普通のメニューを摂った」とする回答も会食経験者の 1 割強みられた．「会食の機会はなかった」については，ここ 3 年間で葬儀などに縁がなかった場合と，参列はしても会食せず退席するケースが考えられる．

　能登地域での過去の会食に関する記載をみると（日本の食生活全集石川編集委員会 1988），地域で葬儀が出た際，多くの場合は，同じ集落の人々が食材などを持ち寄って炊き出しに集まり，相当な人数分の会葬参列者に食事の世話をしていた．また，寺で報恩講などの仏事がある際にも，檀家の人々が会食の調理などを担っていた．それらにあたる「報恩講や葬儀などの会食の調理をする機会があった」は，全体では 29.6%にとどまり，40 歳代まででは経験がある者は 14.9%と限られる．あわせて，能登地域の仏事では過去には輪島塗のお膳や椀が利用され，それを揃えるための家具頼母子，椀貸のしくみや共同所有が集落でみられた（日本の食生活全集

石川編集委員会 1988）．これに関わって，「（輪島塗の）銘々膳・お椀に準備された地域の伝統的な仏事食を摂った」経験がある者も，全体で 11.9％にとどまった．

　過去も含めて仏事の経験があった者に，最後に経験した時期を確認した．「葬儀での会食の調理に関わる経験」（526 人回答）は，「経験あり」が 71.9％であった．50 歳代以上（70 歳以上 83.3％，60 歳代 75.7％，50 歳代 66.3％）に比べ，40 歳代まで（40.6％）は低率であった．最終に経験した時期（304 人回答）は，「2010 年代後半にも経験がある」者が 37.2％みられるが，「1990 年代後半まで／2000 年代後半まで」（各 15.5％），「2010 年代前半まで」（10.9％）とした者も多い．

　「報恩講や法事での会食の調理に関わる経験」（526 人回答）は，葬儀に比べると開催頻度が高いこともあり，全体では 50.4％が「経験あり」とした．50 歳代以上では経験者が多い（70 歳代以上 62.9％，60 歳代 50.0％，50 歳代 46.9％）が，40 歳代まででは 24.6％にとどまる．最終経験の時期（211 人回答）は，「2010 年代後半にも経験がある」63.0％，「2000 年代前半まで／2000 年代後半まで」（各 10.4％）が挙がった．

　「（輪島塗の）銘々膳・お椀で供される地域の伝統的仏事食を摂る経験」（513 人回答あり）は，55.2％が「経験あり」とした．50 歳代以上の経験あり回答率（70 歳代以上 60.7％，60 歳代 59.4％，50 歳代 52.1％）と比べ，40 歳代まで（34.8％）の経験ありの割合は低い．最終経験の時期（213 人回答）は，「2010 年代後半にも経験がある」者が 24.4％みられるが，「1990 年代後半まで」（18.8％）が多く，「1990 年代前半まで」以前の時期回答を合計すると 33.3％で，他の仏事経験の回答傾向より最終経験の年代が古い．

　「仏事のために食材（山菜や海藻）を自家や町会で採取，保存したり，近所でおすそ分けする経験」（514 人回答）は，70 歳代以上 48.5％，60 歳代 51.8％，50 歳代 45.8％であるが，40 歳代まででは経験者は 21.7％と少ない．最終経験の時期（183 人回答）は，「2010 年代後半にも経験がある」者が 38.8％みられるが，「1990 年代後半まで」（17.5％），「2000 年代後半まで」（13.7％），「2010 年代前半まで」（10.4％）と続いた．

　近年では，通夜や葬儀は自宅や地域の集会所などで執り行わず，業者の葬儀会館（セレモニーホール）で弔うことが主流となっている．会館での会葬の場合，葬儀業者が食事に関わるサービスも提供，取次しており，多くの場合それが利用されるので，会食の調理を家族や集落の人々が担う必要がなくなる．そもそも，「町会集会所や故人自宅での通夜・葬儀の経験」を確認したところ（525 人回答），全体では 78.1％の者が経験があり，70 歳代以上は 81.7％，60 歳代は 83.7％，50 歳代は 75.3％の者が経験していた．しかし 40 歳代までの者の「経験あり」回答は 58.0％であった．また，最終経験の時期（331 人回答）を確認すると，「2010 年代後半にも経験がある」者が 29.0％みられるが，「1990 年代後半まで」（19.3％），「2000 年

代後半まで」（14.8%），「2000 年代前半まで」（10.0%）も多い．

　これら状況を鑑みると，従前地域で営まれてきた葬儀や会食の様式・内容は，調査時の 40 歳代以下の世代の多くの人々には伝承されていないと推察される．筆者と同じ団塊ジュニア世代が，従前のスタイルの仏事の実経験を持っているギリギリ最後の世代のようだ．祭り以上に葬儀・法事は回数が限られるため（葬儀は毎年ないほうが望ましいことであるし），それを経験するのはタイミング次第という面がある．家族親戚が近い範囲に暮らし，就業も地域内で完結してきた従前の生活環境から，都市部に暮らす核家族，農外就業や地域外への勤めに出る者，共働き世帯も増えているなかで，報恩講など地域の寺の行事に参加する者も限られてきている．上述の状況を踏まえると，平成初期から中期の時期に，従来の仏事の会食スタイルやそれにともなう活動が大きく変わっていったと推察できる．

　「仏事の会食で出される伝統的，地域らしい献立」について問うたところ，「油揚げ・豆腐・がんもの煮物（「おひら」）」（319 人），「山菜・ゴボウの煮物（「しきもの」）」（230 人），「海藻の酢の物」（193 人），「三色葛切りとウミゾウメンの刺身」（191 人），「カジメ煮物」（150 人），「昆布巻き」（134 人）が多く回答された．そのほか，「豆腐刺身」（39 人），「すいぜん」（37 人），「くずきり（3 色，三角形，黒ゴマ添えなどの指摘あり）」（25 人），「人参の白和え・粕和え」（22 人），「ゴボウの胡麻和え」（14 人）などもみられた．

　上記の回答のなかにある「すいぜん（水膳）」（図Ⅲ-コ③-1）は，第Ⅰ部 1 章で考察した能登地域の海藻食でも登場した．寒天寄せやところてんに似た献立で，テングサを煮溶かしたなかに，もち米を引いた粉を混ぜて冷やし固めて作るもので，黒ゴマの甘だれを付けて食される．仏事で多用される献立だが，平時（特に夏場）にも涼を感じる献立，喉越しのよい品としても用いられる．従前は，家庭や集落で調理していたが，近年では調理者も減り，能登地域ではスーパーマーケットなどで

図Ⅲ-コ③-1　スーパーマーケットで販売されていた「すいぜん」
（2023 年 12 月，輪島市で購入，撮影）

調理品が販売されていることもある．仏事では，冷やし固めた「すいぜん」は薄くスライスされ，それを菊型や雲水型にして輪島塗の椀に並べて供される．

　この「すいぜん」について，献立の写真を示して献立名を問うたところ（606 人対象），無回答者が 312 人もあり，献立名を正答した者は 154 人，不正解者が 140 人であった．地域別では，店頭でも「すいぜん」を見かけることが多く，仏事や夏の食事でよく用いられているとされる輪島市では献立の認知度が高く（アンケート対象者

表 III-コ③-2　伝統的な会食献立に対する評価，考え，期待

会館葬儀で出されたり，仕出し屋や弁当店などから取り寄せる仏事用食事・献立であっても，伝統的な献立や地域らしい食材を使った献立が入っているとしたら，その会食についてどのように感じたり期待しますか（何らかの回答あり 535 人対象．複数回答可）（%）	
ありきたりの仏事ではなくなるのがよい	15.5
地元の人を地元らしく弔える	36.6
参加者間の会話のきっかけになる	33.6
地域の食文化を知る／普段食べない（地元・伝統）食を経験できてよい	49.9
地域の農林業・産業や業者の支援になる	14.0
昔ほど量は多くなく献立・食材が含まれているとよい	28.2
献立・食材の説明があるとよい	11.6
興味がわく／面白い	8.0
用いることで生じる費用は多少なら負担してよい	8.6
地元食材・献立の利用している品を意識して選択したい	18.1
家族葬など親しい人のみ・小規模な式の会食なら選択しやすい	18.5
わざわざ用いたいと感じない	11.0
伝統的・地味な料理に興味や魅力を感じない	3.6
おいしくないので要らない	2.6
費用が高くなるなら要らない費用が高くなるなら要らない	7.7
取り入れられている献立に特に興味がわかない	7.5
仏事会食は淡々と摂るものでいろいろな期待はしない	19.8

（アンケートを基に作成）

119 人中 86 人が正解），周辺市町の認知程度に差がある（穴水町：51 人中 13 人，能登町：266 人中 41 人，珠洲市：170 人中 14 人）．「すいぜん」正解者 154 人に，献立の主原料を問うたところ，「テングサ・寒天（・エゴ）」と「米粉」の両方を記述できたものは 77 人で，うち 47 名は輪島市の回答者であった．一方のみ正解が 33 人，不正解が 7 人，無回答が 37 人であった．自身の状況に該当する「すいぜんの利用，認知の状況」を選択するよう求めたところ（「すいぜん」正解対象，151 人回答あり：複数回答可），「自分で調理したことがある」は 3.3% にとどまった．ただし，「葬儀など仏事で出されて食べたことがある」（87.4%），「仏事以外の場で食べたことがある」（34.4%），「何度か食べたことがある」（44.4%），「毎年 1 度は食べている」（13.1%）と，葬儀以外の場も含み，摂食経験を何らか持っている．「スーパーマーケットなどで買ったことがある」（41.1%），「知人などに作ってもらう・頂いたことがある」（6.0%）のように，購入，おすそ分けによる献立との接点も確認できた．「スーパーマーケットなどで販売されているのは見かけたが買ったことはない」（14.6%）についても，購入にはつながらなかったが，献立の存在が消費者に認識されているという点で，地域の小売業者による活動が人々の地域資源や食文化の理解，認識の向上・維持に貢献しうる可能性を示唆している．

　「会館での葬儀で出されたり，仕出し屋や弁当店などから取り寄せる仏事用食事・献立であっても，そのなかに伝統的な献立や地域らしい食材を使った献立が入っているとしたら，その会食についてどのように感じたり，どのような期待や希望を持つか」を問うた（表Ⅲ-コ③-2）．「仏事会食は淡々と摂るものでいろいろな期待はしない」者が約2割みられるものの，「地域の食文化を知る／普段食べない（地元・伝統）食を経験できてよい」，「地元の人を地元らしく弔える」，「参加者間の会話のきっかけになる」，「ありきたりの仏事ではなくなるのがよい」と考え，好意的に評価している者も一定程度ある．

　他方で，大量生産された食材や加工品を材料として製造される仕出しや献立に比べると，地域の食材や献立を採用することは，当然そのためにコストがかかるため会食費用が割増しになる可能性がある．日常は洋食中心で多様な食を楽しむ生活をしている現在にあっては，煮物や酢の物などがたくさん用いられる会食の献立構成に人々が魅力を感じにくく，食べ飽きる可能性も考えられる．それらに関連する消極的評価の選択もみられた．

　「昔ほど量は多くなく献立・食材が含まれているとよい」「献立・食材の説明があるとよい」「家族葬など親しい人のみ・小規模な式の会食なら選択しやすい」のような選択が一定割合みられることから，これらに配慮した提供の工夫を凝らすことで，地域らしい食材や献立，伝統的な会食の献立を活用，継承できる可能性も考えられる．たとえば，仕出し・弁当の容器包装や食品の上を覆う乾燥・汁漏れ防止シートなどのデザイン更新・製造時に，献立や食材に関する簡単な解説・情報も含めるようにし，伝統的な仏事の献立，地域らしい品である旨を会食者が認知しやすくすることは，少しの工夫でできる．様々用意されるおかずのなかの1，2品に一口味わえる程度の量（過去の会食ほど多量ではない状態）で地域の仏事で用いられてきた献立を採用することで，大幅なコスト増を回避し人々の嗜好にも沿った地域らしさもある仏事用仕出し・弁当の構成，地域内での資源活用の実現することは，模索，配慮する価値があるだろう．

　コロナ禍を経て，家族葬・少人数葬が増加，定着してきているなかで，会食機会そのものが減ってきているが，機会がもたれる場合に，これら試みがわずかではあるが会食参加者の仏事の会食に対する印象・評価の好転，地域の食文化への関心喚起につながり，葬儀の会食の場が人と人，人と地域（での暮らし）の思い出をつなぐ装置となる可能性もある．それは結果として，葬儀業者や仕出し・弁当製造業者が果たしうる多面的な社会的責任の発現ともなり得るだろう．

コラム④
地域らしい，あるいは伝統的とされる食と
令和6年（2024年）能登半島地震

　本書の刊行準備を進めていた令和6年（2024年）1月1日，能登半島で強い地震が発生し，第Ⅰ・Ⅲ部で注目した奥能登を中心に北陸地方一帯で多くの深刻な被災が多方面にわたって生じた．半島という地理的特性，著しく進行している過疎高齢化も背景となり，復旧，復興活動は緩やかにしか進捗できなかった．夏にようやく，半島の重要アクセス道である「のと里山海道」で上下線通行が再開し，隆起した沿岸部を利用したう回路の設置など，移動環境の改善が進んだ．それもあって被災家屋・施設の公費解体，仮設住宅への入居なども進み始め，被災直後の風景で止まっていた地域のようすも少しずつ復興の兆しを実感できはじめていた．その矢先，同年9月（本書の校正段階）には，線状降水帯の発生による記録的な集中豪雨が奥能登で発生した．これによる深刻な土砂災害，浸水被災も重なり，復興がより困難な状況になった地域もある．二重被災した地域では，多くの人々が，物的被害の拡大もだが，身体的に疲弊し，心が折れる感覚に至ることが懸念される．

　今回の災害が契機となり，地域らしいあるいは伝統的な食の担い手の調理・提供，継承からの離脱や，活動内容・規模の縮減が生じ，今後の地域の食資源の利活用の展開に少なからず影響が生じる可能性がある．漁港施設の被災，沿岸域の地盤隆起による海藻類・貝類などの生息環境の変容，山地の地形崩壊などによる山の恵みの獲得の困難化，農地の被災による営農継続の断念など，資源を得る環境への影響，それにともなう食料生産・獲得の営みへの長期的影響もみられる．震災による様々な影響の詳細，被災後早い時期の地域のようすなどは，たとえば筆者を含む地理学の研究者による『地理』の特集「速報　能登半島地震」（831号〔2024年8月号〕：古今書院．水産業に関しては，林 2024a・b）などを参照頂ければと思う．発災後，筆者も地域の防災，食・水産に関わって各地で情報収集に取り組んではいるが，復旧が現在進行形であることを考慮すると，大々的，広範に住民らから情報収集する段階とはいえず，まとまった知見を示す状況にない．今後続く長い復興の過程で観察を継続し，地域の食のあり様をとらえていきたい．

　それでも1月の発災以降，少しずつではあるが人々が試行錯誤，工夫しながら食の維持・継承，活用に取り組むようす，被災を経て新たな食の活用の工夫や人・地域とのつながりを構築する例も各地でみられた．震災のあった年の終わりに石川にいる筆者が本書を世に送り出す機会に，まとまりない覚え書きだが記録を残すことも意義があると思う．そこで滑り込みで，ごく短いこのコラムを執筆，追加した．

図Ⅲ-コ④-1　2024年能登半島地震の影響で隆起し，波がかぶらなくなった「のり島」
（2024年2月，輪島市〔旧門前町〕で撮影．図I-1-4a の「のり島」とほぼ同じ範囲を撮影したもの）

図Ⅲ-コ④-2　海水をくみ上げる海岸が地盤隆起で遠のいた塩田
（2024年2月，珠洲市で撮影）

図Ⅲ-コ④-3　倒壊した酒蔵の例
（2024年3月，輪島市で撮影）

網羅的な情報収集，体系的な整理，指摘ができていないことをお詫びする．地域の宝であるこれらの食，それに関わる人・組織などが前を向いて少しずつよい形で再興され，将来に生かされていくことを応援する材料となれば幸いである．

　地震にともない，半島沿岸の各所の漁港では，漁港施設・漁具等の損壊，漁船の流出・転覆，港湾内外の海底が見えるほどの地盤隆起による機能喪失などが確認された．各地の漁業集落では，家屋等の倒壊，土砂災害，場所によっては津波の来襲などにより，生活基盤の損失，住民の負傷・犠牲もあった．

　沿岸域で盛んに行われてきたイワノリなどの海藻類の採取は，地盤隆起の影響でその継続が難しくなっている場合もある（図Ⅲ-コ④-1）．半島北部の沿岸域では，地盤隆起による海岸線位置の移動によって揚げ浜式製塩の作業に支障が生じ（図Ⅲ-コ④-2），その後の豪雨での土砂災害により復興作業に影響が生じた塩田もある[1]．白米千枚田など，地域ならではの食糧生産にかかわる景観，食に関連ある観光資源も，災害の影響を受けている．

　地域の食文化を支えてきた食品製造業者も多く被災し，施設・設備の倒壊，損傷，原料調達の停止・遅延・縮小によるものづくりの中止・停滞などが生じている（図Ⅲ-コ④-3）．第Ⅰ部1章で注目した魚醤油も，製造業者の多くが被災し，製造施設や出荷等に使う周辺経路の損壊，製造中の樽が転倒して商品化できなくなる，などの被害が生じている（図Ⅲ-コ④-4）．他方で，

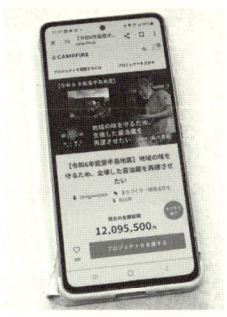

図Ⅲ-コ④-4　倒壊したいしる製造樽と
クラウド・ファンディングの返礼品
（上：2024年4月，能登町で撮影／下：
2024年9月，上の業者から届いた返礼
品を撮影）

図Ⅲ-コ④-5　倒壊した醤油を製造する
蔵とクラウド・ファンディングの実施
（上：2024年4月，輪島市で撮影／下：
2024年4月，上の業者の実施画面を撮
影）

他地域の酒造業者が支援し，被災地の酒造業者のもろみを救出して酒を醸し，販売
する例[2)]のように，被災地域の業と食文化を維持する支援がさまざまみられた．
　被災自治体に対するふるさと納税を通じた当該地域の食品関連業者らへの支援
や，被災地の企業をクラウド・ファンディングで応援する取り組み（図Ⅲ-コ④-
4・5）は，過去の自然災害の発生時より迅速，かつ盛んに展開されている感があ
る[3)]．クラウド・ファンディングなどでは，地理的距離が離れていても，復旧過程
で現地に赴いて消費等をすることが難しい段階でも，ある地域の食に注目したり，
食を通じたつながりを構築できたりする．それら取り組みへの参加を一つの契機と
して，後日に現地に赴いての復興過程・復興後の地域の食とそれに関わる人々との
交流の継続，購買・消費への意欲を喚起できる可能性もある．
　地域の人々にとって，慣れ親しんできた地元の食材・味は，地域ならではの食，
日々の食生活の成立に重要なもの，欠かせないものである．たとえば，発災後に図
Ⅲ-コ④-5の醤油醸造会社の蔵が被災したことが発信されると，早い段階でこの業
者の商品が県内各地の小売店の店頭で売切れた．発災後しばらく，当該業者の醤油

などは，供給できない状況が続いた．発災前に筆者がJFいしかわかなざわ総合市場の「親子せり体験・料理教室」に参加した際，講師を務めた輪島港の漁師が「この醤油でないと！」と力説されていたことが印象に残っている．地域で愛されてきた味が失われると，日々の食事のあり様，献立の質が変わり，地域ならではの食文化の継承にも少なからず影響が生じる．上述のように，地域内外の人々からの支援を得ながら復興に取り組む業者もあるが，地域らしいあるいは伝統的とされる食は中小零細企業，家族による製造・提供も多く，被災を契機としてそれら担い手が事業・活動の継続を断念せざるを得ない場合もある．

　流通・販売段階に関する被災の影響，復興への取り組みとしては，行政・団体らによる被災地の生産者や食品関連業者の食品等の消費の促進を目的とした複数の事業がみられ[4]，対象商品にラベルを添付した販売，店頭でのポスター・のぼりなどの掲示がみられる（図Ⅲ-コ④-6）．飲食店による被災地の食材，献立を活かした食事・献立の提供も，各地で取り組みがみられる．

図Ⅲ-コ④-6　被災した能登町の魚醤油業者の商品に貼付されていた復興支援事業のラベル
（2024年7月，購入，撮影）

　火災の発生などもあり活動に深刻な影響があった輪島朝市は，金沢市などに避難している関係者らも参画して，金沢市など他地域で「出張・輪島朝市」を実施している．干物などを販売し，多くの人々がこれを買い求めて訪れていた（図Ⅲ-コ④-7）．

　地域らしいあるいは伝統的とされる食材・献立の流通に関わるスーパーマーケット，飲食店，直売所・道の駅なども，施設の損壊，商品調達の遅延・停止などの影響を受けている（青木 2024）（図Ⅲ-コ④-8）．震災前より北陸，能登地域では，全国の他地域の動向以上にドラッグストアの出店競争が激化し，食料品購入先に占めるドラッグスト

図Ⅲ-コ④-7　被災した朝市通り（左）と金沢市金石の漁港施設で開催された出張輪島朝市（右）
　　　（左：2024年3月，輪島市で撮影／右：2024年3月，金沢市で撮影）

ア利用割合が高い状況がみられていた．地元資本のドラッグストアは，地元スーパーマーケットなどを買収し，生鮮品販売に強い店舗づくりの強化を試みていた[5]．これに対抗して，地元資本のスーパーマーケット，鮮魚店，食料品店は，地元食材の販売，細やかなサービスの提供を通じて地域の食環境の向上を目指し，企業の社会的責任を果たすことで，地域での買い物行動における存在意義，役割発揮を高めてきた．今回の震災を契機として，これまで地域らしい食材・献立を扱ってきたそれら食料品販売を担う店，飲食店などが一層厳しい経営状況に陥り，閉店に至るケースもみられる．今後，地域ならではの食と人々との接点が

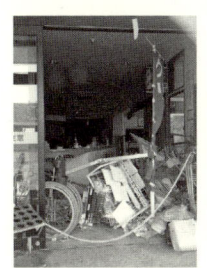

図Ⅲ-コ④-8　被災したスーパーマーケット（左）と，再建への支援を求める地元スーパーマーケットの例（右）
（左：2024年6月，珠洲市で撮影．同店は，地震・津波による被災が深刻で，それが大きな要因となり，再建を断念し，閉店した．／右：2024年6月，金沢市内の店舗で配布されていたチラシ）

減っていくことで，その継承がより難しくなることが懸念される．

　食材・献立を活用していた観光業も，施設・従業員の被災もあり，営業の停止・縮小に至っているケースが多い．第Ⅰ部でも触れたように，地域らしいあるいは伝統的とされる食材は，宿泊施設の食事の献立，土産店での販売など活用されてきた．これら施設・業などの活動が再建・再開されるまで，食材・献立の資源価値の発揮の機会・場が減じることになる．石川県・能登地域の主要産業である水産業，観光業は，地域経済の維持・活性に大きく寄与している産業部門であるし[6]，食材を介して相互に影響，依存関係にある．

　商業的な流通機構だけでなく，第Ⅰ部1章・コラム①で触れたように，生産物・漁獲物や加工品・献立のおすそ分け・物々交換が，住民の地域らしい食品・献立の重要な調達経路のひとつとなっている．これも今回の災害により，住民の他地域への二次避難・転出，食材獲得・栽培の場の喪失などにより，やり取りの環境の質低下，活動の弱体化を加速させる契機になることも懸念される．

　他方，集落の孤立化，避難生活のなかで，これら身近な地域で生産，漁獲・採捕された農林水産物が活用されたり，やり取りされたりしたケースもみられた．たとえば，珠洲市高屋町（林 2024a），馬緤町での聞き取りによると，集落孤立時やその後の復旧期では，住民が自家消費用にストックしていた米，野菜，水産物，各家で作っていた漬物などの保存食を持ち寄ったり，隆起した浜でサザエやタコ，イワノリなどを漁業者が獲ってきたりして，避難所での食事提供の材料として利用していた．非常食での食事，炭水化物中心の献立が続くなかで，地元の産品・加工品，

図Ⅲ-コ④-9　集落の避難所（コミュニ
ティーセンター）に寄贈された被災家庭
が所有していた輪島塗のお膳一式（器
類）
（2024 年 9 月，珠洲市で撮影）

鮮度の高い食材を味わうことができたこと
で，お腹もおいしく満たされ，調理・食事
の際の会話も弾み，心も多少リラックスで
きた面もある．高齢者が持っていた集落の
裏山の湧き水の所在などの知識も，避難所
の運営の環境確保に活かされた．馬緤町で
は，自主避難所となっている同地区のコ
ミュニティーセンター（珠洲市自然休養村
センター）での非常時の会食に多くの地区
住民が集い，会話をしながら食事をする機
会もきっかけのひとつとなって，過疎高齢
化により継続を断念していた地域の祭りを
今夏復活させる[7]など，マイナスをプラス
に変える試みもみられた．馬緤町では，
「倒壊した家屋はどうせ解体することになるし，その時には持ちこたえられないだ
ろうから，みんなで使ってほしい」，と，所有していた祭りなどで使われてきた輪
島塗のお膳一式（器類）をコミュニティーセンターに寄贈した住民もあった[8]（図
Ⅲ-コ④-9）．災害対応の現場で，思わぬ形で地域らしいあるいは伝統的とされる食
に関わる風景と出会った興味深い例として記しておく．

注：
1）　東京新聞 Web 2024 年 10 月 2 日記事「能登伝統の塩作り，今季の再開が困難に　豪雨で
塩田に土砂，地震を乗り越えたと思った矢先に」https://www.tokyo-np.co.jp/article/357435#
（最終確認：2024 年 10 月 3 日）
2）　たとえば，数馬酒造 HP 2024 年 3 月 5 日おしらせ「令和 6 年能登半島地震｜地震後の製
造状況の見通しについて　第 2 報」https://chikuha.co.jp/news/2024/6130/（最終確認：2024
年 4 月 19 日）
3）　クラウドファンディングサイト CAMPFIRE の谷川醸造に関するプロジェクト「地域の
味を守るため，全壊した醤油蔵を再建させたい」https://camp-fire.jp/projects/view/738598
（最終確認：2024 年 4 月 19 日）
4）　地域らしいあるいは伝統的とされる食も含む，被災地の食品関連の生産者・事業者らの
産品等の応援消費を促す取り組みとして，石川県「能登のために，石川のために　応援消費お
ねがいプロジェクト」https://www.pref.ishikawa.lg.jp/saigai/202401jishin-ouen.html（最終確
認：2024 年 10 月 15 日），一般社団法人 石川県食品協会「「がんばろう！　能登」シールによ
る能登復興支援について」https://www.ifa.or.jp//modules/whatsnew/index.php?page=article&
storyid=493（最終確認：2024 年 10 月 15 日）．
5）　北陸財務局「北陸管内の経済情報（令和 6 年 8 月 6 日）」https://lfb.mof.go.jp/hokuriku/
content/006/2024082901.pdf（最終確認：2024 年 1 月 4 日），日本経済新聞 2021 年 2 月 4 日記
事「クスリのアオキ，能登のスーパーを買収　ドラッグ店に」https://www.nikkei.com/article/

DGXZQOJB048BU0U1A200C2000000/（最終確認：2024年10月4日），食品新聞2022年9月23日記事「北陸地区　ドラッグストアの出店攻勢が過熱　地元スーパー「絶対に負けられない」　地域の食で反撃へ」https://shokuhin.net/62190/2022/09/23/ryutu/kouri/（最終確認：2024年10月4日）.

6）　日本政策投資銀行2024.「令和6年能登半島地震からの復興」レポートvol.1令和6年能登半島地震からの創造的復興に向けて〜“能登の里山里海”を新たに取り戻す〜（日本政策投資銀行 北陸支店レポート）https://www.dbj.jp/upload/investigate/docs/88ecb49e7bae56d7052d89a3517f4d52.pdf（最終確認：2024年5月20日）

7）　北陸中日新聞web「【石川】隆起の砂浜　踊りの輪再び　昨年で終了　珠洲「砂取節祭り」復活」https://www.chunichi.co.jp/article/943552（最終確認：2024年10月4日）.

8）　なお避難生活が続き，地区・近隣でも9月の集中豪雨による深刻な被災もあったが，復興の契機としようと10月には例年の開催内容に近い形でキリコ祭りが開催され，キリコ・神輿の町内巡行とともに，被災した各家庭から輪島塗のお膳一式を持ちより，コミュニティーセンターで地元産の食材を調理して「ヨバレ」も実施している．北陸中日新聞2024年10月14日朝刊「キリコ巡行　伝統守った　珠洲・馬緤町　能登の習慣「ヨバレ」も」参照.

第Ⅳ部

福井県の事例から

地域らしい，あるいは伝統的とされる食の販売と消費

（2021 年 7 月，大野市で撮影）

第IV部で注目すること

　第IV部では，福井県を事例に，地域らしいあるいは伝統的とされる食に目を向け，消費の実態把握とともに献立の量や質の変容，人々の献立・習慣に対する認識のありよう，食文化に関わる地域意識について「見える化」を試みる．また，販売のようすを現地で観察し，商品・献立を人々が手に取りたくなる，食べ続ける契機・雰囲気・場をどのように設けているか，その工夫にも注目する．ここでは具体的には，夏至から数えて11日目の日，七十二候のひとつである「半夏生」の日に奥越地域の大野市・勝山市でみられるサバ食を取り上げる．

　地域の環境特徴や立地，資源状況，営みの性質や，地域外からの影響，時代背景などが反映され，各地に特色ある食文化が形成され，現在もその継承，活用がみられる（橋村 2011；今田 2018；中村周作 2018；中村亮 2018）．一方で，年中行事における会食や地域らしいあるいは伝統的とされる献立は，社会・環境条件や時代の変化にともない，その購入・消費量や食品・献立の質，調理方法が変動する場合がある（井上・サントリー不易流行研究所 1993；谷口 2017；石井 2020）．人々が考え選択する献立・食文化のあるべき姿やそれらを食べることに託す願いがある時期の形や質からゆらぐ，あるいは柔軟に変化することもある（水島ほか 2005；古家 2010）．献立・食文化が発揮する役割，それらの扱われ方，販売活動の質・量，食に関わって抱かれる地域意識が，時代により変化すること，流通に関わる主体の取り組みに影響されて普及・定着，変容していくこともある（岩﨑 1990・2017；竹井 2001；矢野 2007；河原 2019）．

　ここで扱う半夏生に関連して，関西地域を中心にタコを食する習慣がみられる．ちょうど稲作の作業がひと段落し，稲が根を伸ばし大きく成長するこの時期に，たくさんの吸盤を持つ足を稲穂に見立て，しっかり大地に根を張り伸ばす稲の苗になぞらえて，順調な生育を祈願してタコを食する．タコはタウリンなど栄養豊富な食材である．元気に農作業できる体づくり，夏バテ防止の観点からみると，タコを頂くことは理にかなった食選択，慣習といえる．科学的分析の技術などない過去の人々の持っていた資源の選択眼のよさには驚かされる．筆者の幼少期の地元である山口県では，特段，半夏生を意識したり，これにあわせて何かを食べたりすることは広く一般住民に浸透していなかったように記憶している．大学に進学して関西に住むようになり，最初の夏にスーパーマーケットで「半夏生といえばタコ」と気合を入れた販売促進，多数の陳列を目撃して驚いた．現在では，この時期になると関西地域に限らず全国各地でタコの販売促進をしている光景に出会うようになった．水産業界の新聞各紙でも，6月になるといよいよとばかりにタコ販促関連の記事が

並ぶ．水産食材の販売促進にあたり，季節感，慣習を活用している例である．

　従前から継承されてきた形態・方法で，地域らしいあるいは伝統的とされる食を提供し続ける加工業者，小売業者，飲食業者なども存在するが，近年では，取り巻く状況の変化をとらえ，消費者が手に取りやすい・取りたくなる商品・場づくり，新たな価値の創造に取り組み，地域の食文化に関わる食材・献立の流通環境の維持・発展に貢献する関係業者もみられる．地域らしいあるいは伝統的な食を摂りたいと考える消費者の存在は，食品関係業者，観光業者らが活動を維持，着想する基盤であり，地域文化の継承条件でもある．同様に，食材・献立が調達できる環境，食する動機・必要性・メリットが存在することが，地域内外の消費者が地域らしいあるいは伝統的な食を継続する際に重要な条件となる．鶏と卵の関係のように，どちらの側面が先行して刺激を与えるか特定，限定することは難しく，働きかけは同時進行であることも多い．

　食材・食文化に関わる地域意識も，地域の人々がどの程度・どのような点で「自分の地域の食材・食文化である」，「大事な食材・食文化である」と認識するかにより，食を活用した地域アイデンティティの醸成，地域活性に取り組むことに意義があるか否か，伸ばすべきあるいは留意を要する側面が何か，どのように良さを魅せるか，それらは変わってくるだろう．地域らしいあるいは伝統的とされる献立に対して人々が抱く利用の意義やあり方，食材・食文化への評価観点，変質への許容範囲，地域意識の傾向が分かれば，それを踏まえて学びの機会，食材の提供方法などを改善でき，食文化のスムーズな継承，食を活用した地域活性をより現実的，効果的に模索，計画することが可能となる（中村均司 2012；嘉瀬井 2019；濱田 2019）．

　ただし従前の食文化に関わる考察では，これらの点に関わる知見収集は充分取り組まれてこなかった．ここでの考察では，地域の人々の食材・食文化に対する認識のおおよその方向性を，アンケート調査を基に明らかにすることを試みる．なお，食文化の理解を深化するには，過去の焼鯖供給構造や実施状況，慣習の歴史的変遷や，今日の流通構造や販売戦略，食育など文化継承活動の考察も重要であるが，今後の課題としたい．

　第IV部1章の考察を補足するものとしてコラム⑤では，「半夏生鯖」をはじめとして福井県で利用が盛んなサバについて，その加工品を概観し，加工業者，販売業者らによる商品開発，見える化の工夫・課題，伝統的な特徴，利用形態などを維持する営みと，新しい利用場面，商品形態などを生み出し価値を創造していく試みの事例のいくつかに触れることにする．あわせて，ここでは福井県での事例とあわせて，同様にサバ利用が盛んで，共通するサバ加工品がみられる隣県の事例にも目を向け，資源利用で結びつく地域にも目を向ける．

奥越地域における半夏生鯖の
販売・消費実態と発揮される役割

1．はじめに

　ここでは，福井県奥越地域（大野市・勝山市）における「半夏生（夏至から数えて11日目）」での焼鯖「半夏生鯖（はげっしょさば[1]）」（図Ⅳ-1-1）の消費の実態と，人々の食材・食文化に対する認識の把握を試みる．隣り合う市域での半夏生鯖に関わる消費行動や認識について，共通点，違い，関係性にも目を向ける．あわせて，奥越地域での半夏生鯖の販売状況を現地で観察し，商品・献立が人々により手に取られ，食べ続けられるきっかけ・雰囲気や場をどのように設けているか，その工夫にも目を向けることとする．

　福井県奥越地域では，半夏生の日にタコではなく焼鯖を食す慣習が江戸期から継承されてきた．日本の食生活全集福井編集委員会（1987）では，当該地域での半夏生について「この日の食事には，海に遠い山間地でも，一人一ぴきの焼きさばが据えられる．焼きさばは，かや串や竹串にさしたものを町の魚屋から買ってくる．（中略）生のさばを焼いた焼きさばの味は格別である」（p.95）と記されている．半夏生に焼鯖を食す文化は，農作業で疲れた体を癒し，盆地特有の蒸し暑い夏を乗り切るための貴重な栄養源として，大野藩主が領民に奨励したことが起源とされている[2]．大野藩は，越前海岸の西方領（現在の丹生郡越前町）に飛び地があり，四ヶ浦（しかうら）などで獲れたサバを沿岸背後の山地を越え，鯖江から大野へと続く街道を使って運ばせていた．沿岸の漁師には，サバを出荷させることで年貢を減免していた．サバは必須脂肪酸（EPA〔エイコサペンタエン酸〕，DHA〔ドコサヘキサエン酸〕）やビタミンB群などが豊富な食材で，夏バテ防止，疲労回復にももってこいの食材である．日ごろ水産物の消費が容易ではなかった内陸

図Ⅳ-1-1　半夏生鯖
（2018年7月，大野市で撮影）

図Ⅳ-1-2　半夏生鯖の販売風景を取材するTV局
（2021年7月，大野市で撮影）

地の人々にとっては，半夏生に焼鯖を食べる習慣は，単に栄養摂取の効果を期待するだけでなく，貴重な食材を食べる理由付け（ハレの日）としての意義も大きい．

後述のように毎年7月2日前後には，大野市や勝山市の鮮魚店，スーパーマーケットや仕出し店が半夏生鯖を販売し，それが地域の歴史ある食習慣，季節の風物詩として毎年のように報道されている[3]（図IV-1-2）．近年では，大野市商工会議所により半夏生鯖を大野まで運ぶ苦労をしのぶイベントとして，四ヶ浦から大野まで約60キロの道のりを歩いてサバを運ぶ「半夏生サバ買い出しウォーキング」が開催された[4]．

2．奥越地域における半夏生鯖の販売状況

2017〜21年の半夏生の日に両市の鮮魚店，スーパーマーケットで，販売状況や消費者の購買行動を観察した．

大野市の市街地では半夏生鯖を販売する鮮魚店が確認でき，買い求める人々が行列を作っていた（図IV-1-3）．半夏生鯖の仕出し店が半夏生鯖を調理，配達する様子も複数確認できた．2022年には，大野市域で22店舗が半夏生鯖の販売を，うち7店舗が店頭での炭焼き実演販売を予定していた[5]．地方発送に対応している店も多い．勝山市でも鮮魚店，スーパーマーケットで販売を確認できた．大野市，勝山市では，地元資本だけでなく県外資本のスーパーマーケットでも半夏生商戦が盛んである．毎年，鮮魚店，スーパーマーケット，仕出し店などの店頭には福井中央魚市ら流通関係業者も協賛して作成された「7月2日は焼さばの日」ポスター（図IV-1-3の上段左）が掲示され，消費者に購入を喚起している．

図IV-1-3 半夏生鯖の販売風景
（上段左：2017年7月〔鮮魚店〕／上段右：2021年7月〔鮮魚店〕／下段左：2021年7月〔鮮魚店〕／下段右：2017年7月〔スーパーマーケット〕いずれも大野市で撮影）

鮮魚店や仕出し店は，半夏生前後に多数のサバを串打ちして炭火やロースターで焼いたり，焼鯖を店頭に並べたりしている．スーパーマーケット各店でも，店頭にテントを張って実演販売をしたり，店内に特設コーナーを設けて多数陳列したりしている．鮮魚店や仕出し店，スーパーマーケット

では，購入予約を受け付けている．店によっては
配達も行っている．また，スーパーマーケット各
店では，姿焼きに加えて，小食の高齢者，小家族
などのニーズに対応する切り身の焼鯖や，献立の
バラエティーを広げて購買喚起を試みるものとし
て半夏生鯖を取り入れた寿司や惣菜も用意してい
る（図IV-1-4）．

図IV-1-4　半夏生鯖を活用した
惣菜販売の例
（2017年7月，大野市で撮影）

　鮮魚店での聞き取り，新聞記事[6]によると，大
野市中心部の鮮魚店Aは，2019年の半夏生には
約1,100本，COVID-19流行による影響を受けた半夏生となった2020年には約
850本の焼鯖を販売した．価格は，1,700円であった．半夏生の日には，客の列が
長く続いていた．鮮魚店Bでは，2021年には約800本の焼鯖を販売した．価格は，
1,600円であった．Bによると，材料を確保する観点と，脂ののりがよさから，ノ
ルウェー産の無塩冷凍サバを中心に仕入れている．炭火で焼く際，国産は20分ほ
どで焼きあがるが，ノルウェー産は脂が多いので30分程かけて徐々に焼く工夫を
している．Bでは，絶え間なく訪れる買い物客への対応をしながら，冷凍サバを水
に漬けて解凍し，串を打ってロースターで次々と焼いていた．鮮魚店各店では，朝
早くからサバを焼き上げる作業に追われ，店先にはその香りや煙が立ち込めてい
た．

　大野市・勝山市を含む福井県嶺北に出店がある地元資本スーパーマーケットCで
は，2017・2019年の店頭，広告には全店合計で「自慢のさば7,000本を，心を込
めて丁寧に焼き上げます!!」，「店頭炭火焼　朝10時より全店でアツアツ販売」と
目立つ記載があった．COVID-19流行の影響もあり，2021年の販売観察では
5,000本となっていた．焼鯖を食べる習慣に関する説明も記載されていた．宮城県
産と千葉県産のサバ（サイズにより680・980・1280円）の利用が確認でき，2021
年の販売もほぼ同様の産地・価格での扱いであった．

　大野市・勝山市に出店する地元資本スーパーマーケットD（大野市が本店）で
は，2017・2019年の販売店頭，広告には「半夏生丸焼さば3500本を焼いてお待ち
しています」，「全店，炭火焼！　対面販売！」と目立つ記載がなされ，半夏生の
日，焼鯖を食べる習慣，大野藩主が奨励した伝承に関する説明もみられた．宮城県
（金華サバ明記，サイズにより798・900円），福井県産（特大1500円）の扱いが確
認され，2021年の販売でもほぼ同様の産地・価格での扱いであった．2021年は，
COVID-19の流行回避を考慮し，店頭炭焼き販売が実施されなかった．

　中部地方を中心に展開する県外資本スーパーマーケットEでは，2017・2019年
の観察では奥越地域の8店舗のみ店頭焼き販売があり，千葉県・宮城県産（サイズ
により798・1280円），ノルウェー産（798円），福井県産（特大1280円）が確認

できた．広告には，「焼きたて炭火焼鯖　対面販売実施！」と明記され，半夏生鯖を食べる習慣や大野藩主の奨励に関する伝承について説明が付されていた．2021年の販売でも，ほぼ同様の産地・価格で扱いがみられた．

　2021年に開店した全国展開するスーパーマーケットでも，店頭焼き上げ販売がみられた．ただし，広告での情報記述は商品写真・価格のみ（1本680円）であった．

　このように，大野市・勝山市域の鮮魚店やスーパーマーケット（地元・地元外資本とも）は，半夏生の日に大々的に焼鯖を販売しており，多くの消費者が購入に訪れていた．詳細を把握できた各業者の販売する焼鯖の本数だけ合計しても相当な数となり，慣習の会食にともなう水産物消費が地域の経済活動や関係業者の営みに与えるインパクトは大きいことがわかる．

3．アンケート調査の結果

1）　調査方法

　半夏生鯖の購入・消費実態，認識などを把握するために，大野市・勝山市の住民を対象としたアンケートを実施した[7]．個人情報を取得せず実施するため，配布には日本郵便のタウンプラスを利用し，大野市で2,323通，勝山市で1,655通配布した[8]．回答は，各世帯で主に買い物を担っている20歳以上の者に依頼した．

　アンケートは2021年7月初旬に郵送し，9月10日返信到着分までを集計対象とした．居住地，年齢層が未記入のものを無効とした結果，有効回収数・率は全体で1,219通・30.6％（大野市31.6％・勝山市29.4％）となり，統計的に妥当な分析が可能な情報量が得られた．両市への配布割合，国勢調査（2015年）での20歳以上の世代別人口構成と比して著しいずれはないが，高齢化が進む地域であること，各世帯1名の回答を要請し過去の消費状況を問う内容が含まれたため，60歳代以上の回答割合が64.6％となった．若年層の購入・消費動向の把握が充分でない面も懸念されるが，現時点での地域の実態に注目したい．

2）　「半夏生鯖」消費・購入とその増減・維持の背景

⑴　ここ5年間の半夏生鯖の消費状況

　「ここ5年間の半夏生の日に，「地域らしいあるいは伝統的な食事・献立」と意識して「半夏生鯖」を消費したか」問うたところ，全体では8割を超える人が意識して半夏生鯖を消費していた（表Ⅳ-1-1）．5年とも意識して食べた人も5割を超え，今日でも地域の慣習が多くの人々により継続されていることが確認された．ただし，高齢層と若年層で実施状況に差がみられる点は，文化継承を考える際の留意点である．

表IV-1-1　半夏生鯖の消費状況

区分・回答者数		ここ 5 年間の半夏生鯖の消費状況（%）					
		5 年とも意識して「半夏生鯖」を食べた	5 年間のうち，意識して「半夏生鯖」を食べた年のほうが多い	5 年間のうち，意識して「半夏生鯖」を食べた年のほうが少ない	意識していなかったが「半夏生鯖」を食べていた	5 年とも「半夏生鯖」は食べなかった	食べたか覚えていない
全体	1,212	54.8	22.8	8.7	5.0	6.6	2.1
大野市	728	59.5	22.8	6.6	3.4	5.8	2.1
勝山市	484	47.7	22.7	12.0	7.4	7.9	2.1
20・30 歳代	75	40.0	18.7	17.3	5.3	13.3	5.3
40 歳代	134	47.0	25.4	11.2	5.2	7.5	3.7
50 歳代	221	52.0	24.4	10.9	4.1	6.3	2.3
60 歳代	378	53.2	24.3	9.3	5.3	6.6	1.3
70 歳代	298	59.7	23.2	6.0	5.4	4.4	1.3
80 歳代以上	106	72.6	12.3	0.9	4.7	7.5	1.9

（アンケート結果より作成．林〔2022b〕掲載の表を再編）

(2)　購買行動の特徴

　日常の買い物で水産物を購入する先について問うたところ（1,208 人回答あり：複数回答可），「スーパーマーケット・食料品店」が 92.6% と大勢を占めた．以下，「鮮魚店」29.6%，「食材宅配サービス・生協共同購入」11.7% が続いた．そのほか，「通販・ネットショッピング」（1.5%），「行商」（0.9%）も散見された．この状況にあって，ここ 5 年間の半夏生鯖の「購入先（1,040 人回答：複数回答可）」は，「スーパーマーケット」が 64.8% と最多で，「鮮魚店」（50.7%），「親類・知人にもらう」（9.4%），「仕出し・惣菜店」（6.0%）と続いた．なお，半夏生鯖の購入先として「鮮魚店」を選択した者（527 人）のうち，日常の水産物購入で鮮魚店を利用していない者が 238 人あり，特別な日の献立，伝統的な食習慣の実施の際に，水産物の取り扱いを専門とする鮮魚店が評価，活用されていることが確認できた．

　「購入商品の形態（1,043 人回答：複数回答可）」は，大半が前掲図IV-2-1 のような「姿焼き（丸焼き）」の利用が 93.7% と多く，姿焼きの鯖を食べる慣習が人々に継承されている．近年スーパーマーケット等で販売が増えてきている「切身（の焼鯖）」（13.4%），「惣菜」（4.9%）の利用は少なく，まだ消費の主流にはなってはいない．なお，購入商品の形態に関する各世代の回答に占める「切身」利用は 9.1%（70 歳代）から 22.8%（20・30 歳代），「惣菜」利用，1.9%（70 歳代）から 8.8%（50 歳代）であった．

　姿焼き購入者（977人）に「家族人数に対し，どのくらいの量の半夏生鯖を用意したか」問うたところ，「家族の人数分買いそろえた」が11.0%，「家族で分けて食べた」89.0%であった．先述の記録（日本の食生活全集福井編集委員会 1987）のように，過去の習慣では一人一尾食するとされるが，現在ではその様式は主流ではない．一緒に食べた家族人数，購入尾数とも回答があった845人では，一人当たり購入尾数は0.42尾であった．分けあう人数では，2名（277人），3名（194人），4名（188人）が上位であった．

　ここ5年の半夏生で意識して半夏生鯖を購入した者に，調達した半夏生鯖の「産地」を問うたところ（1,037人回答：複数選択可），「わからない・覚えていない」43.2%，「福井県」35.7%，「ノルウェー」32.6%が多い．国内の産地で記載が得られた他の主な産地としては，「千葉県」（5.3%），「石川県」（2.7%），「青森県」（2.3%），「（地名はわからないが）国産」（1.8%），「宮城県」（「金華サバ」記述を含む．1.6%）があった．福井県産とノルウェー産は，消費者ニーズに応える品揃えの展開過程で地元の品と輸入品という対比があり，産地表示も目立ち価格差も存在することから，消費者が容易に認知，記憶できると考えられる．福井県以外の国内産地に関しては，2017〜22年の半夏生での店頭観察でも，扱いが確認できている．「わからない・覚えていない」については，調査実施が半夏生の日以降あったため記憶が残っていない可能性のほか，鮮魚店や仕出し屋の販売では店頭や商品の包装などに産地表示がない，あるいは判りづらい状態があることが回答背景と考えられる．

(3)　過去の消費状況

　40歳代以上でここ5年間の消費状況を回答した者（1,053人）に，「おおよそ30年ほど前に比べ，近年の半夏生の日に「意識して半夏生鯖を食べる頻度や量」は増減したか」を問うた．47.2%の者は「変わらない」と回答した．増減の背景（1,037人回答：複数回答可）は，表IV-1-2に示した．60歳代以上の者に50年前の消費状況を問うたところ（750人回答），「ほぼ毎年食べていて，家族で姿焼きの焼鯖を分け合って食べていた」（61.7%），「ほぼ毎年食べていて，家族の人数分姿焼きの焼鯖が出されていた」（27.3%）と，50年前にも毎年焼鯖を食す習慣があった者，一人一尾で焼鯖があてがわれていたとする者の割合が多い．

　なお，50年前に食べる習慣がなかった地域に居住していた者を除く60歳以上（688人）に，50年前に半夏生鯖を食す習慣がみられた地域範囲の記憶を問うたところ（443人回答），現在の大野市・勝山市の範囲とする者が91.9%で，両市域外でもみられたとする者はわずかであった．

3）　「半夏生鯖」の歴史等の理解

　「焼鯖を食べる習慣の起源や背景，献立が焼鯖である理由」（1,120人回答）につ

表IV-1-2　消費増減・維持の背景や理由

増減・維持の理由や背景	30年前と現在の「半夏生鯖」の消費頻度・量の増減・維持 （回答者数）単位：%		
	増加 (185)	減少 (366)	変わらない (486)
お住まいの地域に伝わる半夏生の習慣だから	60.5	36.9	79.4
育った家庭・地域で半夏生鯖を食べてきたから	34.1	35.2	64.2
嫁いだ家庭・地域には半夏生鯖を食べる習慣があったので	25.4	15.3	22.0
親や祖父母世代が食べたがる	11.4	16.1	18.9
私自身や家族は半夏生鯖が好きだから	33.0	15.0	42.6
半夏生鯖はおいしい献立だと思うから	30.3	14.5	36.2
栄養が豊富・食べ応えがあるから	23.8	18.3	30.7
周りの人・地域の人が食べているから食べたほうが良いと思って	13.0	5.7	5.1
食べないと夏が来た気分がしない／食べると季節を感じられる	27.6	20.5	39.7
子や孫に食べさせたいから	23.2	10.7	22.8
地域文化の伝承や食育を意識して	30.8	19.4	33.5
食べる習慣をTV・本，学校や料理教室などで知ったので	11.4	1.1	1.9
店頭で焼いていたから	29.7	16.7	14.4
半夏生の品として妥当な価格・品質で販売されていたから	6.5	7.4	7.4
チラシなどで半夏生鯖が強調されていたり，店頭でたくさん陳列・販売されていたから	42.7	21.0	15.0
姿焼き以外に切り身や巻き寿司や弁当などで販売があったから	4.9	7.9	2.9
馴染みの・評価している鮮魚店や仕出し店が販売しているから	21.1	11.2	21.6
以前は高くて購入できなかったから	1.6	0.5	0.0
以前は近隣の店ではあまり販売されていなかった	7.6	0.8	0.6
家族構成が変わったり，加齢による影響のため	3.2	46.7	2.3
（焼き）鯖だと普段の食事と変わらないから	2.7	10.4	4.7
肉など他の食材のほうがおいしいから	0.0	9.0	0.6
半夏生鯖は価格が高いので	1.1	13.7	2.1
脂っこいから	0.0	4.9	0.6
大きすぎて食べ飽きる・食べきれないから	1.1	25.1	2.3
昔のものよりおいしくないから	0.0	12.0	0.2
馴染みの・評価していた鮮魚店や仕出し店が廃業・閉店したので	0.0	4.6	0.8
準備・調理が面倒だから	0.5	1.6	0.2
育った家庭・地域では半夏生に半夏生鯖を食べる習慣がなかったので	4.9	4.9	2.7
地域の食文化や伝統は気にしない・身近でないから	0.0	3.6	1.0
私自身や家族が半夏生鯖を好まない	0.5	6.6	1.4
子や孫など若い家族の意向で／若い世代が食べてくれないので	0.0	15.6	1.0
食べる意義やメリットがわからない・感じられないから	0.0	4.4	1.2
その他	2.2	1.9	1.2

注：　30年前と現在との半夏生鯖の消費量・頻度の増減・維持について回答があった者のうち，その理由や背景について，何らか回答があった者を対象として集計した．理由・背景の選択は，当てはまるものを複数回答可とした．

対象者のうち，50%以上が選択した項目　　　割合
対象者のうち，30%以上，50%未満が選択した項目　割合
対象者のうち，10%以上，30%未満が選択した項目　割合

（アンケート結果より作成．林［2022b］掲載の表を再編）

表IV-1-3　大野市回答者による自由記述での指摘例

世代	地区（中学校区）	自由記述（語句，数字表記の統一を施したうえで原文ママ掲載）
80歳代	和泉	昔の人は半夏生鯖を食べると汗が目に入らないと言っていた．
	開成・陽明	春の農作業である田植えが終わり，小学生のころ8人家族で丸焼き鯖をみんなで分けて食べました．唯一うれしい時間でした．
	尚徳	昭和30年代は半夏生になると越前海岸の行商が売りに来ており，良く買っていた（大野市坂谷）．当時はごちそうだったことを覚えている．
70歳代	開成・陽明	岐阜県の白鳥地域も大野郡（大野藩）で，昭和30・40年代は岐阜県からも大野の鮮魚店に30, 50本の串買いで来られる方も多くおられました．昭和50年代に仕事でいたとき，半夏生鯖を大野の鮮魚店へ買いに行くのが毎年の行事だと聞いたことがある．この時代，半夏生鯖は大野だけのものでした．昭和30・40年代，勝山の鮮魚店で半夏生鯖の串焼きはあまり見ていない．串焼きは新聞で包むものです．
	開成・陽明	街中でサバを焼くにおいが好きです，大野を感じます．今年も食べられることに感謝します．神棚にまず，仏壇にと，備えて食べています．
	尚徳	今から60年前くらい，大野の田舎に住んでいたので，父が半夏生鯖を買ってきてくれて家族で食べるのがとてもおいしく，骨だけ残してきれいに食べたのを思い出します．一尾の姿焼きのものでないと半夏生鯖とは思わない！
	尚徳	都会に住む親の兄弟に，毎年半夏生鯖を送っているが，昔に記憶がよみがえるのとなつかしさで大変喜ばれている．
60歳代	和泉	小さいころ，必ず一人一尾最後まで食べないといけないのがつらかった．食が細かったのであまり良いイメージでは残っていたいが，今となっては懐かしい．
	開成・陽明	昔は大人は姿焼き一本食べていた．馴染みの鮮魚店が注文を取りに来ていた，配達もしていた．昭和40年ころ，魚屋が注文を取りにバイクで回ってきていた（大野市の農家）．半夏生の日に配達してもらい，食べきれず残ったのは醤油で煮付けて2日続けて鯖でした．懐かしい味です．値段も手ごろです．
	開成・陽明	昔の生活を語り継ぐひとつの風習として，次世代に受け継いでほしい．ただ，ライフスタイルが変化していくなかで，この風習も形を変えていくのはやむを得ないと思うし，形を変えることで次世代に残していけるものなら，それも良いと思う．素材としてのサバは変えることなく，丸焼き鯖でなくとも切り身でも，焼いたものをほかの料理にしていくなど．
	開成・陽明	大野のお殿様が農民のために栄養のあるサバを仕入れて焼き鯖にして振舞ったことは本当に自慢できます．代々の藩主は大野の民のことを（武士も含めて）大事にされていたことが素晴らしい．代々伝えていきたい．
	開成・陽明	嫁に来てから半夏生鯖を食べることを知った．それまでは習慣がなかった．切り身のサバより丸焼き鯖のほうが脂がのっておいしい．特に鮮魚店のほうがスーパーよりも．半夏生の日には夕食のメニューが決まっていて楽でもある．
	上庄	今は廃村になった山奥の生まれ（旧西谷村）ですが，今から50年前でも半夏生鯖は特別なごちそうとして食べていました．やはり，特別おいしいサバを食べたくて，半夏生鯖は魚屋さんで買います．
	開成・陽明	半夏生にサバを食べることは当たり前になっている．サバが半夏生の日には高くなると思いつつもやはり炭火で店頭で焼いてる光景を見ると嬉しくなりにおいに誘われてそれを買う．
	開成・陽明	勝山に生まれ育った．半夏生にサバを食するのは小さいころからで，大人になってから大野が有名と知った．大野だけでなく勝山も習慣になっていたので，奥越の行事だと私は思っている．
	開成・陽明	半夏生はサバを食する日，それも丸焼きにしたもの，ということは，小さいころからの行事の一つだと思っています．なので，半夏生にサバを食べないということはないです．お正月にお雑煮を食べたり，クリスマスのケーキを食べたりするのと同じ感覚のように思います．
	尚徳	私が物心つく前より半夏生鯖を食べていたと聞いています（1960年頃）．こどものころは一人一匹食べていましたが，今では二人で一匹です．伝統的なもので若い人にわかってもらえ，歴史や背景を伝えていくことが重要だと思います．食文化を分かって食べてもらえるとちがうと思います．

表Ⅳ-1-3　大野市回答者による自由記述での指摘例（つづき）

世代	地区（中学校区）	自由記述（語句，数字表記の統一を施したうえで原文ママ掲載）
40歳代	和泉 開成・陽明	4年の社会科「わたしたちの大野」副読本で習った．
	開成・陽明	子どものころは祖父母と同居していたので，毎年，なじみの鮮魚店で買って食卓に並んでいましたが，結婚して家庭を持つと，こどもが小さい頃は毎年食べさせていましたが，大きくなるにつれて，普段の食事でも焼きサバは食べさせていたのでその日に絶対食べるという習慣がなくなってきました．
	開成・陽明	わざわざ輸入物のサバを使ってまで習慣や歴史を伝承しなくても，と思う反面，この文化が消えてしまうのは淋しいとも思ってしまいます．
	開成・陽明	ニュースやのぼり，ポスターで半夏生鯖のことを知らされたり見たりすると，「夏がきたなぁ」「乗り切るぞ」と思う．
	開成・陽明	仕出し屋の店頭で香ばしいにおいが立ちこめる風情が奥越独特の文化としてこれからも続いてほしいと思います．
20・30歳代	開成・陽明	子どものころ（約25から30年前）から，焼き鯖が大好きで，小学生の時でも一人で一本食べていたのを覚えています．普段の焼き鯖とは違って，炭火で串焼きにされたサバは今でもテンションが上がります．
	開成・陽明	献立を作成する仕事をしていたので，半夏生には焼き鯖を取り入れる．「夏がきなたぁ」と感じる．特にお年寄りは喜んでくれる．
	開成・陽明	自分は県外から転入してきたが，3歳の子どもがおり，保育園で半夏生の日にサバが給食で出たり，紙芝居でお話を聞いたりしていて，とても良いことと感じました．子どもには地域の文化を知り，体験してほしいと思います．
	上庄	現在勤めている会社では，半夏生さばを一世帯に一本提供してくれています．暑い夏を乗りきりましょうという気持ちを感じ，嬉しく思っています．
	開成・陽明	親によく，7月2日にサバを食べると一年健康でいられるんやと言われた．夏バテ防止にもいい．毎年この日を私は楽しみにしている．家族みんなで今日はサバやお！サバ，サバー，ってなっています．今の風景がずっと続いてほしい．

（アンケート結果より作成．林〔2022b〕掲載の表を再編）

いて，「他人に詳しく説明できるくらい知っている」（93人），「おおよそ知っている」（794人）との回答が多い．「江戸期より福井県内の日本海沿岸から奥越地域に，鯖が運び込まれていたことを知っているか」問うたところ，701人が「知っていた」．搬出先の地名回答があった604人の内容として，「越前町」（142人），「越前海岸」（93人）のほか，「四ヶ浦」（104人），「大樟・小樟」（6人）のように（越前町内の）具体的な漁業集落名での記載もみられた．過去に奥越地域に半夏生の焼鯖を含む水産物を持ち込んでいた行商の出所地（「三国」〔96人〕，「小浜」〔88人〕，「若狭」〔32人〕）を挙げた者もみられた．

4）「半夏生鯖」に関する経験，考えなどの自由記述

　半夏生鯖に関する自身の経験や思い出，考えや，親・祖父母らからの伝え聞きについて，回答を求めた．なお，大野・勝山両市の自由記述例について，主な観点を網羅するよう配慮して表Ⅳ-1-3・4に示した．確認された主な記載観点としては，「一人一尾食べる／食べられなかった，家族で分けて食べた」などあてがわれる焼鯖の量・形と食べ方に関わる記述が最多であった（自由記述あり651人中163人言及）．次いで，「毎年食べる」など習慣性に関する記述（138人）や，半夏生に食す

表Ⅳ-1-4　勝山市回答者による自由記述での指摘例

世代	地区（中学校区）	自由記述（語句，数字表記の統一を施したうえで原文ママ掲載）
80歳代	中部	私が子供のころ，母の実家が野向村津又で祖父が半夏生にサバを買いに朝早く出発し，遠い道を歩いて町に行き，夕方に帰り，母など子どもたち5人と祖父母2人に7匹買ってきて，大変おいしかった，と，毎年同じことを言っておりました．母は亡くなりましたが，今は僕が子どもたちと孫と一緒にサバを食べております．これからは子どもたちが孫と一緒に召し上がっていくでしょう．
	中部	私の子どものころの生活は大変に今と比べものにならない粗末な食事で，魚は祭りか正月くらいで，半夏生に家族みんな一尾ずつ魚を頂けるのは最高で，2，3回に分けて大事に食べたのを，今でも思い出します．70年前の話です．
70歳代	南部	今から70年ほど前の子供のころは，海産物をリヤカーにのせて三国から電車で行商のおばさん（通称，ボテさん）が，その季節の魚介類を売りに来ていた．毎年奮発して親がサバを買って食べさせてくれ，半夏生を実感していた．
	南部	私が子どものころ（60年前），母から「はぎっしょさば」の習慣があることは聞いていたが，経済的理由で実際には食べた記憶はほとんどありません．私の親の世代までは，誰でも食べられるということは無かったと思います．
	南部	92歳のおば（大阪在住）が，この時期になると，半夏生鯖の話をします．おいしい思い出と小さい頃の家族が貧しいから一匹を分けて食べたとのこと．今年も話を聞きました．
	南部	サバは焼き方が違うため，なじみの鮮魚店で毎年買っています．地域の食文化，いつまでも続くとよいと思います．大きすぎるため一人では食べられません．半分に分けて食べています．
	北部	今も昔も好きですが，高すぎて手が出ません．今では肉のほうが安く，また若い人が肉を好むので，食べなくなっています．
60歳代	南部	私の母（86歳）が勝山の平泉寺に嫁に来た時（19歳），半夏生になると実家に帰ることができました．半夏生鯖を持たしてもらい，実家へ帰った人もいましたが，私の母は実家より半夏生鯖を持ってきて，妹が迎えに来て，一緒に帰ったと話しています．私は，大野の魚屋に並んで買ってくる父が嬉しそうに話をしてくれ，私たちも心待ちに半夏生を待っていました．
	北部	年齢が高くなるにつれて，昔からの食文化を大切にしたいと思うようになった．テレビや新聞でサバを焼く香りや煙のことを見ると，今後も食べよう！と思い，近年は必ず食卓に上ります．いつもは切り身しか買いませんが，この日はやっぱり姿焼きです．脂がのってうまい！

るサバは「炭焼き・姿焼き・串刺しである（べき）」のような形態・調理法・質に関わる指摘（106人）が多く挙がった．「夏バテ防止」など栄養・効果面の指摘（99人），親などからの「習慣や歴史の伝承，過去の様子の聞き伝え経験があること・その内容」（92人），子や孫への食文化の「伝承意識」（82人），「大野藩主による奨励を起源とする慣習」である旨（72人），半夏生の焼鯖摂食が「楽しみ・心待ち・懐かしい思い出」であるとの言及（71人），「食材のおいしさ」（69人），半夏生に焼き鯖を食べることは「よい文化，誇りに思う，地域らしい，大事なもの」など慣習への好意的評価（60人）も多くの回答者が言及していた観点・内容である．

　なお，食習慣を「大野の文化として認識」（33人）する指摘のほか，「勝山市域で40，50年ほど前には半夏生鯖を食していた」状況に関する記述が99人みられ，

表IV-1-4　勝山市回答者による自由記述での指摘例（つづき）

世代	地区（中学校区）	自由記述（語句，数字表記の統一を施したうえで原文ママ掲載）
50歳代	中部	半夏生が近くなると，鮮魚店の人が「どうですか？」と連絡してきていただけるので，半夏生の時期になったのだ，と感じています．毎年親切に声をかけていただけるので，夕食に温かいままのサバを毎年家族皆で感謝しながら食べています．奥越地域は高齢の方が多く，食べたいけど買いに行けない，食べられない，と思い，半夏生鯖のことを忘れて行ってしまうのではないかと思います．その人たちに，なにか働きかける市や県のサポートを望みます．
	中部	現在 55 歳で，勝山市内で鮮魚，仕出し店を営んでいます．子どものときから父親からよく半夏生鯖の話は聞いていました．1980 年代の中ごろまでは，農業をする家が多くありましたので，1 つの家庭で人数分は必ず買ってもらえていました．最近は，勤めをする家が増えたので，一家に一本くらいです．また食べない家も増えました．最近は，30 から 40 年前の三分の一から四分の一くらいに減りました．魚屋も少なくなりつつあります．
	南部	私自身魚が苦手で，サバも時に苦手で（特ににおい），以前は祖母と主人の分二尾を買って食卓に出していました．私と子どもたちは食べませんでした．ここ数年は，この半夏生の日に主人が居なかったこともあり，次の日に食卓に出すにしても，台所，リビングにサバのにおいがするのが嫌で，買わなくなりました．昔より家族構成も少なくなり，一人一尾の習慣も食べづらくなり（多すぎる，残る），収入の低下などによる節約志向で，伝統とはいえスルーしてしまう人もいると思います．このアンケートをきっかけに，来年は久しぶりに焼き鯖を買って食卓に出してみようと思いました．
40歳代	中部	勝山から京都へ進学して出たときに，スーパーなどで半夏生鯖がないのにがっかりしたことがありました．京都の料理人の方に聞いた時，そんな名前知らない，風習も知らないと言われたことに結構ショックを受けました（2000 年ごろ）．同じ福井の人でも，知らない方がいたのにもびっくりしました（2017 年ごろ）．その時に意外と愛着を持っていて当たり前になっていたんだと気が付きました．
	南部	結婚するまでは文化として走っていたものの身近に感じておりませんでしたが，結婚して 11 年毎年半夏生鯖を食べています．嫁の実家では，食文化として食べる習慣があったようです．自分は勝山，嫁は大野出身です．自分としては，大野の文化としてとらえています．
	南部	半夏生鯖がスーパーの前で大量に焼かれているのは，販売促進にはよいと思いますが，フードロスの観点で心配があります．多くの魚の命がその日の最後にはきちんと食べられているのかと，店頭に並ぶサバを見て不安になりました．
	北部	学校の給食で半夏生鯖が出るので，親としてはありがたいし，由来を知って食べてほしい．地域の文化としてずっと残ってくれると嬉しいです．
30歳代	中部	小さいころからはげっしょサバを家族で食べていた．スーパーでのぼりなどを見ると，今年も食べないとなぁー，と思う．自分の子どもたちも，学校給食でも食べるし，家でも食べる．普段サバを出しても，少しでいい，なのに，やっぱりはげっしょさばはおいしいと言っておかわりしてくれる．それがすごくうれしい．そろそろ 4 人で一尾じゃ足りないな，と思った（笑）．
	中部	他から引っ越してきたが，面白い，おいしいと感じ，感心した．
	中部	大野で生まれ育ち，勝山に嫁いだが，半夏生鯖の風習は大野独自のものだと思っていたので，勝山でも同様に習慣づいていることを嫁いでから知ってうれしかった．
	南部	半夏生の時期にはサバを食べることが普通だった．大野発祥の文化なのだろうが，勝山でも食べているので，奥越の文化なのかなとも思っている．子どもの幼稚園の給食でも出ている．半夏生になるとサバ食べないとと思う．

（アンケート結果より作成．林〔2022b〕掲載の表を再編）

年数・時代が明確ではない「昔から」記述も含めると111人が勝山市域での習慣の古さに言及していた．

　過去の経験談，思い出や親・祖父母世代の伝承では，「めったに食べられない・ごちそうだった」など調達での希少性・困難性（66人），「田休みでの食経験・その伝承」（47人），「鮮魚店の御用聞きの存在や行商からの購入経験」（39人），「親らが家族分のサバを町まで買いにいっていた，家長が家族に分け与えていた」こと（33人），「沿岸部から来た行商からの購入経験」（30人）に関する記述も多く得られた．そのほか，あてがわれた焼鯖を「数日に分けて食べた，食べきれなかったものを翌日煮るなどした」こと（24人），「嫁ぎ先・実家から焼鯖が届いた，実家に焼鯖を持ち帰らせた」経験（13人）もみられた．

　これらのほか，「嫁いで・引っ越してきて慣習を知った」（57人），鯖を焼く「煙や香りが街に立ちこめる景観」への好意的評価・地域意識（53人），「季節を感じる」ことへの好意的評価（35人），「子や孫，親せきなどに送る／からもらう，県外に出ていた人が帰ってきて買う，届けると喜ぶ」（32人），「マスコミでの取り上げの認知やその情報から受けた影響」（28人），「学校給食やイベント等の学習機会」に関する言及（25人）も確認できた．購入行動に関連して，半夏生鯖を「鮮魚店で購入するこだわり，買っていた思い出」（65人），「店頭での炭火焼や特設コーナー，チラシ・のぼりの設置や予約受付など，販売促進の様子と購買への影響」（34人），「現在の価格（少々高くても買う，高いので躊躇する，輸入品は値段が手ごろ）」（29人），「国産，福井産，ノルウェー産など産地への注目」（24人），「習慣のイベント感，クリスマス商戦などの類似などをポジティブに評価，活用するようす」（16人），「切身や惣菜などの利用やアレンジレシピなどの提案」（14人），「メニューを考えなくて楽，7月2日の食事は決まっている」旨の指摘（13人）も確認された．

　習慣に対する好意的評価が多数得られた一方で，「自身の加齢や家族構成の変化，若年層の嗜好の影響による消費減退」（35人）や，年中食べられるようになって特別感がなくなった，半夏生に無理に食べなくてもいい，肉やほかの魚もあるので食べなくなったなど，習慣は「不要・やめる，意義が薄れてきている」旨の指摘（46人），「大きすぎる，脂っこいなど食べにくさ・購入しにくさ」（27人），土用の丑の日のウナギや節分の恵方巻（岩崎1990・2017；竹井2001）などと重ねながら慣習が「商戦の具となっていることへの懸念，伝統的風習のイベント化が進んでいる点へのネガティブな評価」（25人），今のサバはおいしくない，脂濃くなったなど「過去の品との比較（昔の方がおいしい）」（21人）もみられた．

5）「半夏生鯖」に対する認識

　第IV部1章で触れたように，献立の形状・内容や調理方法，献立の位置づけは，

それぞれの時代に生きる人々の創意工夫，選択を経て少しずつ変質していき（水谷ほか 2005；中村均司 2012；濱田 2019），後世から見るとそれら変容した献立・食文化も伝統的あるいは地域らしいものの延長線上にある妥当なものとして人々に受容，評価されていく（古家 2010）．その過程で，「ぶれてはいけない・真である」と人々が考える軸・枠を守りつつ，社会状況や地域事情，技術などに適合したもので多くの人々が納得できる内容・程度の変質が選択される．

　そこで，半夏生鯖に対して抱く考えや購入・消費行動を確認し，現時点での奥越地域の人々の食のあり様の把握を試みた．過去の記録で現れる食の内容やあり方を参照して用意した文が回答者自身の「考えや行動に当てはまるか否か，程度を4段階評価で選択する」よう要請した．用意した文，回答者の評価得点の平均値は，表IV-1-5・6 に示した．

　「とても／やや当てはまる・そう思う」回答が多い（すなわち，平均得点が高い）文を踏まえると，各世代に共通して大野市・勝山市の人々には，半夏生に「サバを食べることが重要」で，「串を打って姿焼き・炭火焼にしたものが正統，適切な様式」であり，「多少価格が高くても」購入すると考え行動する傾向がみられる．また，「鯖を焼く香りや煙の立ちこめる街の風景は地域を代表する風景」と好意的に評価し，半夏生に焼鯖を食べる習慣は「居住集落・地域の文化」と考えている．そのほか，「販売告知・商品説明・店頭での販売・焼きが購買を促進，文化理解を助ける」，「なぜ食べるのか背景や理由を意識すべき」，「次世代への継承意欲，学習環境の整備を支持」の項目も得点が高かった．

　他方で，若年層を中心に「一人一尾食べる習慣」は支持されていない．そのほかの伝統的なスタイルが正統であるが問う設問でも，若年層では平均得点が高まらない傾向がみられる．

　「半夏生鯖」の習慣は，先述のように江戸期の大野藩が発祥地で，明治期以降に隣接する勝山市域にも徐々に普及したと考えられる．前述の自由記述（前掲，表IV-1-3・4）では，子どもの頃に家庭で消費をしていた，祖父母や親世代からの習慣の継承や言い伝え行為があったなど，少なくとも 40〜50年前（高度経済成長期末）には勝山市域でも半夏生鯖の利用が一定程度広まっていた旨の記述が多数得られた．『勝山市史』でも，半夏生での焼鯖の食習慣への言及がみられる[9]．

　なお，半夏生鯖に限らず，回答者自身にとって「「伝統的な食文化・献立」とは，どのくらい過去から存在するものが該当するか」を問うたところ，世代（775人回答あり）では，「親の世代からあるもの」（46.1%），「祖父母世代からあるもの」（36.5%）が多く挙がった．年数（614人回答あり）では，「100年以上前からあるもの」（32.9%），「江戸期からあるもの」（26.9%），「50年以上前からあるもの」（22.5%）と続いた．これを踏まえると，勝山市域での半夏生鯖の消費は，伝統的な食文化・献立の範疇に含まれるといえる．

表IV-1-5　半夏生鯖に対する認識（地域別）

項目	全体の回答者数	項目は「自分自身にどの程度当てはまるか」（各項目に関する回答者の平均得点値）		
		全体	大野市	勝山市
半夏生の日に「鯖を食べること」が重要である．	995	3.0	3.1	2.8
半夏生の日に半夏生鯖を一人1尾（姿焼きで）食べるべき・それが正統である．	942	2.2	2.2	2.1
半夏生鯖の素材は，福井県の海で獲れたものであるべき・それが正統なものだ．	961	2.5	2.5	2.5
半夏生鯖の素材は，日本海で獲れたものであるべき・それが正統なものだ．	952	2.5	2.5	2.5
半夏生鯖の素材は，国産であるべき・それが正統なものだ．	948	2.7	2.6	2.7
今日では，輸入サバで作られた品も，“半夏生鯖”としてふさわしい品／差し支えないものといえる．	947	2.7	2.7	2.6
半夏生鯖は，（竹串・かや串などで）串を打って姿焼きされたものであるべき・それが正統なものだ．	991	3.1	3.2	3.1
半夏生鯖は，ロースター等ではなく，炭火で焼いたものであるべき・それが正統なものだ．	974	2.9	3.0	2.9
半夏生の日に食べる鯖は，“半夏生鯖”と表示されたものであることが重要である．	936	2.6	2.7	2.5
半夏生鯖は，普段食べる焼き鯖よりもサイズや見た目が立派であるべきだ．	938	2.6	2.6	2.6
半夏生鯖は，（鮮度・品質が納得いくものであれば）多少値段がはってもよい（・出費を渋るのはよくない）．	958	2.7	2.8	2.6
半夏生の日に（焼鯖寿司など）どのような献立であっても鯖を食べれば，地域らしい半夏生の食卓といえる．	932	2.4	2.4	2.5
半夏生鯖は，スーパーではなく地元の鮮魚店や仕出し店で入手すべき・している．	947	2.3	2.4	2.2
半夏生鯖について，スーパーや鮮魚店が広告やポスター・のぼりなどでその販売を知らせたり，チラシやPOPで説明をしたり，店頭で焼いたり特別販売コーナーを設けて存在を分かりやすくしてくれると，購入・消費が促されたり食材・食文化への関心・理解がすすむ．	963	3.3	3.3	3.3
半夏生の日にスーパーや鮮魚店で半夏生鯖がたくさん販売されている風景は，お住いの地域らしい・地域独特の，あるいはお住まいの地域を代表する風景といえる．	1,019	3.5	3.6	3.4
半夏生の日に街に半夏生鯖を焼く香りや煙が漂う，感じられることは，お住いの地域らしい・地域独特の，あるいはお住まいの地域を代表する風景といえる．	1,006	3.5	3.6	3.4
なぜ“半夏生鯖”を食べるのか，その歴史的背景や栄養などの利点を知って・意識して食べるべきである．	971	3.0	3.1	2.9
半夏生の日に“半夏生鯖”を食べることは，お住いの集落・地区の文化である．	955	3.2	3.3	3.0
半夏生の日に“半夏生鯖”を食べることは，大野市の文化である．	975	3.3	3.5	3.1
半夏生の日に“半夏生鯖”を食べることは，勝山市の文化である．	829	2.7	2.6	2.8
半夏生の日に“半夏生鯖”を食べることは，奥越地域の文化である．	953	3.1	3.1	3.1
“半夏生鯖”を食べる習慣がある範囲・地域の広がりは，同じ文化を持つ地域圏・親しみがわく地域である．	934	3.0	3.0	2.9
自分自身は，子や孫などに半夏生鯖を食べる習慣や歴史などを伝承している・教えたい．	976	3.0	3.1	2.9
学校や地域などで，若い世代が半夏生鯖を食べる習慣や歴史などを学ぶこと，学習できる環境や素材・食する経験ができる機会が整備されることは，望ましいことである．	971	3.4	3.4	3.3
半夏生の日に“半夏生鯖”を食べる習慣や行為が福井市など奥越地域以外でも盛んになってきていることは，よいことである．	973	3.1	3.2	3.1

採点方法は，回答者の選択した程度に応じて以下のように配点した．各項目について，全回答者の得点の平均を算出した．
ゴチ太字：「とても当てはまる・そう思う」（4点），もしくは「まったく当てはまらない・そう思わない」（1点）の回答割合が30％以上．
灰色網掛け：得点平均が3.2以上，もしくは1.8未満．
薄い灰色網掛け：得点平均が2.9以上3.2未満，もしくは1.8以上2.2未満．

（アンケート結果より作成．林〔2022b〕掲載の表を再編）

表Ⅳ-1-6　半夏生鯖に対する認識（世代別）

項目	項目は「自分自身にどの程度当てはまるか」（各項目に関する回答者の平均得点値）					
	20・30歳代	40歳代	50歳代	60歳代	70歳代	80歳代以上
半夏生の日に「鯖を食べること」が重要である.	2.8	3.0	3.0	2.9	3.0	3.2
半夏生の日に半夏生鯖を一人1尾（姿焼きで）食べるべき・それが正統である.	1.8	2.1	2.1	2.1	2.3	2.6
半夏生鯖の素材は，福井県の海で獲れたものであるべき・それが正統なものだ.	2.0	2.4	2.4	2.4	2.7	3.2
半夏生鯖の素材は，日本海で獲れたものであるべき・それが正統なものだ.	2.1	2.4	2.4	2.4	2.6	3.1
半夏生鯖の素材は，国産であるべき・それが正統なものだ.	2.4	2.6	2.6	2.6	2.7	3.2
今日では，輸入サバで作られた品も，"半夏生鯖"としてふさわしい品／差し支えないものといえる.	2.5	2.6	2.7	2.8	2.6	2.5
半夏生鯖は，（竹串・かや串などで）串を打って姿焼きされたものであるべき・それが正統なものだ.	2.6	3.1	3.1	3.2	3.2	3.4
半夏生鯖は，ロースター等ではなく，炭火で焼いたものであるべき・それが正統なものだ.	2.5	2.8	2.8	3.0	3.1	3.5
半夏生の日に食べる鯖は，"半夏生鯖"と表示されたものであることが重要である.	2.3	2.5	2.5	2.6	2.7	3.1
半夏生鯖は，普段食べる焼き鯖よりもサイズや見た目が立派であるべきだ.	2.4	2.6	2.4	2.5	2.6	3.1
半夏生鯖は，（鮮度・品質が納得いくものであれば）多少値段がはってもよい（・出費を渋るのはよくない）.	2.7	2.6	2.6	2.7	2.9	3.3
半夏生の日に（焼鯖寿司など）どのような献立であっても鯖を食べれば，地域らしい半夏生の食卓といえる.	2.7	2.7	2.5	2.4	2.3	2.2
半夏生鯖は，スーパーではなく地元の鮮魚店や仕出し店で入手すべき・している.	2.2	2.2	2.1	2.3	2.4	2.9
半夏生鯖について，スーパーや鮮魚店が広告やポスター・のぼりなどでその販売を知らせたり，チラシやPOPで説明をしたり，店頭で焼いたり特別販売コーナーを設けて存在を分かりやすくしてくれると，購入・消費が促されたり食材・食文化への関心・理解がすすむ.	3.3	3.3	3.2	3.3	3.2	3.4
半夏生の日にスーパーや鮮魚店で半夏生鯖がたくさん販売されている風景は，お住いの地域らしい・地域独特の，あるいはお住まいの地域を代表する風景といえる.	3.3	3.4	3.5	3.5	3.6	3.5
半夏生の日に街に半夏生鯖を焼く香りや煙が漂う，感じられることは，お住いの地域らしい・地域独特の，あるいはお住まいの地域を代表する風景といえる.	3.2	3.3	3.5	3.5	3.6	3.6
なぜ"半夏生鯖"を食べるのか，その歴史的背景や栄養などの利点を知って・意識して食べるべきである.	2.7	2.9	3.0	3.0	3.1	3.4
半夏生の日に"半夏生鯖"を食べることは，お住いの集落・地区の文化である.	3.1	3.1	3.2	3.1	3.3	3.5
半夏生の日に"半夏生鯖"を食べることは，大野市の文化である.	3.1	3.3	3.4	3.3	3.4	3.5
半夏生の日に"半夏生鯖"を食べることは，勝山市の文化である.	2.4	2.5	2.6	2.7	2.9	3.1
半夏生の日に"半夏生鯖"を食べることは，奥越地域の文化である.	2.8	2.9	2.9	3.1	3.3	3.4
"半夏生鯖"を食べる習慣がある範囲・地域の広がりは，同じ文化を持つ地域圏・親しみがわく地域である.	2.8	2.9	2.9	2.9	3.0	3.3
自分自身は，子や孫などに半夏生鯖を食べる習慣や歴史などを伝承している・教えたい.	2.9	3.1	3.0	3.0	3.1	3.2
学校や地域などで，若い世代が半夏生鯖を食べる習慣や歴史などを学ぶこと，学習できる環境や素材・食する経験ができる機会が整備されることは，望ましいことである.	3.3	3.4	3.4	3.3	3.4	3.5
半夏生の日に"半夏生鯖"を食べる習慣や行為が福井市など奥越地域以外でも盛んになってきていることは，よいことである.	3.3	3.2	3.2	3.1	3.1	3.2

採点方法は，回答者の選択した程度に応じて以下のように配点した．各項目について，全回答者の得点の平均を算出した.
ゴチ太字：「とても当てはまる・そう思う」（4点），もしくは「まったく当てはまらない・そう思わない」（1点）の回答割合が30％以上.
灰色網掛け：得点平均が3.2以上，もしくは1.8未満.
薄い灰色網掛け：得点平均が2.9以上3.2未満，もしくは1.8以上2.2未満.
（アンケート結果より作成．林〔2022b〕掲載の表を再編）

表IV-1-7　地域の文化としての評価の分布状況

半夏生の日に「半夏生鯖」を食べることは【　】内の値は，各市の評価回答の得点	大野市（732 人）					
	各項目への回答者数	各項目への回答者の評価分布（%）				※ 732 人のうち無回答者の割合（%）
		とても当てはまる・そう思う	やや当てはまる・そう思う	あまり当てはまらない・そう思わない	まったく当てはまらない・そう思わない	
「大野市の文化である」【3.5】	619	54.8	38.9	5.3	1.0	15.4
「勝山市の文化である」【2.6】	441	18.6	35.6	34.5	11.3	39.8
「奥越地域の文化である」【3.1】	547	35.1	40.6	18.6	5.7	25.3

半夏生の日に「半夏生鯖」を食べることは	勝山市（486 人）					
	各項目への回答者数	各項目への回答者の評価分布（%）				※ 486 人のうち無回答者の割合（%）
		とても当てはまる・そう思う	やや当てはまる・そう思う	あまり当てはまらない・そう思わない	まったく当てはまらない・そう思わない	
「大野市の文化である」【3.1】	356	41.0	35.1	18.0	5.9	26.7
「勝山市の文化である」【2.8】	388	21.4	42.0	29.9	6.7	20.2
「奥越地域の文化である」【3.1】	406	35.5	42.9	17.7	3.9	16.5

（アンケート結果より作成．林〔2022b〕掲載の表を再編）

　しかし，地域の文化としての評価に関する設問の得点分布は，両市の回答者間でやや傾向が異なった（表IV-1-7）．大野市の回答者には，「大野市の文化」としての強い意識がある．勝山市での習慣の普及・定着に対して評価が高まらず，「勝山市の文化」設問で低評価回答，無回答が多くなったと考えられる．勝山市の回答者は，習慣発祥地の「大野市の文化」と評価しつつ，同時に後から普及したとはいえ既に「勝山市の文化」でもあるととらえる者の割合が大野市の回答者より多い．他方で，「奥越地域の文化」としての認識を確認すると，両市の回答者の回答傾向は似ており，両市を含むより広範な地域区分での文化としての認識はある程度共有，評価されている．

　これを踏まえると，発祥地である「大野市の文化」意識を充分尊重し，言及しながら，現状の消費実態を踏まえて「奥越地域の文化」として活用することは，比較的多くの人々の納得を得られる取り扱い方・位置づけと考えられよう．そして，「勝山市の文化」として勝山市の人々がこの食習慣を活用，意識することも，同時に尊重されるべきであろう．食文化がある地域で生まれ，時を経て周辺に伝播，普及していくなかで，「元祖」・「本家」にあたる地域と後発地域とのあいだで，自他

地域の文化としての捉え方の違い，意識の芽生えが生まれる点も興味深い現象である．

4．おわりに

　大野市・勝山市の多くの人々は，半夏生に焼鯖を食べる慣習を現在も継続していた．そして，「半夏生の日に焼鯖を食べることが重要」，「居住地域の文化」と考えていた．また，「店先でサバが焼かれる風景やその香り」は「地域らしい光景である」と好意的に評価していた．におい・香りと場所とを結びつけた認識，記憶，景観形成の要素としての評価（スメルスケープ）について，臭覚体験は忘却されにくく，においが自伝的記憶，懐かしさを想起する効果，観光資源としての潜在性があり，食べ物に関連する地域のにおいは住民から比較的好意的にとらえられるという（ポーティウス・マスティン 1992；山中ほか 2008；橋本 2021）．地域と結びついた音とそれに対する人々の認識，記憶，景観形成の要素としての評価（サウンドスケープ）も，地域の理解，アイデンティティの醸成を促し，観光等で活用されることもある（ポーティウス・マスティン 1992；坂本 2018）．大野市・勝山市の半夏生の日に体感できる焼鯖由来の刺激（炭焼きのにおい・香り，煙，音）も，地域資源のひとつとして評価できよう．基本的には，半夏生に焼鯖を食すことは地域の習慣であるから，地域の住民が各家庭で摂食し，楽しむものである．だが，半夏生の日には街角でサバを焼くようすを目にすることができ，焼き上げる際の煙や香り，それを買い求める人々や売り手の熱気を直に感じることができる．それらは他の地域では経験できない独特なもの，その食に付随するものであり，他の地域の人には驚きを感じられる興味深いものと映ることもある．観光事象が存在するその場所に赴き，そこで食材・献立を購入・消費をするからこそ体感できる場に結び付いた，場所に固有の関連事象（食を取りまく風景，におい，音，手触り，温度などの感覚，人々のふるまいや話ことばなどの息遣い）があり，それらとの出会いにも価値がある場合もある．これによって食材・献立そのものだけでなく当該地域への関心や好意的評価が生まれる，増すような「バ(場)消費」にも，地域，食材・献立のサポーター，消費者を獲得できる可能性もあり，意義があるだろう．

　日常の水産物購入ではスーパーマーケットを利用するが，半夏生鯖は鮮魚店で購入するとする者も多くみられ，専門店に対する評価の存在も確認された．同時に，スーパーマーケットでの販売促進への取り組みや，それを受けての消費者の購入もみられた．現代の家庭の食を支えるスーパーマーケットが，地域の季節の行事とその行事食について消費者に働きかけ，説明し，経験するチャンスを提供していることは，地域らしいあるいは伝統的とされる風習や食文化が続いていく動機付けや環境づくりにもなっている．この点は，彼らの果たしうる重要な役割・社会的責任の一例である．地元資本のスーパーマーケットに加えて，地域外資本のスーパーマー

図Ⅳ-1-5　「100 年フード」に認定された半夏生鯖を市民に周知（2022 年 7 月〔上：市役所市民ホールに認定を記念して展示されたもの〕・2023 年 7 月〔下：認定後初年の半夏生での販売時に鮮魚店店頭に掲示された市作成のポスター〕，大野市で撮影）

ケットが進出先の地域に継承されている食習慣や献立の販売に着手し，慣習に寄り添う販売促進を試みる点も，一義的には自身の利益追求の現れであるが，同時に，地域の食文化の継承や活用の輪を広げる役割を担うものとして評価できよう．

　食文化が今日でも一定の規模で継続している一方で，銘々が一尾の焼鯖を食するのが習慣と言われてきたが，今日では家族で分け合って食べるスタイルが主流であった．また，高齢層では加齢や家族構成の変化の影響から，一尾では食べきれないため焼鯖の購入を断念したり，切身の焼鯖に置き換えたりするケースもみられた．若年層だけでなく高齢層でも，今日の豊かな食環境のなかで半夏生の日にわざわざ焼鯖を食す意義を感じないとの意見も散見された．伝統的で地域らしいとされる慣習も，従前からの産地だけでなく遠隔地からの素材も用いて成立している．多くの人々が共通して認識，評価する形や役割を継承しつつも，時代や社会環境，生活習慣，価値観の変化を受け，その質を変容させていた．

　　従前とは異なるかたちであっても，地域の人々が習慣を続けているということは，半夏生に焼鯖を食べることは意義ある行為，魅力的な食文化，おいしい献立であるであると彼らが評価していることの現れである．アンケートでは，多くの人々が半夏生鯖（を食すこと）を地域ならではの献立・習慣として好意的に評価していた．自由記述では，保育園や小学校での半夏生鯖の給食提供など食育の実施も確認された．大野市の人々と勝山市の人々とのあいだで，食文化，互いの食行動に対する捉え方に若干の違いがみられた．人々のこのような認識，評価を，地域文化の継承，地域意識の醸成，水産物消費の増進にどう生かすか，工夫に取り組む価値がある．

　この調査の後の 2022 年には，文化庁の「100 年フード」事業に大野市が申請し，「伝統の 100 年フード部門〜江戸時代から続く郷土の料理〜」のひとつとして「半夏生さばの食文化」が選定された（図Ⅳ-1-5）[10]．その後の 2023・24 年の現地観察でも，大野市内の多くの鮮魚店，スーパーマーケットの店頭には，大野市教育委員会が作成，配布した「100 年フード」認定の「半夏生さばの食文化」に関わる情報を記したポスター（前掲，図Ⅳ-1-5）や説明書き資料が掲示されていた．小売店，飲食店らによる食材・献立の活用，発信にくわえ，行政機関による地域資源の

「見える化」，それによる地域意識の醸成，資源・文化の継承への試みも，重要であり注目に値する．

注：

1 ）大野市史編さん委員会（2008）の「第一章　衣食住　第二節　食生活　三　四季の食事と行事食」（p 43）でも，「ハゲッショ」とある．なお，林（2022b）で触れているが，地域，人により「ハギッショ」など音に多少の幅がみられる．

2 ）一般社団法人大野市観光協会ホームページ「半夏生さば」https://www.ono-kankou.jp/tourism/detail.php?cd=488（最終確認：2021 年 12 月 6 日），大野市観光交流課・一般社団法人大野市観光協会「越前おおの観光パンフレット」https://yui.ono-kankou.jp/uploads/spot/458_spot_pdf_210729171000.pdf（最終確認：2021 年 12 月 6 日）．地域の文化として若い世代に継承を試みる取り組みもみられる．福井新聞ホームページ「半夏生サバ由来を絵本に　仁愛大教授ら寄贈」https://www.fukuishimbun.co.jp/articles/-/865430（最終確認：2020 年 8 月 3 日）．後述のスーパーマーケット E では，2019 年の半夏生鯖の販売時にこの本を陳列棚に掲示し，自由に手に取って読むことができるようにしていた．なお，大野藩主による焼鯖奨励の伝承については，領内の全農民にあてがうだけの焼鯖を沿岸域から搬入，流通させる環境が当時整っていたとは考えにくい．当時の流通記録も限られ，域内での半夏生鯖の充足実態が確認されておらず，歴史学の方面からの検証が待たれる．廃藩置県以降，流通環境の向上や販売業者らの工夫，婚姻などでの人の移動をともないながら，大野市域から現在の勝山市域などに慣習が徐々に伝わり，普及していったと推測される．

3 ）福井新聞ホームページ 2020 年 7 月 1 日「半夏生に丸焼きサバ，香ばしい匂い　福井県大野市，江戸時代から続く風習」https://www.fukuishimbun.co.jp/articles/-/1114710（最終確認：2021 年 12 月 6 日）．福井新聞 2021 年 7 月 2 日朝刊（ 1 面）「丸焼きサバ香ばしく　大野・鮮魚店　きょう半夏生」．

4 ）福井商工会議所青年部ホームページ「「第 12 回　半夏生サバ買い出しウォーキング」に参加！」http://fukui-yeg.net/report/?p=2090（最終確認：2021 年 12 月 6 日）．大野市商工会ホームページ資料「半夏生サバウォーキング」http://www.ohnocci.or.jp/wp/wp-content/uploads/2017/04/H29.pdf（最終確認：2017 年 7 月 3 日）．

5 ）大野市「えちぜんおおの観光ガイド」の「半夏生さば」掲載資料 https://yui.ono-kankou.jp/uploads/spot/488_spot_pdf_220622184813.pdf（最終確認：2022 年 6 月 30 日）

6 ）前掲注 3 に記載の新聞記事より確認．

7 ）「金沢大学人間社会研究域「人を対象とする研究」に関する倫理審査委員会」の諸規定に沿って準備を進め，審査を経て調査を実施した（承認番号：2021-1）．

8 ）回収率を 10% 前後と想定して分析に耐えうる回答数を得ることを考慮した（回答比率 0.5，標本誤差 5 %，信頼水準 95%）．両市の世帯総数に対する各市の世帯数割合，タウンプラスの各配達地区への配達戸数設定を考慮し，地理的分布に著しい偏りが生じないよう配布対象地区を選出して，最終的に大野市で 2,323 通，勝山市で 1,655 通配布した．

9 ）勝山市（1974）の「生活語彙　習俗信仰語彙　年中行事」の「ハゲッショ」（359p）では，「半夏生．七月二日又は三日に当たる．仕事休みの日である．ハゲッショサバ　猪野ほか半夏生に食べる串刺しの丸焼きの鯖．（中略）平泉寺　昔は半夏生には何が何でも〈鯖の丸焼き〉を家族の者一人一人に一匹は買ったもんだ．普段はそんなに食べられなかったので，楽しみだった．」とある．

10)　100年フードの認定条件などは，はじめにの注3参照．「半夏生さばの食文化」選定については，https://foodculture2021.go.jp/jirei/（最終確認：2022年6月19日）参照．大野市の100年フードに関するHPでは，過去の半夏生でのサバの扱いに関する文書例の紹介もされている（「文化庁認定100年フード「半夏生さば」https://www.city.ono.fukui.jp/kosodate/bunka-rekishi/saba-100-food.html〔最終確認：2022年6月30日〕）．

1．はじめに

　第Ⅳ部1章の補完としてここでは，半夏生鯖以外の福井県のサバ加工品，隣県のサバを用いた地域らしいあるいは伝統的とされる加工品にも目を向け，伝統的な特徴，利用などを維持する地域の営みと，業者らによる新しい利用場面，形態などを開拓し，価値を創造していく商品開発，見える化の試みや，魅力の見せ方の事例のいくつかに触れよう．

　同じ多獲性大衆魚のイワシ，アジに比べて魚体が大きく，脂ののったサバは，調理しやすくコスパのよい庶民のおかず魚として，昔も今も人々から重宝される存在である．サバは生鮮のままでは鮮度低下が早く進むが，塩蔵加工すると長期保存に耐えることができる．福井県の事例とあわせて，同様に利用が盛んで，共通する加工品がみられる隣県の事例にも目を向け，食材・献立の流通による地域間の結びつき，食で共通項をもつ地域の取り組みに注目しよう．

2．福井県のサバ水揚げ，加工と「サバつながり」の地域

　近世には，若狭湾などではサバを漁獲する大網の開発，設置がみられ，現在の福井県域の漁業者が沿岸域だけでなく能登沖や隠岐方面まで漁に出かけていたとの記録もある[1]．越前町では江戸期からサバ漁獲が盛んで，明治以降は流網漁業，巾着網漁業などで漁獲を伸ばしてきた（越前町史編纂委員会 1977；田村 2002）．若狭各地の沿岸集落もサバ漁獲が盛んで（日本の食生活全集福井編集委員会 1987）．小浜市の田烏地区は北陸地域のサバ巾着網漁業の発祥地でもある（中村 亮 2018；濱田 2019）．

　サバを含む水揚物は，行商（振り売り・ボテ）により内陸地に搬入されていた（三国町史編纂委員会 1964）．第Ⅳ部1章でみてきた「半夏生鯖」の流通に関連して，江戸期にはボッカにより大野市からさらに峠を越えて現在の岐阜県郡上市・白鳥町などにも越前海岸産の塩蔵サバ・焼鯖が流通していた記録がみられる（太田 1961；白鳥町教育委員会 1976；田村 2002）．半夏生鯖の購入・消費に関するアンケートの自由記述でも，「岐阜県の白鳥地域も大野郡（大野藩）で，昭和30・

図Ⅳ-コ⑤-1　石川県白山市旧白峰村域での「半夏生鯖」販売（2017 年7月，白山市白峰地区で撮影）

図IV-コ⑤-2　「鯖街道」
（2024 年 3 月撮影，終点
である京都市の出町柳の
標柱）

図IV-コ⑤-3　「焼き鯖
そうめん」とその活用例
（2020 年 1 月，長浜市で
撮影）

40 年代は岐阜県からも大野の鮮魚店に 30，50 本の串買いで来られる方も多くおられました」（大野市・70 歳代）との証言が得られた．同様に，勝山市と歴史的につながりが深い石川県白山市の旧白峰村域では，現在も半夏生鯖を食す習慣がみられる[2]（図IV-コ⑤-1）．しかし，第IV部 1 章で実施したアンケートで「白峰地区でも「半夏生鯖」を食す習慣が続いていること」を知っているか大野市・勝山市の住民に尋ねたが，多くの者は「知らなかった」（1,219 人中 1,107 人）．

福井県嶺南で漁獲されたサバも，古くから遠方に流通していた．有名なものとしては，「鯖街道」（図IV-コ⑤-2）を使った御食国である現在の小浜市から都であった京都市への流通が挙げられる．2015 年には，「御食國若狭と鯖街道」が日本遺産の第一号に選定された[3]．街道沿いでみられる特徴あるサバ消費（日本の食生活全集京都編集委員会 1985；日本の食生活全集滋賀編集委員会 1991）の例ほか，各所で鯖街道の歴史を伝える標柱，看板などの設置もみられる．これら食の歴史の見える化も，地域らしいあるいは伝統的とされる食の持つ価値・背景を消費者らが知り，意識して接近，活用する契機となりうる有意義な取り組みである．

同様に，敦賀市から北國街道を経て木ノ本，長浜など滋賀県湖北地域にも古くからサバが届けられており，焼き鯖のほか，田休みに食する「焼き鯖そうめん」（図IV-コ⑤-3），祭事に欠かせない「鯖寿司」（図IV-コ⑤-4），「なれずし」などがみられ（日本の食生活全集滋賀編集委員会 1991），現代ではこれらサバ献立が観光でも活用されている．このように，沿岸部と内陸地，福井県と隣県各地が古くから「サバつながり」の地域圏であった．

なお，現在では福井県でサバが特に多く水揚げされているわけではない．福井県でのサバ水揚げは，第二次大戦後，1970 年代半

図IV-コ⑤-4　高速道路のサービスエリアで提供，販売されていた鯖関連商品
（2024 年 3 月，長浜市（賤ケ岳 SA）で購入，撮影）

ばの大漁期を除くと 1000〜5,000 トン前後で推移してきたが，1990 年代以降は漁獲量が激減し，2000 年代以降は数百トンで推移している[4]．2023 年福井市中央卸売市場年報によると，2023 年に扱われた生鮮サバ（約 164 t）のうち，福井県からの出荷物は 44 t で，そのほかは 22 道府県とノルウェーからの出荷物であった．半夏生鯖の材料にも多用される冷凍サバ（約 405 t）では，福井県からの出荷物は 8 t，ほかは 8 道府県，ノルウェーなど 4 か国からの出荷物であった．

図IV-コ⑤-5　北谷町の「なれずし」（2020 年 1 月，勝山市の蔵の市で購入，撮影）

　上述した焼き鯖以外にも，福井県には古くからサバを用いた加工品づくりが続いてきた．勝山市北谷町で地元の加工グループにより作り続けられている「なれずし」（IV-コ⑤-5）は，毎年 1 月に勝山市の中心地で開催される「蔵の市」の会場でも販売され，勝山市のふるさと納税の返礼品にもなっている．2022 年度には，「100 年フード」にも認定された[5]．永平寺町で夏・秋に祭り，お盆の会食の品として盛んに造られる「葉っぱ寿司」でも，（サクラ）マス以外に塩サバ，後述するへしこも寿司の具として利用がみられる（林 2023c）．

　これらサバ加工品は，現在では日常の食卓，地域の祭事等で利用されるだけでなく，福井県の名物，土産品として人々に選択，消費されている．近年では，焼き鯖や焼き鯖寿司が福井名産の土産として紹介される機会も多く，読者のなかには「空弁」[6]で注目された焼き鯖寿司を賞味されたことがある方もあるだろう．

3．サバを糠に漬ける

　前述の焼鯖やなれずしに加えて，福井県のサバ加工品として有名なものとして，「へしこ」（図IV-コ⑤-6）を挙げることができよう．過去には，沿岸部で作られたへしこは，内陸部にふり売りされて流通したり，農産物との交換に用いられたりしてきた（中村 亮 2018）．現在では，福井県民の食卓で消費される以外に，地域外の人々に向けて郷土料理の一品，贈答・土産物として活用され，ガイドブック等でも盛んに取り上げられている．

　サバなどの魚の糠漬けは，福井県・京都府・兵庫県では「へしこ」，石川県・富山県では「こんか漬け」と呼ばれる．古くから保存食，たんぱく源として重宝され，大量に獲れた魚，季節の魚を加工し，無駄なく消費してきたものである（日本の食文化福井編集委員会 1987；日本の食文化石川編集委員会 1988；日本の食文化富山編集委員会 1989；日本の食文化京都編集委員会 1985；日本の食文化兵庫編集委員会 1992）．

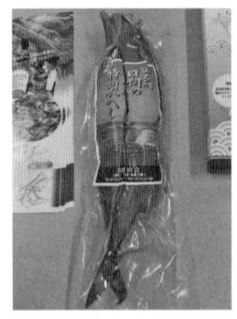

図Ⅳ-コ⑤-6　へしこ
(2024 年 2 月，美浜町産のものを京都市〔地域漁業学会ミニシンポジウム後の懇親会での展示・振る舞い〕で撮影．へしこのラベル・チラシなどには美浜町の観光キャンペーンガール「へしこちゃん」〔「ゆるキャラ@アワード 2009」グランプリに選定〕が描かれていた)

図Ⅳ-コ⑤-7　へしこなれずし
(2015 年 3 月，白山市で開催された全国発酵食品サミットの会場で田烏の商品を購入，撮影)

福井県内のスーパーマーケットでは，水産加工品売り場でかなりの棚割りをへしこに充て，色々なアイテムを販売していることが多い．福井県美浜町では，民宿関係者らによるへしこの商品開発，2005 年の「へしこの町」商標登録，2006 年のご当地キャラクター「へしこちゃん」の誕生など，「へしこ推し」の取り組みがみられる（河原 2019）．

　個人的には，へしこを糠を除いて塩抜きした後，米飯と麹で漬け込んでさらに発酵させて作る「へしこなれずし」（図Ⅳ-コ⑤-7）が推しの一品である．小浜市田烏地区でのへしこなれずし作り，文化継承の取り組みについては林（2015）で紹介したが，田烏地区の製造グループ・製造者らはその後も，小学校統合も契機となって同じ文化のある内外海地区の製造者とともに，へしこ・なれずしのブランド化，小学校での食育に引き続き精力的に取り組んでいる[7]．

　へしこ・こんか漬けは，魚を塩漬けして脱水したのち，米糠に漬けて半年から長いものは 2 年近く熟成させて製造する．漬ける際に醤油や魚醤油などの調味料や酒粕，唐辛子などを各家・店，各地それぞれの配合で用いるので，風味，食感が異なる．福井県の例から少しそれるが，2024 年 2 月に，京都府宮津市で開催されたタウンミーティング「日本海・若狭湾沿岸の郷土料理の魅力―さば食文化ラボラトリー 5 つの謎―」（主催：京都府丹後郷土資料館）に参加した．その際，福井県のものを含む石川県から兵庫県までで販売されているへしこ・こんか漬け 14 種類を食べ比べる機会を得た（図Ⅳ-コ⑤-8）．ひとくちに「サバの糠漬け」と言っても，塩味の強弱，食感（硬さ），糠の風味など，かなり幅があることを実感できた．

　会場で食べ比べを体験した参加者は，どれが好み，どれが地元のでは，こんな食感のへしこもあるのか……等々，興味津々の様子で試食をしていた．また，石川県ではこんか漬けを焼いて食べるだけでなく薄くスライスして焼かずに食べる（奥能登地域では，酢をかけて食べる，酒に浸すという方も多い）が，それを聞いた丹後地

域の人は焼かないで食べるのかと驚いていた．実食を
ともなう学びの機会，特徴の比較ができる機会は，よ
り効果的に食材・献立や食文化と関わる地域への関心
を喚起でき，理解を深めることができる．食べ比べる
なかで，自分好みの味，商品に出会えれば，今まで用
いていなかった地域らしいあるいは伝統的な食を自分
の食生活に取り入れるきっかけになる可能性もあるだ
ろう．

図IV-コ⑤-8　各地のへし
こ・こんか漬けの食べ比
べをするタウンミーティ
ング参加者
（2024 年 2 月，宮津市で撮
影）

　タウンミーティングでは，若い世代はへしこをあま
り食べていないことが話題に挙がった．これに関連し
て，第 I 部 2 章，コラム①で扱ったアンケートの際に
確認した，こんか漬けの消費状況を見てみよう
（はやし 2024）．石川県の奥能登地域でのこん
か漬けは，日常の食卓での利用のほか，輪島朝
市での観光客を含む買い物客への販売，宿泊施
設の食事提供での活用などが確認される（図
IV-コ⑤-9）．輪島市・珠洲市の回答者（737 人
回答）のうち 33.0％が「2，3 か月に 1，2 回以
上」食べるとしたが，16.6％が「半年に 1，2
回」，26.9％が「年 1，2 回」，19.5％が「（こん
か漬けを知っているが）まったく食べない」と
回答し，4.1％が「こんか漬けを知らない」と
回答した．40 歳代以下では，7 割近くの者が
食べても年に数回，あるいは全く食べない状況
にある．高齢層では，現在の 70 歳代は，33.9

図IV-コ⑤-9　こんか漬けの販売，
利用
（左：輪島朝市での販売（2023 年
1 月，輪島市で撮影）／右：能登
町の宿泊施設の夕食（八寸）で提
供された「金糠鯖鮨」（写真中央
の手長海老の右奥）（2021 年 8 月
撮影）

％が「2，3 か月に 1，2 回以上」としているが，彼らが 40 歳代の頃（約 30 年前）
の摂食状況を尋ねると「2，3 か月に 1，2 回以上」食べていたとした者は 67.6％
あった．
　こんか漬けの好き嫌いの理由に関する記述を確認すると，「こんか漬けは好きだ
が，高血圧で医者から塩分を控えるように言われて最近食べていない」，「保存食が
なくても困らなくなった」のような指摘が頻出した．自由記述では，「子どもの頃
から食べている」，「祖母や親が作ってくれていた」などにくわえ，「熱々のごはん
に載せて食べるのは最高！」，「暑い時期に無性に食べたくなる・夏ばてしたときに
食べる」，「料理のアクセントに使える」，「酒のあてによい」，「焼いた糠の香ばしい
香りがいい」のようなポジティブ評価も見られる．しかし若年層，中高年層でも，
「塩味が強すぎ」，「においが苦手」，「糠が嫌い」，「人により好き嫌いがはっきり分

かれる」等々，ネガティブな記述，消極的評価が多く挙った．

　なお，輪島市・珠洲市で消費経験のある回答者（683人）に，自家でのこんか漬け製造の有無を確認すると，「現在も漬けている」は3.1%に留まり，「過去に作っていた」（12.7%）と合わせても，家庭内での調理技術の伝承は既に厳しい状況にある．昔ほど塩味の強い保存食に依存した食生活ではなくなっており，においのする樽の保管場所も限られ，多忙な生活のなかで漬け込み後の管理も面倒，となると，自家製造の減退も致し方ない．また，「漬け込み時期（夏）の気温が昔より高いため管理が難しくなった」という指摘もみられた．

　現在も一定程度の消費がある者（543人：複数回答可）に調達先を訪ねると，「スーパーマーケット」61.7%，「食料品店」12.0%，「鮮魚店」9.0%，「道の駅・直売所」6.8%のほか，「振り売り・行商」15.8%が挙がり，この選択者のうち8割弱が輪島市在住と，地域ならではの流通傾向（輪島市街地では振り売り・行商が現在も活躍）も確認された．「親類や知人らからもらう」が24.5%みられ，第1部コラム①でも考察したように市場を介さない食品のやり取りが地域内で継続され，地域らしいあるいは伝統的な食の継承にも貢献している様子がわかる．

　一方，地域外の人や若い世代に対して地域らしいものとしてこんか漬けを勧めるか尋ねると，「勧める・勧めてみる」（30.3%）よりも，「あまり勧めない・勧めたくない」（21.8%），「どちらともいえない」（47.9%）が多く，地域の人々が食材の資源価値を必ずしも前向きにとらえていない状況にあった．

4．かたちをかえることで……

　確かに，へしこ・こんか漬けは塩分が多く，たくさん食べることは健康上お勧めできない．ただ，程よく食する分には機能性成分を摂取でき（藤井 2002；武ほか 2008），季節や人々の知恵・技能を意識したり，地域アイデンティティを喚起されたりする可能性は評価できる．へしこ・こんか漬けのような地域らしいあるいは伝統的とされる食材・献立は，とくに若年層が手に取る機会が少なく，今後の文化継承，加工産業の継続に難がある．

　これを克服するため，地域内外の若年層，食材・献立が初見の人などが品に触れ，特徴・魅力を知り，購入・消費しようと動機づける工夫について，異業種連携を含めて関係者がさまざまな挑戦をしている（図IV-コ⑤-10）．お試し・少量食べきりサイズでの販売，使い勝手の良いスタイルでの提供，献立の歴史や製造方法，特徴の説明の添付，機能性の確認，新しい食べ方の提案，関心を抱きやすいパッケージデザインの工夫……など，地域内外で，人と資源との出会いの機会・場の創出の工夫みられるようになってきた．また，SDGsに関連して，産業廃棄物扱いになるへしこの漬け糠を再加工する技術を開発して風味豊かなふりかけを生み出した例など，伝統的とされる食材・献立が現代の食卓に果たし得る役割を多面的に見出

図Ⅳ-コ⑤-10　新しい食べ方の提案や手に取りやすいスタイルでの提供に取り組んでいるへしこ・こんか漬け商品の例
（上段左：調理済みでレンジで温めれば食べられるレトルトパック商品〔2024年2月，京丹後市で購入，撮影〕／上段中：糠を取りスライスしたものを数枚封入したおためしパック〔2022年10月，あわら市の金津創作の森美術館で開催された「発酵ツーリズムにっぽん／ほくりく」の物販で購入，撮影．金沢市の業者の商品〕／上段右：上段中のこんか漬けを用いた献立を，材料の特徴，業種間連携などの解説を付けて提供するナポリピッツァ店〔2021年6月，金沢市で注文，撮影〕／下段左：こんか漬けのバーニャカウダ〔2022年3月，七尾市で注文，撮影〕／下段中：ポップなデザインの容器に入れて販売される能登町のこんか漬け商品で，ごはんとともに食すタイプの品〔手前〕にくわえ，パンに塗って食べるこんか漬けのオリーブオイル漬け〔奥の瓶〕に加工〔2022年10月，金沢市で開催された「いしかわの農林漁業まつり」会場で購入，撮影〕／下段右：へしこを製造した後に残る糠を乾燥してフレーク状にし，ふりかけやサラダの具，うま味調味料などに活用できるよう商品化〔2023年1月，福井県の業者からネット通販で購入，撮影．後日，福井県内のスーパーマーケットでも販売を確認〕）

し，新しい切り口でその特徴や品質を活かす取り組みもみられる.

　これら新しい試みを契機として，地域ならではの献立・食文化に関心を寄せる人，品を使い続ける人が少しずつ増えると，食に関わる在来知・伝統知や地域ならではの知見，地域資源を次世代に引き継ぐことや，資源の価値創造，充実した食環境の形成につながるだろう．我々消費者も，店頭の品，情報に意識して接近していくことが大事ではなかろうか.

注：
1）　福井県立図書館文書館 HP「福井県史通史編 4 近世 2」http://www.archives.pref.fukui.jp/fukui/07/kenshi/T4/T4-2-01-04-01-05.htm（最終確認：2017 年 7 月 3 日），「福井県史通史編 3 近世 1」http://www.archives.pref.fukui.jp/fukui/07/kenshi/T3/T3-3-01-04-03-02.htm（最終確認：2017 年 7 月 3 日）.
2）　白峰村史編集委員会（1982）の「生活と年中行事」（p 349）には，半夏生について「この日塩サバを食すと汗が日に入らないと言われている．なまってハギッショとも称し，出作りではこの塩サバが何よりの楽しみだったという。」とある．白峰地域から国道（古くは勝山街道・牛首道，大谷往来と呼ばれたルート）を使い，峠を越えると，勝山市に至る．勝山地域と白峰地域は，勝山藩の影響ほか，白山信仰（黒田 1992）でも縁が深い．白峰村史編集委員会（1982）には，様々な側面（たとえば立地〔同書 p 1〕，交易〔pp 201-214〕，交通〔pp 240-277〕，衣食住〔pp 375-426〕）で勝山とのつながりがあった旨が記録されている．食材調達先（川嶋〔1976〕），移住先・通婚圏となり親類が存在する地域（水野ほか〔1978〕や岩田〔1989〕）としての勝山に言及する考察例もみられる．第 I 部コラム②の調査のなかで，買い物をする地域を問うたところ，白峰地区からの回答のなかに「勝山市」を挙げる者が散見された．なお，白峰地区と勝山市街地との間は約 25 km，車で約 30 分，白峰地区から最寄りの商業集積地である白山市鶴来地区との間は約 37 km，車で約 40 分である.
3）　文化庁「日本遺産ポータルサイト」の「海と都をつなぐ若狭の往来文化遺産群〜御食国（みけつくに）若狭と鯖街道〜」https://japan-heritage.bunka.go.jp/ja/special/meguri/wakasa/（最終確認：2024 年 4 月 7 日），小浜市ホームページ「御食国若狭と鯖街道　海と都をつなぐ若狭の往来文化遺産群」https://www1.city.obama.fukui.jp/japan_heritage/（最終確認：2024 年 4 月 7 日）.
4）　福井県水産試験場 HP「福井の漁業」http://www.fklab.fukui.fukui.jp/ss/（最終確認：2022 年 2 月 7 日）
5）　ふるさとチョイス「福井県勝山市のお礼の品」https://www.furusato-tax.jp/city/product/18206?category_id%5B%5D=65&incsoldout=1（最終確認：2024 年 4 月 4 日），文化庁「100 年フード」ホームページ「勝山北谷の鯖の熟れ鮨し」https://foodculture2021.go.jp/jirei/?area=tokai#jirei-contents（最終確認：2024 年 4 月 4 日）.
6）　若廣ホームページ https://wakahiro.jp/?pid=73897525（最終確認：2024 年 4 月 4 日），旅時間「羽田空港の空弁ならコレ！羽田空港でおすすめ人気空弁 15 選」https://tabijikan.jp/haneda-airport-soraben-49522/（最終確認：2024 年 4 月 4 日）.
7）　北陸信越観光ナビホームページ掲載：福井新聞 2019 年 1 月 24 日記事「へしこ，なれずしブランド化へ連携　小浜市内外海地区」https://www.hokurikushinkansen-navi.jp/pc/news/article.php?id=NEWS0000017983（最終確認：2024 年 4 月 4 日）．中日新聞ホームページ 2022

年2月3日記事「サバ塩漬けに挑戦　小浜　内外海小児童　「なれずし」作り第一工程」https://www.chunichi.co.jp/article/411518（最終確認：2024年4月4日）.

地域らしい・伝統的とされる食の変容と継承

　ここまで，北陸の魚食の事例を中心に考察で地域らしい・伝統的とされる食の変容と継承に注目し，その実態，特徴・傾向，課題，価値創造の工夫の「見える化」を試みてきた．本書を閉じるにあたり，ここまでの考察結果にくわえて，食に関する先行研究での指摘，各地で観察された食材・献立，食文化の例で知見・視点を補いながら，地域らしい・伝統的とされる食の変容の構造，継承・活用の可能性，工夫について若干の整理を試みておく．

1）食の成立構造

　ある地域の食品・献立の成立・変容には，「地域内の事情」と「地域外の事情」とが影響しあう（図終-1）．また「地域内の事情」のなかには，「個人・家庭の事情」，「食品・献立に用いられる食資源そのものとそれを取り巻く自然の事情」や「食品・献立を取り巻く人文社会的事情」存在する．それぞれの事情が単独で食のあり様を規定したり食品・献立の内容や形態などを決定づけたりするのではなく，事情の重みに差があるものの相互に影響を与えあって食の成立・変容が発現する．ここまでの考察で見えた食の成立・変容の特徴，構造，課題などは各部の最後に整理，指摘しているのでここで再掲しないが，具体例として，第Ⅰ部の能登地域らしい食（海藻食・魚醤油・なれずし）の状況（図終-2），第Ⅳ部1章の半夏生鯖の状況（図終-3）を，図終-1 にそれぞれ当てはめて示しておく．

　「地域内の事情」のうち「個人・家庭の事情」は，個人や家族の生活スタイル，経済事情，ある地域での居住歴，経験・情報の有無が人々の食品・献立への関わり方を左右する．このほか，味覚・嗜好形成（高田 2006；山本 2006），好き嫌い・食わず嫌いも選択に影響する．魚食の加齢効果が指摘されてきたが，近年では高齢層でも肉食が盛んで，魚食の増加程度は緩やかである（秋谷 2006；朝倉 2006；水産庁 2021）．魚食の健康への効果やおいしさは一定程度評価しているものの，水産物を選択しない理由として価格の高さと調理の手間を指摘しているように，消費者自身の抱える経済事情や生活スタイルも魚食選択に影響を与える（水産庁 2021）．また，家庭での魚食経験や家族の魚の調理の得意度・頻度が子の嗜好性や調理方法・頻度与える影響もある（根立ほか 2012；戸塚・峯木 2016）．第Ⅰ部で考察し

・自然環境（世界規模の気候変動，環境問題…）
・法・制度（食品衛生や貿易関連などの法規制・条約，HACCP や地理的表示（GI）などの認証制度，地域の食に注目した施策…）
・経済活動やグローバル化（景気変動・経済政策，取引先の活動状況，地域外の商材事情，海外の原材料や食文化の流入，女性の社会進出や就業環境の変化…）
・製造技術・設備などの革新（作業の簡便化，機器の充実，新素材の導入，技術の高度化，加減の見える化…）
・家庭用調理器具の開発，普及（電子レンジ，冷蔵庫，密閉容器…）
・流通環境（市場規模，ニーズ，物流システム・設備の向上，インターネットネットでの情報発信や販売…）
・地域間の関係性や役割（需要と供給，流通・消費での競合・協働や結びつき，果たしうる役割・位置づけ…）
・流行や価値観（地産地消，QOL，SDGs，エコ・エシカル消費，物語性の創造・評価，調理の簡便化志向…）
・突発的事情（災害，疾病流行，紛争…）
・他地域の活動（優良な視点，参照できる工夫の取り込みによる成果の発現，ライバルの存在…）
・人の出入り（移住，企業進出，観光…）
・外からの評価・注目（表彰・認証，マスメディア，口コミ，用途の提案や製品の共同開発・販売の申し出…）

結びつく・影響を受ける地域の範囲の変動

地域外の事情

ある伝統的な食品・献立がみられる地域

地域外からの確保，地域外への提供・働きかけ

現時点での食品・献立の形態，食べ方，活用のされ方や評価

資源（食材，それを活かした献立）そのものとそれを取り巻く自然の事情

地域外からの取り込み，受容

・存在する食材となり得る資源の特性（種類，量・質，分布，季節性，獲得の困難さや希少性…）
・資源が所在する（・食材を生産する）地域の自然条件（気候，地形，海況…）

献立の内容・形態，利用場面，提供方法などの確立

食材（となり得る資源）の人からみた利点の多少・内容（おいしさや食感，含有栄養素，調理の多様さ・加工の容易さ・保存の利便性…）献立の作りやすさ，作る楽しさ

個人・家庭内の事情

・嗜好
・食経験の有無，食べ慣れ
・食への関心や保守性の程度
・食品・献立との接点や場
・作り手や伝承行為の有無
・収入規模や職業・稼業の状況
・生活様式，居住環境
・家族構成・人数
・成長・加齢，健康状態，ライフイベントの影響
・使える道具や持てる技能
・費やせる時間
・情報や食イベントなどの取り込みの機会の有無やその行動への柔軟性，許容程度
・興味関心や価値観の在処
・（食とセットで綴られる）思い出や記憶

食品・献立を取り巻く集落・地域内の人文・社会的事情

・選択の質量（何をどれだけ利用しようとするか，なぜ選択するか，だれが・どれだけ・どのように・どこから獲得可能か…）
・獲得・管理の体制・組織の構築やその方法
・産業構造（生産・加工の体制，販売・消費環境…）
・利用可能な技術・道具・施設の種類や量，その開発・普及状況，インフラの整備状況
・立地（生産・加工の場，販売・消費先との関係性や距離…）
・人口動向（過疎化，少子高齢化，移住者・新住民の有無…）
・集落・地域の社会構造や気質（共同作業，近所づきあい，おすそ分け・物々交換，講・結，閉鎖・保守的／開放・革新的…）
・地域の歴史，文化や冠婚葬祭（食とその物語の背景となる地域史，会食や共同調理の機会の有無とその継続状況…）
・伝承や販売の場や機会（家庭外での伝承活動，食育の実施，製造グループ・企業の設立，販売先の開拓・多様化…）
・先導者や技能集団・技術者，調理人，製造販売業者の有無
・食材や献立の象徴性・物語性や，食材や献立の利用で代弁，表現される地域アイデンティティ

図終-1 食の成立・変容に影響する地域内外の事情
（事例調査，文献調査を基に筆者作成．林〔2023b〕掲載の図を加筆，再編）

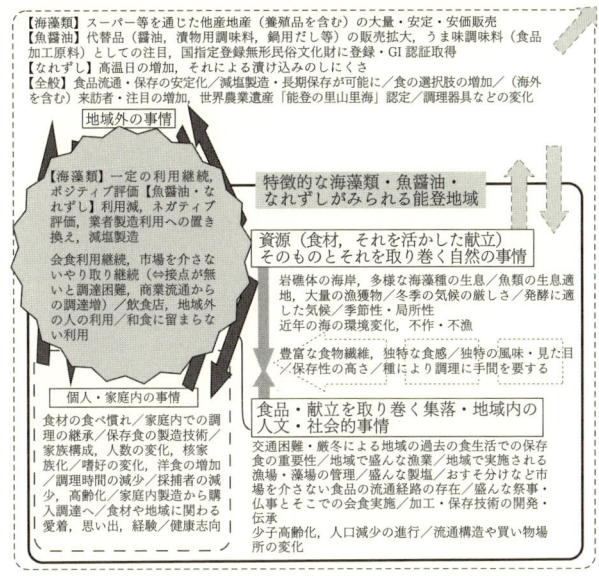

図終-2　食の成立・変容に影響する地域内外の事情（第Ⅰ部の
能登地域の魚食の事例）

（調査結果を基に筆者作成）

た能登地域の例でも，食べ慣れの有無や加齢，家族構成の変化，学習機会の有無など「個人・家庭の事情」が消費や継承に影響を与えていた．類似の例として，ふなずし（真部ほか 2012），昆虫食（小林 2020；佐賀ほか 2022）の摂食・学習経験と食の受容との関係がある．

　そのほか，洋食化や健康志向，時短のような食に対する訴求・評価観点の変化（須谷ほか 2015），調理の簡便化の取入れとそれへの心情上の葛藤（村瀬 2013），行政による祭礼会食の規模縮小・自粛要請に対する住民の抵抗（嘉瀬井 2019）など，調理者自身が抱いている調理行為に対する意識，地域アイデンティティ，周囲の反応や（後述する地域にみられる「人文社会的事情」からの影響も受けて形成される）社会規範が，人々の行動選択に影響を与えている面もある．生活の場所や経験，世代により，郷土食に対するイメージや期待することがらは多様である（黒石 2021）．第Ⅲ部 2 章のほうらい祭りの笹寿司作りや岩城（2016）のように，家庭内で調理，消費行為を共有することで，家庭内で食材・献立が象徴的・求心的な存在となり，家族共通の価値観の形成を促すこともある．

　「食品・献立に用いられる食資源そのものとそれを取り巻く自然の事情」の例としては，食品・食材の原料となる水産物など資源自体が有する生物学的特徴のほ

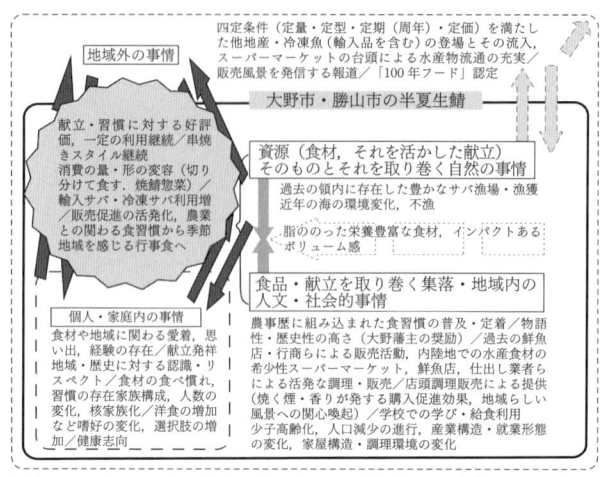

図終-3　食の成立・変容に影響する地域内外の事情（第Ⅳ部の奥越地域の半夏生鯖の事例）

（調査結果を基に筆者作成）

か，地形や気候など生息・生育に必要である自然条件とその分布程度，（獲得可能な）資源量やその安定性，希少性，季節性などとがある．今田（2018）や第Ⅰ部1章の海藻類，池谷（2003）やコラム①の山菜は，採取活動の出現は，地域の沿岸域，里山の環境が基盤となってそれらを活かした食品・献立が成立する．柏餅の葉の地域差（服部ほか2007）のように，気候条件，生物的特性などが影響して，食に用いられる原材料や品の地域間での違いが生じることもある．また，従前は食材として利用していた食材が確保できなくなることで，郷土食の利用が衰退したり，流通・消費に困難が生じたりする（亥子ほか2018）．高度経済成長期の海洋汚染の反省に立って強化してきた排水管理が近年の瀬戸内海での貧栄養化の要因となり，イカナゴの漁獲減少やノリの色落ちの発生がみられるようになった例[1]などもある．第Ⅰ部1章の海藻類，第Ⅰ部2章のなれずしの例でも，環境変化の影響を受けて海藻類の採取量が変動したり，なれずしの原料魚の漁獲が減少したり時期がずれたり，あるいは気温上昇の傾向があるため漬け込みが難しくなっていた．第Ⅳ部1章の半夏生鯖は，元々は地域（沿岸部の飛地の領地，行商の出発地）で豊富に漁獲されたサバを活かした献立であったが，現在では自県産サバの水揚げの減少，冷凍品・輸入品のサバの流通拡大などにより，用いられる原料が変化している．

「食品・献立を取り巻く人文社会的事情」としては，栽培の普及や物流の充実，技術開発・普及，地域の経済状況や営まれる生活様式の影響などが挙げられる．たとえば，農耕社会的価値観の減退を背景とした行事食の利用の減退（真部・橋本

2002)，新しい食材・献立の開発・導入とその普及（サンマの例〔林 2013〕，サツマイモの例〔露久保・石井 2011〕）も該当する．製造技術や流通環境の変化の影響を受けた食品・献立の形態や役割の変化（削りかまぼこの例〔池田 2015〕），食材の生産・採取をスムーズに進めるための組織・ルールや住民の考え方の形成（山菜利用の例〔池谷 2003〕，おすそ分けが継続されている集落のありよう〔神山ほか 2014〕），他者からの学びの影響（なれずし製造方法の改善の例〔藤岡 2016〕）のような側面も含まれる．第Ⅱ部1・2章の年取魚ブリ，第Ⅳ部1章の半夏生鯖の事例にみられた，流通構造の変化にともなう養殖品・輸入品の活用の増加，献立利用の地域間での違いの現れもこれに該当する．第Ⅲ部2章のほうらい寿司のように，他地域からも集荷された具材，冷凍保存された笹がスーパーマーケットなどで販売され，鮮魚店などですでに使い勝手のよい寿司ネタの形態まで整えてから販売されることで，材料調達の利便性向上，調理の負担軽減が進み，調理継続を支えている例も当てはまる．類似の例として，家庭でサバを焼き，身をほぐして寿司の具としていた方法からサバ缶を活用する方法へと変換が進んだことで現在も一定の継承ができている京都府丹後地域の「ばらすし」（中村均司 2012）が挙げられる．

　地域環境の不利な点（隔海性の高さ）を，食品・献立の性質を踏まえて選択することで克服し，それが普及，定着して地域の食文化となっている例もある（長野県での煮イカ・塩イカの活用〔中澤・三田 2004〕，中国地方の山間部でのフカ〔さめ〕の流通〔升原 2005〕）．新潟県村上市の三面川の塩引鮭の継承・活用（井田ほか 2007：林 2015）．嘉瀬井（2019）や第Ⅲ部の祭りの会食，行事食（第Ⅱ部1・2章の年取り，第Ⅳ部1章の半夏生など）のように，商品・献立のおいしさや含有栄養などの有用性にとどまらず，当該の献立が語る地域の歴史，（一種の記号となって説明される）地域アイデンティティなどの地域らしさ，象徴性が食に存在し，その点が人々から大事にされ，結果として食品・献立とその様式などが一定の消費，活用を継続されている例もみられる．

　神饌・直会膳用の食品・献立（小島 1989）のように様式の重視に意義があり，縛りが比較的強い食の利用場面では，細々とでも過去からの内容・形態などが継承されやすい．一方で，第Ⅲ部コラム③の仏事の食事のほか，会館利用の増加も一因となって縮小した壱州豆腐の仏事会食での使用（桂ほか 2018），葬儀での赤飯提供（板橋 2002），第Ⅲ部1章の会食に用いられる献立のオードブルへの置き換えのように，冠婚葬祭を取り巻く社会や地域の状況変化をうけて，食品・献立の形態や扱い・位置づけが変わる場合もある．一般的な行事食では，生活様式の変化や中食の普及，行事のイベント化などにより，質の変容や消費量の増加が進みやすい．質が変化することで，結果として行事とその行事食の利用の継続が実現できている場合もある（井上・サントリー不易流行研究所 1993；谷口 2017；玉木ほか 2018）．

　人にとって有用，必要である，魅力やメリットがあると映ったものに対して人間

が何らかの接近をして取り出し，あるいは手を加えて「有用な自然物」に変える「資源化」を施してはじめて，自然物は「資源」としての存在，価値をもつものとなる（秋道 2007；内堀 2017）．「食品・献立に用いられる食資源そのものとそれを取り巻く自然の事情」に関わって，ある自然物を取り巻く自然条件とあわせて，それ自体が内包している（人から見た）食品となりうる潜在的可能性（量などが安定している，調達しやすい，栄養成分が豊富に含有されている，可食部が多い・食べやすい，保存性が高いといった資源自体の特性）の多少・内容は，その自然物が資源として選択されるか否か，どの程度利用されるかを左右する（長野県伊那地域での昆虫食〔小林 2020〕）．

　くわえて，資源化を可能とする技術・知見や道具・設備，労力，需要規模，社会で共有される価値などが整わなければ，食資源となりうる潜在的可能性はあっても食品・献立として採用（もしくは，活用を継続，発展）するに至らない．たとえば，富山県で用いられるゲンゲ（水魚）は，かつてはより商業的価値が高いアマエビなど他魚種の漁獲時に同時に網にかかる厄介者とされ，漁業集落で局所的に利用される食材であった．しかし，漁獲・流通方法の改善や調理法の開発と紹介がすすみ，現在では県民の日常のおかずの食材になるほか，富山県を語る食材の一つとして観光活用もみられるようになった（山口 2016）．

　機能的・経済的な価値だけでなく，昆虫食における採捕行為にみられる娯楽性（野中 2019；小林 2020），食材の儀礼への利用など精神的・文化的意義や自家消費・地域内循環（富塚・宮田 2015, 第Ⅰ部コラム①），第Ⅲ部2章でみられた調理過程での家族との会話のような楽しみなど，個人・家庭や地域が得ることのできる非経済的な価値・効用，マイナーサブシステンス（松井 1998）の有無やその程度・内容も，その食品・献立の支持が人々から得られるか，継承が容易かに影響する．

　このように，「食品・献立に用いられる食資源そのものとそれを取り巻く自然の事情」と「食品・献立を取り巻く人文社会的事情」とのバランスを取りつつ，資源化のメリットを具現化し，食品・献立が誕生する．また，「個人・家庭の事情」との兼ね合いのなかで，食品・献立が選択，消費される．この3側面が相互に働きかけ，影響しあうことで，食が形成，改良されていく．食の選択や定着，変容に3つの事情のどれが特に影響するか，それぞれどの程度影響を及ぼすかも，社会や地域，家庭の状況に左右され，時代が変わるなかでも変動する．地域としての食のおおまかな方向性・様式などが存在しつつも，各家庭でアレンジを加えて調理，消費が継続されるケースも多い（竹内 2001）．

　さらにこのような食の形成と変容，食の受容は，地域内の事情，地域内の範囲だけで起きるのではなく，「地域外の事情」，地域外との結びつき・ひろがりとも関係しながら，成立していく．「地域外の事情」には，地域外へ働きかけて地域外と関

わる方法・内容・相手を選択・変更したり工夫したりすること，地域外で出現した技術や流行などを積極的，意識的に取り込むことで，その影響・効果を比較的自由，容易に自ら選択，調整できる場合，それら変容が比較的ポジティブに地域内の人々から受け止められるケースもある．

　交通やメディアの発達や観光振興など都市-農村間での交流の活発化などの影響をうけて，おやきや笹団子といった地域らしいあるいは伝統的とされる食では商品化が進み，流通地域・対象の拡大，地域住民のそれらに対する意識の変化がみられた（三田 1999；水谷ほか 2005；矢野 2007；岩﨑 2017；湯澤 2022）．他地域での資源の利活用を参照したり観光客の需要に影響されたりすることで，産品開発，資源利用が活発化する例もある（手代木ほか 2016）．第Ⅰ部2章の魚醤油のように，地域外から注目や評価を得ることで，それが有する特徴や価値の再評価や利活用の方法・場面の再検討・開拓がなされ，地域の資源としての活用が増え，食文化の継承の動きを後押しできる可能性もある．

　他方で，国や社会の食への向き合い方が時代により変化するなかで，郷土食に期待される役割や扱われ方も折々変わっていた例（古家 2008：村瀬 2020：湯澤 2022），法律改正の影響を受けて零細な家内製造の継続が難しくなる例[2]のように，地域外の主体の判断・影響力，社会のルール・構造などから地域らしいあるいは伝統的とされる食のありようが制約を受け，地域の側には選択や工夫の自由度が低い，もしくはない場合もある．影響を受ける制約，現象の規模も，地球全体の気候変動やレジームシフト（数十年規模の海水温変動による資源変動），各国の漁業活動や資源管理などの影響による加工原材料の確保の困難化（帰山 2002；田 2014；水産庁 2017・2021）など，グローバル・スケールのものも存在する．食品・献立や時代によって関係する「地域外」の範囲・分布は異なり，近隣から海外まで多様である．

　ある地域で地域らしいあるいは伝統的とされる食の多くは，当該地域内で食材が調達されて発現，形成されてきたものが多い．ただし，地域内調達された食材の使用が不可欠，絶対条件ではない．江戸期の中国との貿易に関連ある富山県や沖縄県の昆布料理，北前船の物流が影響している北部九州のタラのエラ・胃の乾物利用，福島県会津地域のニシンの山椒漬けのように，その食品・献立の成立期から原材料の地域外調達に依ってきたものもある．

　食の成立後に地域外からの食材調達に置き換えが進むケース，他地域に流通・伝播したのちの変容がみられ，伝承元・先それぞれに食品・献立の継承が続いている場合もある．第Ⅱ部1・2章で考察した年取りでは富山湾岸から遠く離れた内陸部でブリを利用しており，搬入距離の違いや物流の変化が影響して献立形態，利用原料に違い，変化がみられた．食品・献立の質の確保や調達の安定性の観点や経済的メリットを考慮して，ある時期から原材料を地域外からの調達に切り替え，それに

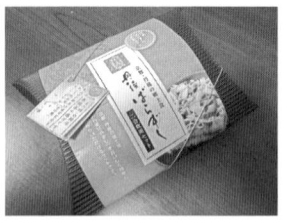

図終-4　丹後地域の「ばらずし」と家庭での調理に用いられるサバ缶，ばらずし具材セット
（ともに 2023 年 11 月，宮津市で購入，撮影）

左写真のばらずしは，道の駅で販売されていたもの．錦糸卵の下とご飯のあいだに，甘辛く炒ったサバのほぐし身が使われている．中写真のサバ缶は，全国で流通しているサバ缶に比べるとサイズが大きい．第Ⅳ部コラム④で言及したタウンミーティングの際に得た情報によると，マルハニチロ（青森工場）はばらずし調理にサバ缶を多用する丹後地域の消費ニーズに対応してこの大サイズの缶を特別製造しており，当該地域にのみ流通しているアイテムであるとのこと．右写真の具材セットは，道の駅で販売されていた．用いているサバ缶は，京都府立海洋高等学校の実習で製造されたものを採用．卵以外の具材が真空パックに封入されており，作り方の説明書も添付されている．専用の押し寿司桶がなくても，小さなカップ，調理バットなどで代用すれば作ることができることも書き添えられていた

図終-5　川内かまぼこ「すぼ」
（2021 年 12 月，長崎県平戸市で
購入，撮影）

依存している場合もある（和菓子の原材料〔荒木 2013；佐藤 2019〕，ハタハタ禁漁期間中の加工原料調達〔篠原 1998〕，需要拡大と国産原料不足から輸入原料の利用が定着したアジ干物産地〔増井 1990〕）．

　時代を経て食品・献立が継承される過程で，食品・献立の形状や内容が変化する場合でも，第Ⅱ部 1 章の塩鰤の変容，サバ缶利用が進んだばらずし（中村均司 2012）（図終-4），長崎県平戸市の川内かまぼこ「すぼ[3]」（図終-5）などのように，ある食品・献立の真正性を確保，維持するために不可欠とされる特性（形状，原材料，機能など）は置き換えなどをしないことで，現代的な姿や方法での食品・献立の提供，地域外からの原材料利用であっても，地域らしいあるいは伝統的とされる食であると人々から容認，支持されるケースは多い．しかし，かまぼこの周囲にストローをまとわせる形状や製造方法は継承され，これが「すぼ」であることの条件となっている．

　食品の質や流通方法の変更，販売・購入・消費が可能な環境の確保，調理方法・道具の工夫，食品・献立への評価観点の変更・創出，食育などの働きかけにより，家庭内加工・消費の継承が一時難しくなっても地域内での加工・消費が維持，拡大

できる場合もある．第Ⅰ部1章で触れた隠岐の島でみられたアラメの惣菜活用（橋2016：前掲，図Ⅰ-1-19）がその例である．山口県の「岩国寿司」では，大型の専用木箱で一度に大量に作る方法ではなく，牛乳パックを使って家族の人数分だけ作ることができる方法が開発，発信されたことで，継承をしやすくする工夫がみられた[4]．前述の「ばらずし」でも，小家族や地域を離れた人々も作ることができるよう，真空パックに具材をつめたセットを開発，販売している業者がみられる（前掲，図終-4）．

　用いられる材料や作り方などが変容した食品・献立を地域らしいもの，伝統的なものと認識するか否か，食品・献立や食文化の真正性はどのような点で判定され，どの程度まで変化が許容されるかは，地域内外の人々の判断によるところである．そのような食の変容や新しい食の普及・定着は，時間経過を経ることにより人々に柔軟に受け止められ，次第に地域ならではの，伝統のある食としての評価や役割を獲得していくこともあるだろう．食品や食文化の真正性とそれにともない生じる商品化の効果と課題についても，食の変容や継承を考えるうえで少なからず影響のある側面であるので，これらに関する研究の蓄積が待たれる（たとえば，池田2012・2013；濱田 2019）．

　第Ⅱ部1章の飛騨地域の年取りの場合は，減塩加工，養殖品利用，切身販売など過去とは異なる質の品となっているが，「塩鰤」で年取りを行うことが多くの人々のあいだで共通する地域の食文化の「ぶれない軸」となっていた．第Ⅳ部1章の半夏生鯖の場合も，ノルウェーサバが用いられていたり家族で分けて食したりしても「串に刺された1本の焼き鯖」であることがこの行事での食材のあるべき姿と多くの人が考えていた．第Ⅲ部2章の例では，様々準備される献立のなかで，「ほうらい祭りの会食の献立」として「笹寿司は外せないものである」と人々が認識し，作り続けていた．

2）食の構造と質の変容の経過・ひろがり

　上述してきたような地域内外の諸事情が重なり合い，バランスをとった結果として，現時点での食品・献立の形態や食べ方，活用のされ方，評価が成立する．そしてそれらは，時代により影響を受ける範囲や観点，関係性を換えながら，その質や量が変容していく．そして個人・家庭それぞれの選択・消費の出現，継続が地域内で積み重なることで，地域文化の一つとしての地域らしいあるいは伝統的な食という位置づけ，役割を獲得することになる．図終-6では，そのような食の変容の時間経過，地域の（魚）食文化の構成要素の多様とその変化を模式的に例示した．

　図終-6中の四角囲みの面は，ある時点での地域の食文化に関わりある地理的空間を示す．図終-6中に記した線（・矢印）は，線の太さ，色の濃淡・柄のちがい，

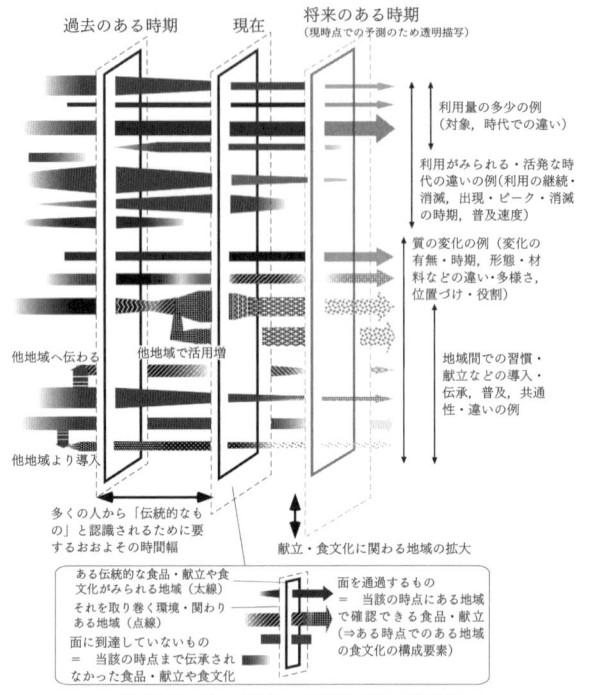

図終-6　食の変容の時間経過の模式図
（事例調査，文献調査を基に筆者作成．林 2023b 掲載の図を加
筆，再編）

矢印の有無により，ある食品・献立の出現・利用継続・消滅の様子，利用量の多少，質の変容を示すもので，その多様さを示している．図終-6 中では，ある地域の食文化に関わりある地理的空間を，時代経過を考慮して記している．なお，現在からどの程度時間が経過していると伝統的なものであると感じられるかは個人差があり[5]，明確に定義できないため，おおよその幅（多くの人々が認識している期間）となる．時が進み，地域や人々に関わる自然条件や社会状況，価値観のありようなど諸事情が変われば，それにあわせて調理や形態の簡略化や利用規模の増減，用いる食材等の変更のような食品・献立の質や，販売環境，扱われ方や期待される役割などが絶えず変容していく．

　食品・献立自体の特徴や歴史的背景，流通環境の状況などが影響して地域の食品・献立や食文化が発現するので，同じ都道府県のなかでも場所によって食材・献立の利用の方法，継承の度合い，活用の方向性，人々からの選択程度・評価観点などが異なることもある（中村 2009；福田 2010）．食品・献立によっては，ある時

図終-7　愛媛県今治市の「いぎす豆腐」（左）と長崎県島原市の「いぎりす」（右）
（左：2022 年 1 月，今治市の前田直美氏より今治市内で購入の品の提供をうけ，撮影．右：2021 年 12 月，島原市で購入，撮影）

点で地域外に普及したり，逆に地域外から導入されたりし，その後各地域で質の変容をともないながら活用，継承されているもの，両地域の食文化形成に影響を与えているものもある（橋村 2008）.

第Ⅳ部 1 章でみた半夏生鯖は，大野市から勝山市などに普及していったが，形状，食し方などは共通している．第Ⅱ部 1・2 章で考察した年取魚ブリの場合，共通する習慣実施，同じ食材利用ではあるが，用いられる献立，食材の質へのこだわりなどは

図終-8　小木の「べこもち」
（2022 年 5 月，石川県能登町小木地区で購入，撮影）

地域により異なっていた．ほかにもたとえば，愛媛県今治市の「いぎす豆腐」は，島原・天草一揆後に現在の愛媛県今治市周辺から移住した人々によって島原地域に伝えられた．時代を経て，用いられる原材料や献立の食感などが変容しているが，現在でも島原市とその周辺地域で「いぎりす」という郷土食として継承され，その歴史的背景や物語性が重視されている（図終-7）.また，イカ釣り漁業が盛んな石川県能登町の小木地区にみられる「べこもち」は，出漁先の北海道から持ち帰ったべこもち消費の文化が現在も継承されているもので，端午の節句の際には地区内で販売が確認され，町の食文化継承推進の対象にもなっている（図終-8；前掲，図 I-2-4 中の左上に掲載あり）.餅であること，名称は共通するが，継承の過程で北海道のべこもちと形状，色などは異なるものとなっている.

地域外への出荷分や観光活用の増大，産業構造や生活水準の変化などにより，商品としての食品・献立の利用や価値発現の増加，食品・献立の地域シンボル化が生じているものもある．これにより，従前の食品・献立の立ち位置・役割，活用方法・場面の見直し，形態など質の変容，流通量・範囲の拡大が生じ，地域外からの評価が地域の人々の食品・献立に対する向き合い方，継承意欲を変えることもある

図終-9　地域アイコン（ロブスター）の観光活用
（左：2004 年 9 月，アメリカ・マサチューセッツ州ロックポートで撮影，右：2014 年 9 月，カナダ・ニューブランズウィック州セントジョンで撮影）

図終-10　漁解禁にあわせて開かれるパーティーに向けたザリガニ・関連グッズの販売風景
（ともに 2009 年 8 月，スウェーデン・ストックホルムで撮影）

（長野県のおやき〔三田 1999；水谷ほか 2005；湯澤 2022〕，佐久鯉〔橋爪ほか 2015〕，新潟県の笹団子〔矢野 2007〕）．食品加工業への原料供給，観光活用，国指定登録無形民俗文化財への登録などによる外部評価の獲得により，地域内の関係者，住民に対する資源への認識喚起，「能登らしいもの」としての活用機会の増加がみられた第 I 部 1 章の魚醬油もこの例である．

　このような地域の食の質の変化，食に関わる地域・社会集団の意識・評価の変容，食品・食材が地域を語るアイコンとなる現象とその語りの変容（イギリスのフィッシュアンドチップス〔パナイー 2020〕），地域で古くから活用されてきた地域アイコンとなっている資源を活かした観光と場所の商品化（アメリカ・カナダの東海岸域でのロブスターやクラムチャウダー〔Lewis 1998；林 2005〕）（図終-9）は，海外でもみられる現象である．季節の魚介類を味わい，イベント・祭りを楽しむ習慣は，海外でも存在する．その際に用いられる魚介類が，地域の食文化，地域らしさの象徴として言及，紹介されたり，それらをモチーフにしたグッズの販売などがみられたりもする（図終-10）（はやし 2010）．

　他方で，従前からの加工の方法，原材料などから逸脱する製造品は正統なものでない，まがいものであると感じつつも，地域らしいあるいは伝統的とされる食が人々から好意的に評価され，後世に継承されるために，形態・特徴などの若干の変更，地域外での製造，地域外への発信・販売の強化などを容認，着手せざるを得ない面もある．地域外からの評価の影響を受けて変容する鶏飯のかたちや役割（須山・高橋 2013），福井県小浜市田烏地区のヘシコナレズシの製造方法や形態の変化（濱田 2019），商品流通の拡大に追いつかない柿の葉の確保対策（門ほか 2009）などのように，地域外とのかかわりから需要が増大するなかで，原材料不足，地域内外での食品・献立に対する向き合い方や発揮される役割のずれなど，新たな課題を生じ，変容のはざまで地域の人々の考えが揺らぎ，葛藤している場合もある．

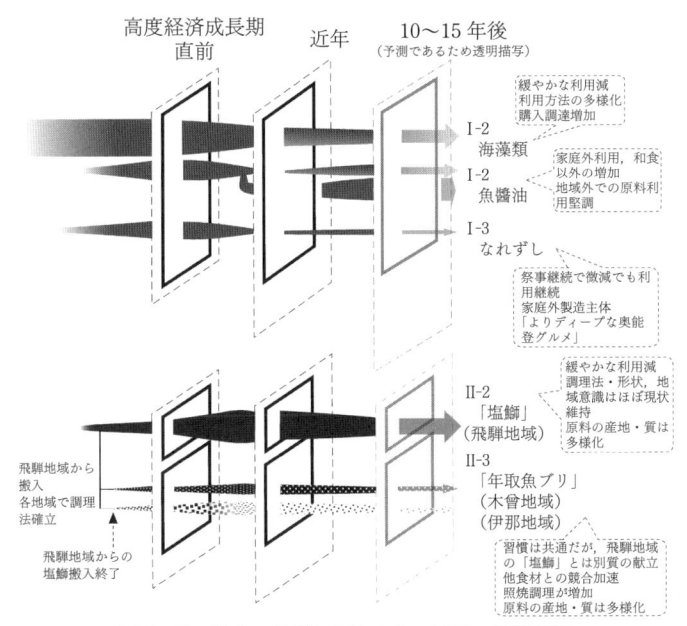

図終-11　第Ⅰ・Ⅱ部に関する食の変容の時間経過
（事例調査，文献調査を基に筆者作成）

　以上のような地域らしいあるいは伝統的とされる食の特徴，変容，課題などを反映して描いた図終-6の模式図を踏まえ，第Ⅰ〜Ⅳ部でみてきた食に関する変容の実態（，および今後の予測）を当てはめたものを，図終-11・12に示した．図中での過去・将来の時点は，地域らしいあるいは伝統的な食に大きな変化が生じる以前で，団塊世代が子ども時代であった高度経済成長期の直前と，彼らが80歳代後半から90歳代に突入して多くの者が作りたくても，あるいは食べたくても過去・現在のように体が付いてこない状態，筆者ら団塊Jr. 世代も退職して高齢者への仲間入りの時期に差し掛かるタイミングである10〜15年後とを設定した．特徴・変化の詳細は図中に付記していない．各部・章の末に記しているので，そちらを参照されたい．

　なお，図終-11・12では，対象となる食材・献立の変容を示したが，これを応用すると，ある地域の食文化を構成する要素を網羅して，時代による多様性，地域のひろがりを整理できよう．この場合，図終-6の模式図のように，ある時代の地域のひろがりを示す面に対して，その時点で地域に存在する複数の食材・献立（を示す線・矢印）を描出させる．それぞれの食材・献立の特徴を踏まえ，描かれる線・矢印は多様なパターンを示す．面に対して，通過する線（存在するもの），手前で

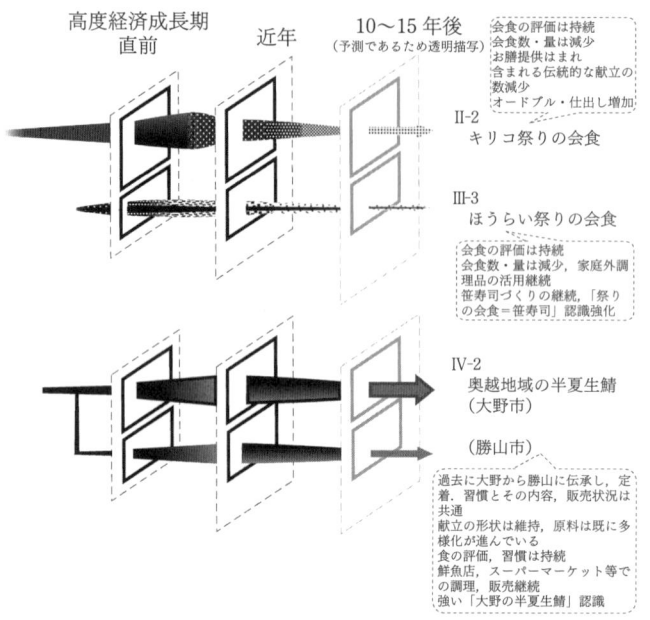

図終-12　第Ⅲ・Ⅳ部に関する食の変容の時間経過
（事例調査，文献調査を基に筆者作成）

あるいは通過後に消滅する線（存在しないもの）があり，同じ地域の食文化でも時代によりその構成要素の数・組み合わせ，各々の活用程度などは異なる．

　例として能登地域で考えると，第Ⅰ部で注目し，図終-11（上段）中に示している海藻類，魚醤油，なれずしのほか，第Ⅲ部1章で言及した会食に用いられていた鮮魚・貝類・鯨類などもあり，それら以外にもさまざまな地域らしい伝統的な品が地域に存在し，それらの総体が「能登地域の魚食文化」を形成している．たとえば，ブリの「かげ（えら）のたたき」（細かく刻んで野菜などとともに糀漬けしたもの），「ふと（内臓）・どもこ（心臓）の塩漬け」などは，現在ではほとんど見かけない献立となった．「たらの子付け（刺身に茹でた真子〔卵〕をほぐしてまぶしたもの）」，「昆布〆」などはスーパーマーケットでも多く販売がみられ，日々の地域の食卓を彩っている．このわた・くちこ（ナマコの卵巣），さざえべし（サザエの糀漬け）のような少量流通する珍味もみられ，贈答品，観光活用にも貢献している．図終-11（上段）・12（上段）中で登場する能登地域に関連した変容，関係する地域のひろがりの情報を統合し，そこにさらに上述したそのほかの食材・献立の状況，特徴を反映させた記述を加えることで，能登地域の魚食文化の全体構成，その変容，ひろがりを描くことができる．

3）地域らしいあるいは伝統的とされる食のこれから

　以上のように，時代を経るなかで地域内外の諸事情の影響を受けながら，地域らしいあるいは伝統的な食としてのありようや，地域での存在感，継承程度などが定まっていく．そうして，地域にみられる食品・献立は，一人ひとりがそれらを最終的に手に取り，口にするか，その食行為を継続するかにより，将来にも残るものになるか否かが左右される．

　ここまでに注目してきた地域らしいあるいは伝統的とされる食の事例から確認できた利活用の動向，変容の内容とその背景，活用のしやすさや価値を上げる工夫を踏まえて，図終-13 では，各地の食のこれからを考える際のポイント，（関係する主体らによる食の環境・食品の質の改善に関する）手続きを整理した．活用の例示として，第Ⅰ部1章で扱った魚醤油を図終-13 に当てはめてみたものが図終-14 である．

　もしも地域の人々が，当該地域にある食材・献立，食文化を継続する，あるいはそれらを活かして何らか活動をすることを望んだとき，当該の食材・献立，食文化は地域の資源としての評価や位置づけを付加されることになる．そのとき，当該の食材・献立，食文化そのものの特性，現在の立ち位置・利用実態を把握し，取り組みがうまく進むよう作戦を練ること，アイデアを考えることになる．

　そもそも当該の食に関わる資源（食材となりうるもの）が地域で得られにくくなってきている場合，食材の確保，調達の安定化がまず課題となる．調達の減少・不安定化の原因により，対応方法，工夫すべき観点も変わるだろう．当該の食材・献立，食文化を現状でも多くの人々が利用，認知し，好意的評価を抱いている場合，価値発揮のかたち・相手の拡大，食べ続ける環境や品の質の向上を考えることから活動を始めることができる．しかし，人々から認知されず現在の食生活での利用がほとんどないもの，救荒食のように今は活用機会が減っていて摂食経験者の認識もネガティブであるような場合，認知向上に取り組む意義・必要性，現代にも生かせる食が持つ機能・価値の再検証・発見から始めることになる．自分たち・地域内の人々だけでは気が付きにくい資源の長所，魅力があるかもしれない．地域外の，あるいは異なる属性・経験を持つ人々・組織・企業などの目による資源の観察，評価結果も，価値の発掘，活用の検討に役立つことがあるだろう．扱おうとしている食材・献立，食文化の「現在地」とその特徴・課題を確認することが，持続可能な利用，資源化の取り組みの起点である．基礎的知見を獲得する作業（「見える化」）は，地味ではあるが意義ある．検証の結果，広く再資源化の対象となりうる，興味を抱いたコアな層に向けて限定的に発信する，個人の範囲で注目するほうが適している，あるいは現時点では再資源化の対象として適さない，など，利活用の程度や標的に関わる判断，選択も変わる．

【資源そのものの特性／良さ・魅力の理解や発掘・判定】
資源の置かれている状況を確認・意識しよう…

	資源そのもの・地域内の環境要因	地域外の環境要因
プラス要素・価値創造に役立つ要素	強み（Strength）	機会（Opportunity）
マイナス要素・価値創造の阻害要素	弱み（Weakness）	脅威（Threat）

【立ち位置】
地域内で継承，活用していくこと…に意義があるもの／が適正規模であるもの？
地域外の人々にも紹介，提供・普及することもできる・価値あるもの？

← 資源の置かれている状況を踏まえて…「私たちはこれをどうしたい？／どうしたほうがよさそう？」（食に関わる地域・人々の意思→判断）
←（地域の人々が考える）この献立・食文化の「ぶれない軸」とは？…変容の過程で残す・守る配慮

【資源の活用・価値創造の目的・狙い】

【戦略策定】
S×O…強みで機会を活かす取り組み
S×T…強みで脅威を克服する取り組み
W×O…弱みを克服する機会ととらえた取り組み
W×T…弱みを改善して最悪の事態を招かない取り組み

【ターゲット，対応・戦略の検討】
どんな相手（顧客）に？（Who）
相手のどのようなニーズに？（What）
どのように・どこで展開？（How/Where）

対応策は何種類？
資源特性を踏まえた無理のない
策・ポジションになっているか？

【マーケティング検討】
資源の届け手・受け手の事情・願いも踏まえながら…
4P（…製品（Product）・価格（Price）・販売促進（Promotion）・販売チャネル（Place））
4C（…顧客にとっての価値（Customer Value）・顧客が負担するコスト（Customercost）・
顧客の利便性（Convenience）・顧客とのコミュニケーション（Communication））

図終-13　食材・献立，食文化の今後の利活用・継承にかかる検討観点
（調査結果を基に，筆者作成）

【資源そのものの特性／良さ・魅力の特性・地域内の理解や発掘・判定】

	資源そのものの特性・地域内の環境要因	地域外の環境要因
プラス要素・価値創造に役立つ要素	強み（S）： ・天然素材の旨味調味料 ・健康に寄与する機能性成分を含む食材（SDGs的特性） ・原料による味の多様さ、再生資源の有効活用 ・地域固有性の高さ、郷土料理とのかかわり、長い製造の歴史 ・製造業者の活動継続	機会（O）： ・（国内外の）地域外の人々の健康、環境、地域固有性、伝統などへの関心の高まり ・大手食品企業からの利用ニーズの拡大 ・地域外からのいしる評価、注目（能登の里海里山）の世界農業遺産登録、インバウンド観光の増加など（能登のいしる指定登録無形民俗文化財指定、インバウンド観光の増加、コト消費などの浸透）
マイナス要素・価値創造の阻害要因	弱み（W）： ・独特なにおい、塩味の強さ ・各業者・商品による味などの違いによる利用者・購入者の印象の違いから発生 ・人口減少による地域内ニューの規模減、少子高齢化の進行に利用場面の減少、製造・製法の継承困難化 ・地域の漁業の変化（水場葬祭の減少など）、加工作業の簡単化（家庭用調理の簡便化、冠婚葬祭の域外化など） ・家庭内製造の消滅、製造業者の規模は中小零細	脅威（T）： ・醤油や鍋用だしパックなど多様な調味料の普及 ・レトルト食品・冷凍食品など簡単な調理品の普及（が地域食の）・保存食品・減塩志向など評価観点の変化（温度管理、製造期間による海域環境、製造環境の影響）・温暖化の進行（に伝わる） ・令和6年能登半島地震の発生（による製造、調理、提供への影響）

地域外への発信にも意義がある！

W×T

S×O

【資源の活用・価値創造の目的・狙い】
『発酵の力により生まれる独特な風味を持つうま味調味料・ふるさとの味・古くて新しい良さを持った地域ならではの知恵と味を次世代に伝えたい！⇒（過去の遺産ではなく）地元で食べられ続ける（実態のともなった）郷土の味

・調理の簡便化で減塩・減臭の工夫の余地・新技術の取り込みで減塩・減臭の工夫の余地・注目されることで、作り続けられる環境を確保した郷土の味であること

【ターゲット、対応、戦略の検討】
・地元の若い世代に／能登らしく（能登らしさ、SDGs的特性、SDGs的試食食事業、給食だより）、地元の外ご飯のメニューの提供を通じて…
・地域外にいる料理好き（健康志向や・健康志向たっぷりご飯をつくれるように小城につめたイワシ・イカ魚醤油セットをパック（歴史、栄養成分、レシピ等）・調理動画配信とともにネットショップで…

図終-14　第I部1章の「魚醤油」に関する検討例
（調査結果を基に、筆者作成）

　住民らがある食材・献立，食文化（＝（地域）資源となりうるもの）について，（漠然と，かもしれないが）何らか良さ，魅力，有用性や必要性を感じ，評価していて，「食べたい」，「おいしい」，「あるといいね」，「地域らしいね」などととらえているのであれば，その量や質は現在とは異なっても，当該の食材・献立，食文化は今後も栽培・採取，調理，利活用の対象（＝資源化，資源活用の対象）とされるだろう．利活用，継承を考えるうえで障害・脅威となる側面・性質，事象があった場合でも，それらの大きさ・深刻さと食す魅力や利用のメリットとを天秤にかけて後者が優位であれば，前者の弱点を克服する策を考え，講じていくことで，食の行動を継続，発展できる可能性もある．

　基本的には食の選択は個人の判断，行為であるし，個々の営みを積み重ねた結果としてある地域のなかで多くの人々からの支持，利活用がみられる状況にあれば，ある食材・献立，食文化は（地域内の何らかの主体が）意図的に策を講じなくとも「地域らしい食」として機能する・していることもある．この状態であれば，当該の地域らしい伝統的な食は当面の間，大きなあるいは深刻な課題は確認されず，自然と利活用，伝承も続いていくかもしれない．

　ただ，人々にとっては普段から使い慣れた食材・献立，昔からあった食文化であるため，（漠然と「地域らしい食」と認識しつつも）その独自性，利用価値などに気が付きにくい状況も考えられる．あるいは，生活様式が変化し食の選択肢が増えるなかでそれらの効能・魅力が感じにくくなり，少々古臭いもの，活躍場面のないものと映ることで，資源としての利用場面，価値が減じ，手に取られなくなっている場合も考えられる．このような場合，個人が家庭内で次世代へと伝承する行為も重要だが，並行して地域に関わる何らかの主体（たとえば，食材・献立の生産者・製造業者，飲食店，行政，観光協会，教育組織，食生活改善推進に関わる組織等）が当該の食材・献立，食文化に着目し，情報の発信，接点の構築，手に取りやすい品・環境の整備など，人々に働きかけを試みることも重要となる．これらの主体による働きかけ・活動は，個々の地域の人々・家庭での取り組みでは克服，改善などが難しい側面を解決できる可能性もある．地域内の一定割合の住民らが当該の食材・献立，食文化を評価し，食べること・残していくことを願っている（ことが判明している）ならば，量や質は現在とは異なっても今後も「地域らしい食」として利活用，継承され，評価される資源化への道が開けるだろう．地域の人々，主体が共通のテーマ（食）を通じた協働を構築することで，地域の魅力の再発見，関係者・主体間の交流の深化など，食生活の改善や経済・産業の活性以外の多面的な効果も生まれるかもしれない．なお，地域の主体による取り組みでは，対象となる食材・献立が有する特性を充分確認，意識し，食材・献立を取り巻く地域内外の環境条件を検証したうえで，これからの食材・献立，食文化の地域での扱い方・位置づけなどを模索することが重要である．また，地域の人々の多くが考える食材・献

立，食文化の「ぶれない軸」を守り，評価する配慮をしながら，時代の変化や人々のニーズを踏まえて，人々が手に取りやすくメリットを得やすい形態・様式への質の変容を工夫することも，継承の促進，業の継続の観点から必要なこといえる．

　第Ⅱ部で扱った年取りでのブリ食，第Ⅳ部で注目した半夏生鯖の利用のように，地域で継承されている行事・祭事に関わる献立，食習慣の場合，これから地域外にその献立，食文化を普及，定着させていく必要性，意義は低いので，地域内の人々の利活用の意思・希望を反映した食環境づくりに地域内の加工・流通業者らが中心となって取り組めばよい．第Ⅰ章で扱ったような魚醤油やなれずしのような地域ならではの産品の場合，地域外の人々からの評価や利用をくわえることで，たとえば人口減少による販売先・量の減退による加工品製造の業としての成立基盤の弱体化などの課題を克服したり，地域内の人々が意識しにくかった用途・価値などを地域外の人々の利用のようす・反応から「見える化」して実感できるようにすることで，地域内の人々の食材・献立の再評価，利活用の挑戦をうながすこともできる．変容の内容やそのアイデア数，工夫に関わる人・組織の数・範囲，地域外とのかかわりの有無や範囲などは，対象となる食材・献立，食文化，克服すべき課題に応じて選択し，組み合わせることができる．食べ続ける，価値を創造するための取り組みは，試行錯誤をしながら刷新，改善し，選択していけばよい．これらの点は，グローバル・全国スケールの水産物流通・消費に注目した林（2015）で指摘した活動の形成・改善の手順やひろがりとも類似する．

　ここまでに事例を考察してきた状況を振り返ると，地域らしいあるいは伝統的とされる食と人とのかかわりの希薄化・消滅がみられる場合も多い．当該の食材・献立，食文化が有する有用性，魅力などに気が付ける場・機会がそもそもなかった，扱いづらさなどネガティブな特性に関する経験・印象が強く長所・効能が見えにくくなっていた状況にあった人も，一定程度存在する可能性もある．食品受容にかかる学習行動には「食材との接触」，「新奇性恐怖の消失」，「食後感の効果」の3段階があるとされ（図終-15），摂食経験を付与することで嗜好性を改善できることや，高い嗜好性にその食品への親近感が関与していること，食材に対する正しい理解を促す情報の付与で嗜好性や食に関わる地域・文化の理解，態度を改善できることなども指摘されてきた（阿部ほか 2012：真部ほか 2012：佐賀ほか 2022）．食品・献立との接点と，それらの詳細を知るあるいは食べてみる学習の場・素材や指導者の確保は，受容を促すうえで重要な要件である．

　これまで，地域らしいあるいは伝統的とされる食と人々との出会いの場面の確保は，親子や祖父母・孫のあいだでの継承，家庭内調理・消費や，居住地域・集落や所属組織での冠婚葬祭や寄合などでの会食によるところが大きかった．しかし，社会や時代の状況が変わるなかで，家庭や地域のあり様や食に関わるしくみや機能なども変化してきている．従前からの食との出会い方・場も大切にしつつ，その多様

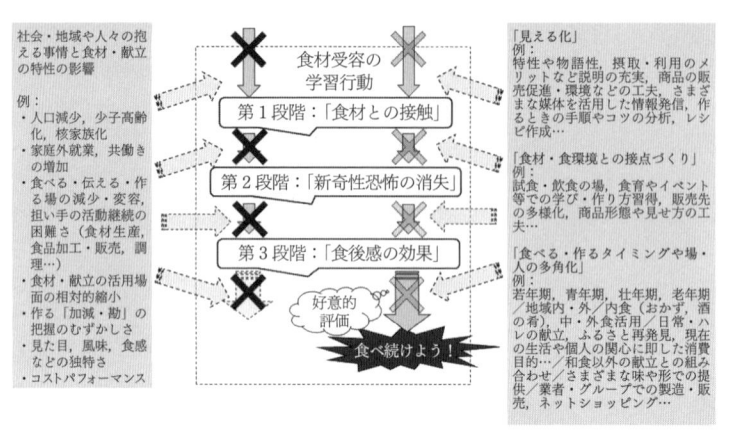

図終-15　食品受容の3段階とその改善
（事例調査，先行研究考察を踏まえて筆者作成）

化も地域らしいあるいは伝統的とされる食の持続可能な利活用，継承に不可欠となってきている．家庭内調理・継承や冠婚葬祭などに限らない接点の創出，食卓で知ること以外の接点の開発や，食の持つ多様なメリットや価値に注目した出会いもあってよいだろうし，それらの整備に関わる試みなども評価されてよいだろう．

　身の回りの取り組みなどを注視すると，美術館・公民館・学校などの社会学習施設を活用した展示・イベント開催，オンラインでのイベント等の開催，地域の多業種・組織との協働によるコラボ商品・企画の開発，SDGsなどの新しい価値と食との組み合わせなどが，各地で少しずつみられるようになってきた．人によっては，これまでの生活環境やタイミング，触れた食品・献立個々の特性などの影響で，地域らしいあるいは伝統的な食とたまたま出会っていない，出会ったもののよい印象に至らなかった場合もあったかもしれない．これまで人々が得てきた情報や身の回りの食のようすなどは，食品・献立に関する偏った知識との接触，情報不足の影響をともなっていて，食品・献立に対する誤解や偏ったイメージが形成され，食に対する抵抗感の要因となっていた場合もあるかもしれない．

　食材生産や調理，販売などの担い手の高齢化，現象も課題となっている今日，新しい担い手の確保のためにも，食品・献立や食文化と出会う人のすそ野を広げるための工夫，（過去に食や地域との接点があったものの利用，継続に至らなかった層に向けた角度を変えた・多角的な）再会機会の構築が，改めて求められる．まずは，食品・献立や食文化との折々での出会いをどう整え，提供し，マッチングするか，人々がメリットを発見，認識できるかが，消費拡大や継承に関わる課題の克服のための第一歩であろう．現代的にアレンジされた商品・献立を手に取り口にする経験を経てから，より伝統的な形態のもの・献立に挑戦していく順で，地域らしい

あるいは伝統的とされる食に接近する方法も，未知の品への不安を和らげて出会いのすそ野を広げる一策である．

　この際に，人々に魅力や必要性などを実感してもらい，食が自分事と感じられるようになるような働きかけも重要である．この実現には伊賀（2004）が例示する関わりのように，食品・献立の生産，流通・加工・調理，販売，消費・活用の各場面に参画（可能性がある）者のあいだで，互いを知り，尊重し，情報を共有して，課題解決のための協働，接近したくなる・必要とされる品・場面などの開拓を展開，深化することが求められる．地域らしいあるいは伝統的とされる食に関する多くの人々ニーズを踏まえ，食品・献立の本質的特性は残しつつ，人々が許容する範囲・方向での質の変容をどう落とし込んでいくか検討することは，その後の食材・献立，食文化の活用の成否に影響する．地域らしいあるいは伝統的とされる食の利用は，単に空腹を満たす，栄養摂取ということではなく，多面的，多角的な価値や役割を発揮している面もある．調理の利便性向上などにくわえ，季節感，地域アイデンティティなどのようなメリットへの配慮をした食品・献立の形態，利用場面の改善・開拓も，消費，継承の継続に影響する．

　継承や変容の過程で，守るべき「ぶれない軸」に配慮した取り組みが求められる．「ぶれない軸」を逸脱する，残さない形態・利用場面の変更は，当該の食品・献立は従前からの物とは別物となってしまい，食に込められているアイデンティティなども失われる可能性がある．その結果，地域の人々から支持されない食品・献立となるか，従前までの積み重ねから切り離して（もしくは，つながりが薄まった状態で），別の食費・献立としての食の普及・継承の歴史を歩み始めることになる．

　用いられる食材自体の変更が困難，容認されにくい場合であれば，当該の食材の確保の安定性を維持することへの配慮（たとえば，食材を育てる，採る・獲る環境の維持・管理，調達しやすい流通構造や購入場所の確立，など）が重要課題となる．それ以外の側面での取り組み（たとえば，より調理しやすい・食べやすい献立の形状や味付け，流通・販売方法での工夫）により，当該の食の利便性を向上させたり，食と接点を持つ人を増やしたりすることは，比較的人々に容認されやすい可能性がある．その点を活かして利用価値・場面や支持を拡大させ，利活用の充実や継承の環境整備を図ることも考えられるだろう．食材の変更に関しても，食材のどの側面の変更には人々が否定的であるか，その点が分かれば，その側面以外のところで工夫し，受容上の困難性や価値発揮の障害を低めることが可能かもしれない．

　たとえば，ある加工品を作るにあたって元々は地域の沿岸域で豊富に生息した魚を漁獲して旬の時期に確保してきた状況があり，そのうち当該の魚種を用いるという点に強いこだわりを多くの人が持っているのであれば，当該の魚種の利用を最優先に考え，確保するための工夫をする．そして，加工品を作る際の原料調達にあ

たっては（輸入品を含む）他地域産や養殖品・冷凍品の活用も検討し，確実にできればより利便性を上げて調達ができるような活動を選択することとする．この点の質の変容に対しては，一定の時間経過（利用や消費経験の積み重ね）を必要とするが，比較的多くの人から容認される可能性があるだろう．地場産原料による品と輸入品を含む他地域産原料による品との価格差を，販売業者，消費者らが必要なものとして容認，評価することも重要である．それをうながすための，説得力ある具体的な説明，価格差にみあう商品の魅力，動機付けを準備する必要がある．従前からの調理方法で製造してきた人も，他者の調理方法を学ぶなかでその良さを知り，自分の作り方や味付け，献立のかたちなどをアレンジしていくケースもみられ（中村均司 2012；藤岡 2016），これにより地域内でのその食品・献立の利用や継承が容易になることもあるだろう．食の継承や発展を考えると，世代や経験値，持てる資源や道具などの違う者同士が，学びあう環境，情報交換を容易にできる場があるということも大切なことといえる．

他に多くの食品・食材が選択，入手可能な時代にあるなか，食べ続けなくてはならないと決められているわけではなく，人々が何らかの利点や必要性を感じ，食べたい，食べるのもよいことだと接近，認識することで，地域らしいあるいは伝統的とされる食品・献立は地域の食資源として扱われ続けるものとなり得る．ここまでに注目してきた事例の状況からも，食品・献立を用いたり残したりすることには，栄養摂取にとどまらず，QOL の追及や知識技能習得による張り合いの向上のような個人の価値実現，人と人とを結びつける材料・しかけとして機能発揮，地域の自然・歴史や先人の知恵を知り活かす営みの構築，食資源のもつ潜在的可能性の効率よい発現，資源の持続的利用につながる面があることを垣間見られた．

食の環境の変化や地域の人口減少などの影響を受けて，各事例で取り上げた地域らしいあるいは伝統的とされる食の多くで，調理・販売・消費の規模の縮小がみられた．他方で，多くの人々が，それら食材・献立，食文化に対して，何らかの魅力を感じ，価値を評価していた．その点を踏まえれば，事例に取り上げた食材・献立，食文化は，将来に継承していく，食べ続けていくための環境づくりに着手する価値，根拠がそろっている事案であると言えよう．長い利用の歴史のなかで，現在は当該の食品・献立のもつ機能やよさを充分発揮しにくい環境条件にあるが，社会や時代の状況や人々が食に接近する切り口が変わると，それらに対する評価や用途などが変わり，潜在的な可能性を開花させたり，再び利用がみられたりする可能性もある．

食品・献立に関する知見や経験，道具が失われると，それらを復活させることは大変に労力を要する．いま食品・献立の利活用が盛んに展開されなくても，それら積み重ねられてきた人々の知恵の結晶が，科学的分析による栄養素や健康への効能などの解明や製造方法・機材の改良・効率化，人々の価値転換などを経て，（別の

地域，場面，用途も含め）何らかの形で将来改めて注目され，活用に至る可能性も
ある．そのときにスムーズに再現，利用拡大できるような備え，人々のつながりの
維持，在来知・伝統知の継承に関わる現状把握や対策を講じておくこと（亀山・林
2023）も，意義深いことであると考える．これは，集落活動の継承戦略（林直樹
2024）とも通じるところがある．

　食品・献立，食文化を，地域内の人々が食し，評価し続けてこそ，実態のとも
なった根拠ある地域らしいあるいは伝統的とされる食であるといえる．食品の受容
にかかる3段階を乗り越え，利用し続ける人を増やせるような工夫・改善，人々が
抱く「ぶれない軸」を守り継承しつつも，役割や魅力をより発揮しやすいスタイル
への改良や場面の開拓が，地域らしいあるいは伝統的とされる食に関わりある主体
に求められる．同時に，食べ続けることが可能な自然，人文社会両面の環境が地域
に存在すること，その維持・保全のための活動や工夫も，地域らしいあるいは伝統
的な食の活用や継承に不可欠な観点，必要な対策である．

　第Ⅰ部で考察した能登地域のように，食品・献立の消費・継承を考えるうえで，
食品・献立自体の特性にみられる長・短所の影響以上に，著しい少子高齢化の進展
とその影響のような地域社会の抱える諸課題の存在が，地域らしいあるいは伝統的
とされる食の今後を考えるうえでそもそも大きな影響を持っており，小手先の対策
では食環境や食の利活用の改善や活性を図ることが困難であるケースも存在する．
食を担う，必要とする地域の人々が減少する，なくなる傾向にあるなかで，その食
を活かし残していくことに必要性や役割があるか，対象を取捨選択すべきではない
か，地域外のニーズや価値観に迎合して残っても地域の食ではないのではないか，
などネガティブな考えも出てくるだろう．逆に，そのような厳しい状況に置かれて
いる地域の人々にとって，食という素材や切り口，機会から地域ならではの知恵や
背景，培われてきた経験・技術などが活かされ，地域社会の課題の発見・解決の足
掛かりになれば，縮小社会のなかでも自身や地域に誇りや自信を持ち，持てる資源
の最適化，新しい価値創造を積極的に実践できる可能性もある（コラム④参照）．

　わたしたちは，食品・献立そのものを消費すると同時に，それらに付随する地域
らしさ・地域固有性や積み重ねてきた伝統のような物語性や歴史・背景，培われて
きた技能や工夫，食の創出に関わる営み・思い，生産現場や調理の現場にみられる
景観なども同時に味わっている．食を通じて地域の魅力，固有性や強みを意識し，
問題点や弱点を感じること，地域のなかに生じている変化に気が付くことも可能で
ある．地域の財産となり得る，地域に根差して培われてきたローカルな食から地域
をみつめる試みには，人々が地域に対する意識・アイデンティティを育みやすい面
もある．

　冒頭でも触れたように本書の考察では，地域らしいあるいは伝統的とされる食を
地域の人々がどのように取り込み，とらえているか，その食品・献立の特性が過去

とどのように変容しているか，地域の人々に消費の状況や考えについて情報を頂きながら現状を「見える化」することを作業課題としてきた．そのため，今後の食の利活用の方向性・具体策のほか，それぞれの食材・献立の生産活動の展開・課題，流通構造やマーケティング戦略，影響を受けるあるいは競合，置き換えの対象となる食材・食品・献立との関係性，観光や交流など地域活性化とのかかわり，食に関わる学びの実践など，食を成立させるために必要な諸段階・場面，関係主体，活動内容に関する多角的・総合的な調査・分析，あるいはそれらの営み・存在に関する検証・評価には至っていない．これら観点は，引き続き関心を寄せていきたい．また，地域らしいあるいは伝統的とされる食が地域で食べ続けられることにより生まれる効果，地域らしい景観・営みに対する地域内外の人々の意識，活用の模索，あるいは食による地域アイデンティティや記号化の成立・強化などのような食の多面的機能への注目も，本書に続く研究課題と考えている．

　これらの考察に取り組み，得られた知見を地域内外の関係者の試行錯誤，協働の素材として提供することで，より適切で持続的な資源の利用，価値発揮・創造を目指す活動の背中を押すことができればと思う．各地の地域らしいあるいは伝統的とされる食が，どのようなかたちや場で人々に食され続け，地域外に発信されていくか，今後の動向を継続的に観察していきたい．

注：
1） 兵庫県農林水産技術総合センター水産技術センター刊行のパンフレット「豊かな瀬戸内海の再生を目指して　豊かな瀬戸内海再生調査事業の成果」https://www.hyogo-suigi.jp/wp-content/uploads/2020/11/ikanagopampf8p-1.pdf（最終確認：2022 年 9 月 21 日）．
2） 秋田県のいぶりがっこの製造継続が食品営業許可制度の改正の影響を受けた（NHK「存続の危機に立たされた"ふるさとの味"秋田「いぶりがっこ」」https://www3.nhk.or.jp/news/html/20220329/k10013555021000.html〔最終確認：2022 年 7 月 22 日〕）．
3） 文化庁「全国各地の 100 年フード「川内かまぼこ」」https://foodculture2021.go.jp/jirei/（最終確認：2022 年 6 月 19 日）．「すぼ」は，かまぼこの周囲に従前は麦藁をまとわせて成型，包装されていたが，麦藁の調達が困難となり，衛生上の観点，作業の効率化の必要性やコスト面を考慮し，現在ではほぼプラスチック製に替わっている．
4） 岩国寿司（岩国ブランド推進プロジェクト「いわくに made」ホームページ）https://iwakunimade.jp/iwakunizushi/（最終確認：2022 年 6 月 19 日）．　岩国市 HP「岩国ブランド　岩国ずし」https://www.city.iwakuni.lg.jp/uploaded/attachment/19250.pdf（最終確認：2022 年 6 月 19 日）．
5） 第 I 部 2 章・コラム①で触れた奥能登での調査と第 IV 部 1 章での調査とで，「一般的に伝統的な食品・献立ととらえることができるものは，どの程度以上古い時代からあるものを指すか」を問うた．奥能登での結果では，世代では「親世代より以前から」40.8%，「祖父母世代より前から」36.9%が多く，年数・時代では「50 年前より以前から」47.4%，「100 年前より以前から」20.0%と続いた．奥越地域の結果では，世代では「親世代より以前から」46.1%，「祖父母世代より前から」36.5%と挙がり，年数・時代では「100 年前より以前から」32.9%，

「江戸時代より以前から」26.9％と選択された．第IV部1章の半夏生鯖のように，習慣の発祥地（大野市）と伝承先（勝山市）とのあいだで，食に対する人々の地域意識に違いがみられた．沖縄でのサンマ利用（林 2013）の場合，食材が導入されて約60年が経過し，すでに地域の食卓で「定番の食材・献立」となっているが，同様に江戸期より外部から移入された昆布を活かしてきた調理事象ほど伝統的なものとしての評価には至っていない．当初，流行品，外来品と評価された食品が，量的にも意義づけの面でも人々の食生活や地域・社会の営みに浸透し，自分（たち）のものとして定着していくには，一定の期間を要する．節分の恵方巻消費（岩﨑 1990；竹井 2001）なども，現在はまだ食の流行の域を脱するに至っていないが，土用の丑の日のウナギ消費の習慣（平川 2011；東アジア鰻資源協議会日本支部 2013；静岡新聞社・南日本新聞社・宮崎日日新聞社 2015；海部 2019）のように今後も長くその消費活動が継続すると，将来世代の人々から伝統的な食と認識される状態に至るかもしれない．

参考文献

青木悦子 2012．押しずし．愛蔵版くらしの歳時記編集委員会『愛蔵版くらしの歳時記石川編』北國新聞社：128-129．

青木賢人 2024．令和6年能登半島地震とショッピングセンター〜被害とこれから〜．SC JAPAN TODAY, 571（2024年9月号）：22-24．

青木賢人・林紀代美 2020．加賀の北前船〜川湊と食文化〜．地図中心 571：29-31．

青柳斉 2021．『米食の変容と展望　2000年以降の消費分析から』筑波書房．

秋道智彌 2007．序—資源・生業複合・コモンズ．秋道智彌編『資源とコモンズ』弘文堂：13-36．

秋谷重男 1988．現代消費者の食生活—家計からみた階層性と地域性—．今村奈良臣・吉田忠編『食生活変貌のベクトル』農山漁村文化協会：214-238．

秋谷重男 2006．『日本人は魚を食べているか』漁協経営センター．

秋谷重男・吉田忠編 1988．『食生活変貌のベクトル』農山漁村文化協会．

朝倉寛 2006．現在日本人の食嗜好—味の素「嗜好調査」より「性」「年齢」「地域」との関係を検証する—．伏木亨編『食の文化フォーラム24 味覚と嗜好』ドメス出版：126-147．

浅野尊男 1994．ほうらい祭りと新町．金沢大学文学部文化人類学研究室編『鶴来町，新町と月橋町』金沢大学文学部文化人類学研究室：174．

阿部覚・林紀代美 2017．放課後児童クラブの「ぎょしょく教育（水産版食育）」実施主体としての可能性．地域漁業研究 57-3：45-64．

阿部信一郎・坂西芳彦・髙田宜武・梶原直人 2012．新潟県産食用褐藻アカモク（Sargassum horneri）に対する消費者の購入意向．藻類 60：15-20．

荒木一視 2013．和菓子屋さんとローカルフード—伝統食品の製造販売にみる今日の広域食材・食品提供およびご当地性—．山口大学教育学部研究論叢 62-1：19-35．

阿良田麻里子編 2017．『文化を食べる文化を飲む　グローカル化する世界の食とビジネス』ドメス出版．

飯島久美子・小西史子・綾部園子・村上知子・冨永典子・香西みどり・畑江敬子 2006．年越し・正月の食習慣に関する実態調査．日本調理科学会誌 39-2：154-162．

伊賀聖屋 2004．日本における米酢加工業の原料米流通体系．地理学評論 77-14：977-996．

池上甲一・岩崎正弥・原山浩介・藤原辰史 2008．『食の共同体　動員から連帯へ』ナカニシヤ出版．

池谷和信 2003．『山菜採りの社会誌　資源利用とテリトリー』東北大学出版会．

池田和子 2012．「食文化」の商品化の構築のために．観光科学研究 5：117-126．

池田和子 2013．「食文化」の商品化　概念に関する一考察．観光科学研究 6：135-145．

池田和子 2015．生産における地域との結びつきの過程—愛媛県における削りかまぼこを事例として—．地理空間 8-1：19-33．

池森貴彦 2012．『能登の美味しい海藻【ダイジェスト】』珠洲の元気創造まつり実行委員会（非売品）．

池森貴彦・田島迪生 2002．石川県で採取した海藻と海産顕花植物．石川県水産総合センター研究報告 3：1-11．

石井研士 2020.『日本人の一年と一生　変わりゆく日本人の心性』春秋社.

石川県教育委員会 1999.『石川の祭り・行事　石川県祭り・行事調査事業報告書』石川県教育委員会.

石川県水産総合センター 2007.『奥能登のなれずし　調査報告書』石川県水産総合センター. (https://www.pref.ishikawa.lg.jp/suisan/center/kenpo/documents/narezushi_report.pdf〔最終確認：2017 年 12 月 26 日〕).

石毛直道・ケネス・ラドル 1990.『魚醤とナレズシの研究―モンスーンアジアの食事文化―』岩波書店.

石毛直道 2009.『食の文化を語る』ドメス出版.

石毛直道 2015.『日本の食文化史』岩波書店.

石田賢吾 2013. ブランド化・認証・規格化が進む魚醤油. JAS 情報 48-3：1-6.

板橋春夫 2002. 葬儀と食物―赤飯から饅頭へ―. 国立歴史民俗博物館編『葬儀と墓の現在　民俗の変容』吉川弘文館：166-200.

井田 齊・河野 博・茂木正人 2007. 三面川のサケ文化. 井田 齊・河野 博・茂木正人編『食材魚貝大百科別冊 2 サケ・マスのすべて』平凡社：56-62.

井上忠司・サントリー不易流行研究所 1993.『現代家庭の年中行事』講談社現代新書.

亥子紗世・熊谷千佳・菱田朋香・安藤恵・西堀すき江 2018. 尾張水郷地域における暮らしと郷土料理の変遷. 東海学園大学紀要 22：1-17.

今田節子 1992. 瀬戸内沿岸地帯にみられる海藻の食習慣とその背景. 日本家政学会誌 43-9：915-924.

今田節子 1994. 山陰沿岸地帯にみられる海藻の食習慣とその背景. 日本家政学会誌 45-7：621-632.

今田節子 1995. 北近畿沿岸地帯にみられる海藻の食習慣とその背景. 日本家政学会誌 46-11：1069-1080.

今田節子 2003.『海藻の食文化』成山堂書店.

今田節子 2018.『食文化の諸相―海藻・大衆魚・行事食の食文化とその背景―』雄山閣.

今田節子・藤田真理子 2003. 保存食「塩辛・魚醤」の伝統的食習慣とその地域性. 日本家政学会誌 54-2：171-181.

岩城こよみ 2016.『味噌の民俗―ウチミソの力―』大河書房.

岩﨑竹彦 1990. 節分の巻ずし. 民俗（相模民俗学会）136・137：23-24.

岩﨑竹彦 2017. 年中行事の変容. 谷口 貢・板橋春夫『年中行事の民俗学』八千代出版：213-224.

岩田憲二 1989. 白峰村南部地域の居住分布―特に出作りについて. 石川県白山自然保護センター研究報告 16：95-101.

岩田三代編 2009.『食の文化フォーラム 27 伝統食の未来』ドメス出版.

岩間一弘 2021.『中国料理の世界史　美食のナショナリズムをこえて』慶応義塾大学出版会.

岩間信之 2013.『改定新版フードデザート問題』農林統計協会.

内浦町史編纂専門委員会 1982.『内浦町史　第二巻　近世・近現代・民俗』内浦町役場.

内堀基光 2007. 序―資源を巡る問題群の構成. 内堀基光編『資源と人間』弘文堂：15-43.

宇野 通 1997. 加越能の曳山祭り. 能登印刷出版部：380.

浦上の歴史編集委員会 1997.『浦上の歴史』浦上の歴史発刊委員会.

越前町史編纂委員会 1977. 躍進する漁業.『越前町史下巻』越前町役場：244-315.

江原絢子 2009．食文化研究の蓄積と今後の課題―調理，料理形式，日常の食生活を中心に―．日本調理科学会誌 42-5：269-274．

江原絢子・石川尚子・東四柳祥子 2009．『日本食物史』吉川弘文館．

太田成和 1961．魚類．『郡上八幡史下巻』八幡町役場：770．

大野市史編さん委員会 2008．『大野市史　第 13 巻　民俗編』大野市．

大森 輝 1999．三陸漁村における年中行事食の伝承―岩手県宮古市大字重茂八部落の実態―．芳賀 昇・石川寛子編『全集日本の食文化 12　郷土と行事の食』雄山閣：157-182．

沖山 敦 2001．日本人の味覚と嗜好．豊川裕之・安村碩之編『食生活の変化とフードシステム』農林統計協会：135-161．

奥能登広域圏事務組合 1994．『奥能登のキリコまつり』奥能登広域圏事務組合．

奥村彪生 1996．現代における郷土色料理．ヨーゼフ・クライナー編『地域性からみた日本』新曜社：178-208．

奥村彪生 2016．『日本料理とは何か　和食文化の源流と展開』農山漁村文化協会．

海部健三 2019．『結局，ウナギは食べていいのか問題』岩波書店．

嘉瀬井恵子 2019．農耕祭礼における地域アイデンティティとしての行事食．食生活科学・文化，環境に関する研究助成研究紀要 32：77-85．

勝山市 1974．『勝山市史　第 1 巻　風土と歴史』勝山市．

桂 貴洋・北尾夏海・小林直樹 2018．壱州豆腐の流通・消費と持続可能性．地理 759：78-84．

門 有紀・平岡美紀・植木勧嗣・濱崎貞弘 2009．奈良県におけるカキ葉生産及び利用の現状と課題．奈良県農業総合センター研究報告 40：19-28．

神山千穂・中澤菜穂子・齊藤 修 2014．自家生産及びいただきものによる市場を介さない食料供給サービスの定量的評価：全国及び能登半島を対象とした比較研究．土木学会論文集 G（環境）70-6：II 361-369．

亀井 文・大下市子・井川佳子・岡本洋子・奥田弘枝・上村芳枝・杉山寿美・前田ひろみ・三好康之・奥山清美・倉田美恵・土屋房江・三谷璋子・吉永美和子 2009．広島県における魚介類摂取に及ぼす居住地域の影響．日本食生活学会誌 20-2：151-157．

亀山智実・林 直樹 2023．石川県における山菜類・樹実類食文化の継承に関する基礎的研究．2023 年度（第 72 回）農業農村工学会大会講演会講演要旨集：453-454．

川嶋正男 1976．白峰地方の食生活と堅豆腐．調理科学 9-4：205-209．

河原典史 2019．漁業振興をめぐる地域資源の新しい活用　福井県美浜町の「へしこ」・京都府伊根町の「舟屋」．地域漁業研究 59-1：20-30．

環境庁自然保護局・海中公園センター 1994．『第 4 回自然環境保全基礎調査　海域生物環境調査 報告書　第 2 巻藻場』http://www.biodic.go.jp/repor-ts/4-12/r153.html（最終確認：2016 年 2 月 19 日）．

帰山雅秀 2002．『最新のサケ学』成山堂書店．

胡桃沢勘司 2008．『牛方・ボッカと海産物移入』岩田書院．

黒石いずみ 2021．現代における「郷土食」の地域生活基盤・健康な生活の表象としての可能性．食生活科学・文化，環境に関する研究助成研究紀要 34：1-12．

黒田晃弘 1992．国神神社本白山参詣曼荼羅図にみる宗教景観像．人文地理 44-6：708-726．

河野一世・柴田英之 2010．日本食からみる発酵食品の多様性と日本人の健康―肥満を中心に．日本調理科学会誌 43-2：131-135．

小島朝子 1989．滋賀県下の神社の神饌と直会膳にみられる魚料理について．調理科学 22-4：

322-327.

小西賢吾 2018.「あつまり」と「つながり」の場としての祭り．山田孝子・小西賢吾編『祭りから読み解く世界』英名企画出版：127-140.

小林直樹 2020．長野県伊那市における昆虫食の実態と多様性．E-journal GEO 15-2：332-351.

小栁 喬 2018．石川県の塩を用いた伝統水産発酵食品にみる細菌叢挙動とその特徴．日本海水学会誌 72-5：295-303.

齋藤暖生 2019．食用植物・キノコの採取・利用にみる森林文化―文化的要素の抽出および文化動態の解釈の試み―．林業経済研究 65-1：15-26.

齋藤 修・ヤルッコ・ハバス・白井浩介・栗栖 聖・荒巻俊也・花木啓祐 2015．八丈島における市場を介さない食料供給サービスの実態とレジリエンスな島づくりへの一考察．土木学会論文集 G（環境）71-6：Ⅱ 349-357.

坂本優紀 2018．住民による地域のサウンドスケープの発見と活用―長野県松川村におけるスズムシを活用した地域づくりを事例に―．地理学評論 91-3：229-248.

佐賀達矢・野中健一・ファン　イッテルベーク　ヨースト 2022．高校生の昆虫食に対する意識と試食を伴う講義の効果．E-journal GEO 17-2：350-362.

佐々木 馨・大石圭一 1994．昆布食類型分布の研究・第 5 報　類型成因の比較考察．北海道教育大学紀要（第 1 部 B）45-1：1-10.

佐藤茂幸 2011.「食」による地域活性化に関する研究　―山梨県大月市の郷土料理を事例として―．日本経営診断学会論集 11：110-116.

佐藤奨平編 2019．『和菓子企業の原料調達と地域回帰』筑波書房．

佐藤洋一郎編 2008．『米と魚』ドメス出版．

佐渡康夫 1995．いしるの製法と特徴．石谷孝祐編『魚醤文化フォーラム in 酒田』幸書房：38-43.

佐野雅昭 2003．『サケの世界市場―アグリビジネス化する養殖業―』成山堂書店．

讃岐 亮・吉川 徹 2012．ガソリンスタンドのアクセシビリティ評価と施設撤退の影響評価　岩手県を事例にして．日本建築学会計画系論文集 77-673：639-648.

塩屋幸子 2011．『食文化の継承意識に影響する家族関係―正月料理の変化を通して―』風間書房．

静岡新聞社・南日本新聞社・宮崎日日新聞社編 2015．『ウナギ NOW　絶滅の危機！！伝統食は守れるのか？』静岡新聞社．

篠原秀一 1998．秋田県におけるハタハタ流通経路に関する予察的考察．秋田地理 18：1-9.

篠原秀一 2013．北海道羅臼町・標津町における漁村空間の商品化とその地域性．田林昭編『商品化する日本の農村空間』農林統計出版：93-109.

品田知美・野田 潤・畠山洋輔編 2015．『平成の家族と食』晶文社．

渋谷利雄 1988．『写真譜・加賀の祭り歳時記』桜楓社．

島田玲子・澤畑絢子・木村靖子・川嶋かほる 2010．親子間における調理の類似性．日本調理科学会誌 43-5：301-305.

島田玲子・山口真希・木村靖子・川嶋かほる 2013．親子間における味覚嗜好の類似性．日本調理科学会誌 46-2：114-120.

白鳥町教育委員会 1976．農民とその生活．『白鳥町史通史編上巻』白鳥町，307-325.

白峰村史編集委員会 1962．『白峰村史　上巻』白峰村．

白峰村史編集委員会 1982.『白峰村史（復刻版）上巻』白峰村役場.

水産庁 2017.『平成 29 年版　水産白書』農林統計協会.

水産庁 2021.『水産白書令和 3 年版』農林統計協会.

杉山悟志 1994. 金剱宮，ほうらい祭りと地域社会. 金沢大学文学部文化人類学研究室『鶴来町，新町と月橋町』金沢大学文学部文化人類学研究室：68-74.

珠洲市史編さん専門委員会 1979.『珠洲市史　第四巻資料編　神社・製塩・民俗』珠洲市役所.

須谷和子・志垣 瞳・池内ますみ・澤田崇子・長尾綾子・升井洋至・三浦さつき・水野千恵・山本英代・山本由美 2015. NHK「きょうの料理」における煮物料理の変遷調査. 日本調理科学会誌 48-6：416-426.

須山 聡・高橋昂輝 2013. 鶏飯誕生. 地域学研究 26：53-72.

世界農業遺産活用実行委員会 2013.『「能登の里山里海」世界農業遺産構成資産調査報告書』「能登の里山里海」世界農業遺産活用実行委員会.

関 満博 2015.『中山間地域の「買い物弱者」をささえる移動販売・買い物代行・送迎バス・店舗設置』新評社.

高木 亨 2005a. 醤油の好みと地域特性. 日本食生活学会誌 15-4：267-277.

高木 亨 2005b. 生産と流通からみた日本の醤油醸造業と醤油嗜好の地域性. 季刊地理学 57：121-136.

高田公理 2006. 生理，文化，そして情報—味覚と嗜好を支える三つの位相—. 伏木 亨編『食の文化フォーラム 24 味覚と嗜好』ドメス出版：112-124.

高橋秀雄・今村充夫 1992.『祭礼行事　石川県』桜楓社.

高橋洋子・粟津原宏子・小谷スミ子 2006. 新潟・長野・富山県における鮭と鰤に関する食文化的考察—漁獲・加工・流通および消費の変遷から—. 日本調理科学会誌 39-5：310-319.

多紀保彦・近江 卓 2000.『食材魚貝大百科 4』平凡社.

武 春夫・勝山陽子・山田幸信・道畠俊英・中村静夫・榎本俊樹・久田 孝・谷口 肇 2008. 石川県の伝統発酵食品の成分と機能性に関する研究. 石川県工業試験場研究報告 57, 47-52.

竹内由紀子 2001. 宴会の料理文化に表出された類型性と個別性. 国立歴史民俗博物館研究報告 91：601-611.

竹井恵美子 2001.「節分の食」今昔. 大阪学院大学通信 31-11：1083-1095.

田中啓爾 1957.『塩および魚の移入路—鉄道開通前の内陸交通—』古今書院.

谷口 貢 2017. 年中行事研究の歩み. 谷口 貢・板橋春夫編『年中行事の民俗学』八千代出版：29-48.

田中啓爾 1957.『塩および魚の移入路—鉄道開通前の内陸交通—』古今書院.

玉木志穂・大浦裕二・山本淳子・八木浩平 2018. 行事食における中食利用の実態に関する一考察—東京都と大阪府の都市部を対象として—. 農業経営研究 55-4：15-20.

田村 勇 2002.『サバの文化誌』雄山閣.

多屋勝雄 1991.『国際化時代の水産物市場—水産物需給と価格形成—』北斗書房.

淡野寧彦 2017. 愛媛県の郷土食いずみや（丸ずし）の歴史と地域的受容・継承形態. 愛媛大学社会共創学部紀要 1-1：83-91.

露久保美夏・石井克枝 2011. サツマイモ飯とサツマイモ粥の年代別摂取状況の地域性とその背景. 日本調理科学会誌 44-2：174-179.

鶴来商工会 2004.「79　祭りずし（押しずし）」.『ふるさと鶴来再発見』鶴来商工会：79.

手代木 功・藤岡悠一郎・飯田義彦 2016．トチノミ加工食品販売の地域的特徴―道の駅販売所に着目して―．季刊地理学 68：100-114.

出島この美・高澤千絵 2022．なれずし．一般社団法人能登半島広域観光協会編『能登における発酵食文化発掘・発信事業報告書』一般社団法人能登半島広域観光協会：20-24.

寺沢なお子・今井めぐみ・林平頼子・村田容常 2010．イシルのラジカル消去活性および活性成分の分離．日本家政学会誌 61-8：493-499.

田 永軍 2014．日本周辺の水産資源の長期変動に及ぼす気候と海洋環境変化の影響．日本水産学会誌 80-3：327-330.

戸塚清子・峯木眞知子 2016．魚介類およびその料理に対する全国保育園児の嗜好の変遷―1996 年～2012 年調査―．日本食生活学会誌 27-1：31-39.

富岡儀八 1978．『日本の塩業―その歴史地理学的研究―』古今書院.

冨岡典子・太田暁子・志垣 瞳・福本タミ子・藤田賞子・水谷令子 2010．エイの魚食文化と地域性．日本調理科学会誌 43-2：120-130.

富塚朋子・宮田昌彦 2015．マイナー・サブシステンス（小生業）としての海藻採りと資源の持続的利用．Algal Resources 8：37-53.

富山県商工会議所 2008．特集 富山湾のぶりと暮らし―過去と未来を結ぶ「ぶり街道」―．『会報 商工とやま 平成 20 年 1 月号』．（PDF 取得 http://www.ccis-toyama.or.jp/toyama/magazine/h19_m/0801tokusyu.html〔最終閲覧日：2018 年 11 月 16 日〕）.

内藤重之・佐藤 信編 2010．『学校給食における地産地消と食育効果』筑波書房.

中島康夫・吉田恵子 1988．加賀平野の食．日本の食生活全集石川編集委員会編『聞き書 石川の食事』農山漁村文化協会：64-127.

中澤弥子 2012．特別研究「調理文化の地域性と調理科学―行事食・儀礼食―」東海・北陸支部．日本調理科学会誌 45-5：381-385.

中澤弥子・三田コト 2004．長野県における「塩イカ」と「煮イカ」の食習慣の伝承と地域性．日本家政学会誌 55-2：167-179.

長崎福三 1996．『魚と米の食文化』舵社.

永冨 聡・石田 祐・小藪明生・稲葉陽二 2011．地縁的な活動の参加促進要因―個票データを用いた定量分析―．ノンプロフィット・レビュー 11-1：11-20.

長沼誠子 2001．甘味嗜好の地域性．日本食生活学会誌 12-1：9-14.

中村周作 2009．『宮崎だれやみ論 酒と肴の文化地理』鉱脈社.

中村周作 2012．『熊本 酒と肴の文化地理―文化を核とする地域おこしへの提言―』熊本出版文化会館.

中村周作 2014．『酒と肴の文化地理―大分の地域食をめぐる旅―』原書房.

中村周作 2018．『佐賀・酒と魚の文化地理 文化を核とする地域おこしへの提言』海青社.

中村貴子 2008．食文化を生かした地産地消の可能性―京都府を事例として―．農林業問題研究 170：186-191.

中村均司 2012．郷土料理「ばらずし」の変容と伝承．農林業問題研究 186：90-96.

中村 亮 2018．福井県小浜市内外海地域の郷土食ナレズシを活用した地域振興の可能性を探る．地域漁業研究 58-3：120-127.

新澤祥恵・川村昭子・中村喜代美 2017．押しずし．日本調理科学会編『伝え継ぐ日本の家庭料理 すし』農山漁村文化協会：72.

日本の食生活全集石川編集委員会 1988．『聞き書 石川の食事』農林漁村文化協会.

日本の食生活全集京都編集委員会 1985.『聞き書 京都の食事』農林漁村文化協会.

日本の食生活全集岐阜編集委員会 1990.『聞き書 岐阜の食事』農林漁村文化協会.

日本の食生活全集滋賀編集委員会 1991.『聞き書 滋賀の食事』農林漁村文化協会.

日本の食生活全集富山編集委員会 1989.『聞き書 富山の食事』農林漁村文化協会.

日本の食生活全集長野編集委員会 1986.『聞き書 長野の食事』農林漁村文化協会.

日本の食生活全集兵庫編集委員会 1992.『聞き書 兵庫の食事』農林漁村文化協会.

日本の食生活全集福井編集委員会 1987.『聞き書 福井の食事』農林漁村文化協会.

根立恵子・石井幸江・米田泰子・由比ヨシ子 2012. 女子大学生の日常食における魚類と肉類の利用状況および利用に及ぼす要因. 日本調理学会誌45-3：215-222.

農商務省水産局 1913.『日本水産製品誌』農商務省水産局（1983年復刻版，岩崎美術社）.

農林水産省 2016.『平成28年度食育白書』農林水産省.

野瀬光弘・木村友美・坂本龍太 2022. 地域在住高齢者における農作物の取り扱いと健康度との関連性―高知県土佐町のご長寿検診から―. 日本農村医学会雑誌71-1：31-40.

能都町史編纂専門委員会 1980.『能都町史 第1巻資料編 自然・民俗・地誌』能都町役場.

「能登の里山里海」世界農業遺産活用実行委員会 2013.『「能登の里山里海」世界農業遺産構成資産調査報告書』「能登の里山里海」世界農業遺産活用実行委員会：9・91・169.

野中健一 2019. 昆虫食―山里のたんぱく源―. 藤井弘章編『日本の食文化4 魚と肉』吉川弘文館：172-203.

橋爪孝介・児玉恵理・落合李愉・堀江瑶子 2015. 鯉食文化からみた長野県佐久市における養鯉業の変容過程. 地域研究年報37：129-157.

橋 実弥 2016. アラメの生産・消費と地域アイデンティティ―島根県隠岐の島―.『地理』735：41-47.

橋村 修 2008. ハワイにおける魚食文化の展開と日系漁業関係者の動き. 立命館言語文化研究20-1：201-214.

橋村 修 2011. 日本列島における「旬」をめぐる環境民俗―地魚・回遊魚・地元民―. 文化人類学研究12：34-51.

橋本成仁・山本和生 2012. 免許返納者の生活及び意識と居住地域の関連性に関する研究. 土木学会論文集D3（土木計画学）68-5：I 709-717.

橋本俊哉 2021. 観光における「嗅覚体験」に関する基礎的研究. 立教大学観光学部紀要23：2-10.

服部 保・南山典子・澤田佳宏・黒田有寿茂 2007. かしわもちとちまきを包む植物に関する植生学的研究. 人と自然17：1-11.

波積真理 2002.『一次産品におけるブランド理論の本質 成立条件の理論的検討と実証的考察』白桃書房.

花輪由樹 2016. 現代社会における郷土料理概念の一考察―E．シュプランガーの郷土概念より―. 家政学原論研究50：30-38.

濱田信吾 2019. 変容する伝承食の真正性：福井県嶺南地方沿岸部のサバのヘシコナレズシを事例として. 国立民俗博物館研究報告44-2：291-322.

林 紀代美 2005. アメリカ東海岸東部，カナダセントジョンズで出会った特徴ある水産業活動. 大阪教育大学地理学会会報49：57-66.

林 紀代美 2011. 2000年代の水産物購入にみる食の平均化と地域差. E-journal GEO 6-1：1-15.

林 紀代美 2013. 沖縄の人々はサンマ・サケをどう受け入れてきたか?―食材の普及，流通，消費にみられる地域性―. E-journal GEO 8-1：96-118.

林 紀代美 2015.『魚食と日本人』古今書院.

林 紀代美 2016a. Ⅴ海女漁の形態と技術　8　加工と販売. 石川県『平成26・27年度　海女習俗査報告書―輪島における素潜り漁及び関係する習俗―』石川県：181-196.

林 紀代美 2016b. 海藻・魚醤の利用からみた「能登地域」のひろがり. E-journal GEO 11-1：135-153.

林 紀代美 2016c. 地域食材の消費・伝承をどう維持するか?―能登の魚醤―. 地理 735：48-53.

林 紀代美 2016d. 能登地域における「海藻類」「魚醤」の世代別の利用動向. 地域漁業研究 57-1：95-113.

林 紀代美 2017a. 能登地域の海藻食文化. 味の素食の文化センター編『Vesta』107, 農林漁村文化協会：24-29.

林 紀代美 2017b. 白山市における発酵調味料の利用実態. 金沢大学人間科学系研究紀要 8・9：1-29.

林 紀代美 2019. 飛騨地域におけるブリ・サケ消費と年取魚ブリへの認識. E-journal GEO 14-1：130-151.

林 紀代美 2020. 鰤街道沿線地域における今日のブリ・サケ利用実態と「越中・飛騨鰤」の真正性に関する考察. 食生活科学・文化，環境に関する研究助成研究紀要 33：121-137.

林 紀代美 2021a. 会食の特徴・機能と人々の認識:「キリコ祭り」に注目して. 日本海域研究 52：31-49.

林 紀代美 2021b. 会食の特徴・機能と人々の認識:「ほうらい祭り」に注目して. 日本海域研究 52：51-66.

林 紀代美 2021c. 木曽・伊那地域の年取りでのブリ食の実態と認識. 地域漁業研究 61-1：21-31.

林 紀代美 2022a. 今日の長野県南信・中信南部における年取りでのブリ食の実態. 食生活科学・文化，環境に関する研究助成研究紀要 35：107-123.

林 紀代美 2022b. 福井県奥越地域における半夏生鯖の食実態と人々の認識. 地域漁業研究 62-2：57-66.

林 紀代美 2023a. 奥能登地域での市場を介さない食品のやり取りの実態と人々の認識. 地域と環境 17：126-144.

林 紀代美 2023b. 地域の伝統的な食に関する消費，評価，その変容―奥能登地域の「なれずし」の事例から―. 歴史地理学 65-1：71-89.

林 紀代美 2023c. 福井県永平寺町における葉っぱ寿司の調理・消費実態. 地域漁業研究 63-1：35-44.

林紀代美 2024a. 地震発生から二次避難まで―珠洲市高屋町の事例. 地理 831：118-131, 口絵 10-1.

林紀代美 2024b. 令和6年能登半島地震の水産業への影響. 地理 831：99-105, 口絵 2-3・2-4・8-3・9-2・9-3.

はやしきよみ 2010. 楽しく地図を描く旅　たまにリターンズ6「北欧の「魚のある風景」後編 ～スカンジナビア・バルト三国でカペリンをさがす. 地理 660：80-87.

はやしきよみ 2017. 楽しく地図を描く旅たまにリターンズ18「半夏生鯖を訪ねて」. 地理

748：8-13・口絵6.

はやしきよみ 2019. 楽しく地図を描く旅たまにリターンズ24「飛騨地域の「塩鰤」を訪ねて」. 地理 768：92-99・口絵8.

はやしきよみ 2021. 楽しく地図を描く旅たまにリターンズ28「年取魚ブリを訪ねて　木曽・伊那地域を中心に」（前編）. 地理 799：11-15・口絵4.

はやしきよみ 2022. 楽しく地図を描く旅たまにリターンズ29「年取魚ブリを訪ねて　木曽・伊那地域を中心に」（後編）. 地理 800：93-98.

はやしきよみ 2024. 能登半島の水産加工品. 地理（古今書院）830, 37-47.

林 直樹 2024.『撤退と再興の農村戦略　複数の未来を見据えた前向きな縮小』学芸出版社.

原田信男 2020.『「共食」の社会史』藤原書房.

東アジア鰻資源協議会日本支部編 2013.『うな丼の将来　ウナギの持続的利用は可能か』青土社.

東四柳祥子 2023. 奥能登の魚醤油再考. 梅花女子大学食文化学部紀要 10：1-16.

東四柳祥子・高澤千絵 2022. 魚醤油（いしり・いしる）. 一般社団法人能登半島広域観光協会編『能登における発酵食文化発掘・発信事業報告書』一般社団法人能登半島広域観光協会：14-20.（https://www.bunka.go.jp/seisaku/bunkazai/joseishien/syokubunka_story/pdf/93727702_10.pdf〔最終確認：2018年11月16日〕）.

樋口耕一 2014.『社会調査のための計量テキスト分析』ナカニシヤ出版.

久田 孝・矢野俊博 2010. 魚介類の乳酸発酵食品―能登のナレズシと加賀のカブラズシ―. 日本食品微生物学会雑誌 27-4：185-195.

平川敬冶 2011.『魚と人をめぐる文化史』弦書房.

福田美津枝 2010. 朴葉寿司とカスめし―岐阜県郡上地域の事例から. 味の素食の文化センター『Vesta』78, 農林漁村文化協会：18-21.

伏木 亨 2006. 人間の嗜好の構造と食文化. 伏木 亨編『味覚と嗜好』ドメス出版：235-256.

藤井建夫 2002.『魚の発酵食品』成山堂書店.

藤井弘章 2019. 魚食の展開と肉食の拡大. 藤井弘章編『日本の食文化4　魚と肉』吉川弘文館：1-20.

藤岡康弘 2016. 現代に伝わる「ふなずし」の多様性. 橋本道範編『再考ふなずしの歴史』サンライズ出版：269-293.

船下智宏 1995. 魚醤油「いしり」の活用法. 石谷孝祐『魚醤文化フォーラム in 酒田』幸書房：44-51.

古家晴美 2008. 現代社会と「郷土食」. 筑波学院大学紀要3：121-133.

古家晴美 2010. 郷土食とは何か. 味の素食の文化センター編『Vesta』78, 農林漁村文化協会：8-13.

古川惠子・友清貴和 2003. 高齢・過疎地域における高齢者の生活を支えるつきあいのひろがりに関する研究. 日本建築学会計画系論文集 568：77-84.

星野 昇 2017. 北海道におけるブリの来遊状況. 北水試だより 94：1-4.

堀尾 強 2007. 味噌汁における塩分嗜好の家族類似性. 日本醸造協会誌 102-10：743-749.

本間伸未・新宮璋一・石原和夫・佐藤恵美子 1990. 東西食文化の日本海側の接点に関する-研究（III）年取り魚と昆布巻. 県立新潟女子短期大学研究紀要 27：75-82.

増井好男 1990. 原料供給条件と水産加工産地の対応―茨城県那珂湊市, 静岡県沼津市のケースを中心に―. 北日本漁業 20：79-86.

280

升原且顕 2005. 広島県におけるサメ食慣行の伝承に関する考察―口和町の「ワニ」料理を中心に―. 立命館地理学 17：101-115.

松井 健 1998. マイナー・サブシステンスの世界―民俗世界における労働・自然・身体―. 篠原 徹編『民俗の技術』朝倉書店：148-176.

松田香代子 2017. 年中行事の食. 谷口 貢・板橋春夫編『年中行事の民俗学』八千代出版：155-168.

真部真理子 2003. 家庭の味付けが塩味嗜好形成に及ぼす影響―味噌汁の呈味調査から―. 日本家政学会誌 54-2：163-170.

真部真理子 2006. においが食嗜好に及ぼす影響―味噌の嗜好調査から―. 日本家政学会誌 57-1：21-29.

真部真里子・梅田奈穂子・磯部由香・久保加織 2012. 食経験と情報がふなずしの嗜好性に及ぼす影響. 日本家政学会誌 63-11：737-744.

真部真里子・橋本慶子 2002. 年齢層による年中行事の認知と実施状況の相異. 日本家政学会誌 53-5：407-415.

松本市立博物館編 2002.『鰤のきた道　越中・飛騨・信州へと続く街道』オフィスエム.

間々田孝夫 2016.『21 世紀の消費』ミネルヴァ書房.

丸山悦子 1999. 近畿地方における神社の神饌にみる食材の特徴. 日本調理科学学会誌 32-4：352-359.

三国町史編纂委員会 1964. 魚行商からみる三国の商圏.『三国町史』三国町役場：940-941.

水谷 彩・中島正裕・千賀裕太郎 2005. 農山村における郷土料理の伝承・変遷過程および地域住民の意識の変容に関する考察―長野県小川村の郷土料理「おやき」を事例として―. 農村計画論文集 7：259-264.

水野徳美・岡本 学・有泉 誠・野原聖一・岡田 晃 1978. 閉鎖的山村における通婚圏とその変容過程について. 民族衛生 44-4：158-164.

三田コト 1999. 戦前・戦後における行事食おやきの変容と食生活. 吉賀登・石川寛子『全集日本の食文化 12　郷土と行事の食』雄山閣：99-117.

峰 弘子・亀岡恵子・宇高順子・武田珠美・川端和子 2007. 愛媛県 3 地区における魚介類の利用状況. 日本調理科学会誌 40-6：440-448.

宮城 淳 2012. 千葉県における消費者の醤油購入に関する意識と色の嗜好性に関する調査. 日本食生活学会誌 22-4：320-324.

宮田 登 1997.『正月とハレの日の民俗学』大和書房.

向山雅重 1988. 飛騨ブリの話. 向山雅重『山国の生活誌　信州伊那谷』新葉社：369-378.

村上陽子 2009. 地場水産物を活用した食育事例. 村上陽子『学校給食における食材調達と水産物利用』農林統計出版：123-130.

村瀬敬子 2013. 料理は「簡略化」しているのか―「家庭料理」をめぐる〈環境〉と〈規範〉を中心に. 森枝卓士編『食の文化フォーラム 13　料理すること』ドメス出版：132-151.

村瀬敬子 2020. 郷土料理／郷土食の「伝統」とジェンダー―雑誌『主婦の友』を中心として―. 社会学評論 71-2：297-313.

森 真由美 2014. 魚醤油「いしる」（石川県）. 農林漁村文化協会編『地域食材大百科 15　水産製品』農林漁村文化協会：186-193.

森 真由美・小柳 喬 2016. 石川県能登の魚醤油「いしる」. 日本海水学会誌 70-5：295-302.

守田良子 1988. 行事食, 晴れ食は盛大に. 日本の食生活全集石川編集委員会編『聞き書　石

川の食事』農林漁村文化協会：347-349.

守田良子・浜崎やよい 1988. 能登里山〈徳成〉の食. 日本の食生活全集石川編集委員会編『聞き書　石川の食事』農林漁村文化協会：237-238.

門前町史編さん専門委員会 2004. 『新修門前町史　図説門前町の歴史』門前町.

門前町史編集委員会 1970. 『門前町史』門前町.

矢ケ崎孝雄 1957. 飛騨における近世末期の商品流通―総括的な研究―. 金沢大学教育学部紀要 5：27-47.

矢ケ崎孝雄 1958. 飛騨における商品流通の地域的研究―近世末期の場合―. 金沢大学教育学部紀要 6：74-95.

安田亘宏・中村忠司・吉口克利 2007. 『食旅入門　フードツーリズムの実態と展望』教育評論社.

柳田村史編纂委員会 1975. 『柳田村史』柳田村役場.

矢野敬一 2007. 「名物」の味／「家庭」の味―端午の節句と笹団子の現在. 矢野敬一『「家庭の味」の戦後民俗誌　主婦と団欒の時代』青弓社：182-217.

山口真由 2016. ゲンゲの価値変化とその背景. 『地理』735. 古今書院：22-27.

山下宗利 1992. わが国における食文化の地域性とその変容. 佐賀大学教育学部研究論文集 39：115-133.

山田信夫 2013. 『海藻利用の科学』成山堂書店.

山田浩子 2014. 『学校給食への地場食材供給―地域の畑と学校給食を結ぶ―』農林統計出版.

山中俊夫・甲谷寿史・松尾真臣 2008. 生活環境のスメルスケープに関する研究―アンケート調査に基づくにおいの評価特性とにおいマップ―. 日本建築学会環境系論文集 73-623：47-52.

山本 隆 2006. 好き嫌いの生理学. 伏木 亨編『食の文化フォーラム 24 味覚と嗜好』ドメス出版：82-111.

湯澤規子 2022. 「ふるさとの味」をめぐる調理リテラシーの普及過程と生活世界―長野県上伊那郡における地域資源の発掘と利用―. 農林業問題研究 58-1：10-17.

横山貴史・橋爪孝介・村上翔太・藤永 豪・吉田国光・田林 明 2013. 黒部市生地地区における漁業の変遷と地域資源を活用した漁村地域活性化の取り組み. 人文地理学研究 33：145-173.

横山理雄 1996. 千数百年続く熊甲祭りとその食べ物. 横山理雄・藤井建夫編. 『伝統食品・食文化 in 金沢―加賀・能登・越中・永平寺―』幸書房：55-63.

吉川修司 2013. 北海道の魚醤油とその将来展望. 日本醸造協会誌 108-3：164-171.

芳賀 登 1991. 飛彈山脈と日本の東西文化. 芳賀登編『山の民の民俗と文化―飛騨を中心にみた山国の変貌―』雄山閣：22-64.

吉田俊憲 2002. 石川県の漁業者による沿岸域の利用と管理. 地域漁業研究 43-1：41-50.

吉野馨子・片山千栄・諸藤享子 2008. 住民による農産物の入手と利用からみた地域内自給の実態把握―長野県飯田市の事例調査から―. 農林業問題研究 172：449-460.

若林良和編 2008. 『魚食教育　愛媛県愛南町発水産版食育の実践と提言』筑波書房.

若林良和編 2021. 『食育共創論　地域密着と世代重視の実践から食の未来を拓く』筑波書房.

輪島市史編纂専門委員会 1975. 『輪島市史』輪島市役所.

エイミー グプティル・デニス コプルトン・ベッツィ ルーカス（伊藤 茂訳）2016. 『食の社会学　パラドクスから考える』NTT 出版.

ジェームズ・ワトソン（前川啓治・竹内惠行・岡部曜子訳）2003.『マクドナルドはグローバルか　東アジアのファーストフード』新曜社.

ハリエット・フリードマン（渡辺雅男・記田路子訳）2006.『フード・レジーム　食料の政治経済学』こぶし書房.

パニコス・パナイー（栢木清吾訳）2020.『フィッシュ・アンド・チップスの歴史　英国の食と移民』創元社.

ポーティウス, J. D.・マスティン, J. F.（米田　巌・潟山健一訳）1992.『心のなかの景観』古今書院.

Hayashi, K. 2003. The difference between cities and the change for the constitution proportion of fisheries commodities purchase. 地域漁業研究 44-1：69-81.

Lewis. G. H. 1998 "The Maine lobster as regional icon: Competing images over time and social class" in Barbara G. Shortridge and James R. Shortridge., *The taste of American Place: a reader on regional and ethnic foods*, Rowman & Little field：65-83.

索 引

●数字・欧文
100年フード　4,232,237
COVID-19　1,192,217

●あ行
アオサ　20,23
アカモク　27
アジ　57
アワビ　81,157

イシル　20
伊那　126,140
いもだこ　39,159
イワノリ　19,24,204,207
魚醤油（いしる，いしり，魚醤）　17,
　20-23,33,40-41,44-45,48,204,247,
　257,259

ウグイ　68

エゴようかん　21,158
えびす（べろべろ）　173,182

お返し　84
奥越（福井県）　215,230
奥能登　38-39,57,77,147,151,203
おすそ分け　51,74,77
オードブル　159,183,191

●か行
会食　148,163-164,172,174,184,190,
　191,196
海藻類　17,19,23-24,38-39,43,46,

　81,157,247,257
かいやき　22,36
カジメ　20,26,200
学校給食　98-99,226
かぶら寿司　82
簡素化　165,189,254

木曽　126,140
キリコ祭り　57,152,191-193,257

クロモ　27
食わず嫌い　38,49,64,245

鯨類　157,258

こぶた　159
コミュニケーションツール　20,84,86
コロナ禍　1,73,202
こんか漬け　237
昆布巻き　158,161

●さ行
在来知，伝統知　43,74,242,267
サウンドスケープ　231
サケ　108
サザエ　81,157
笹寿司　172,176-179,187,194-195
サバ　67,215,231,235
サンショウ　68

塩鰤　103,111-113,126,140,257
資源化　42,250,259,262
醤油　38,40,93,205

新奇性恐怖　41,49,72,263
真正性　49,97,124,252

酢　94
すいぜん　20,200
スーパーマーケット　23,44,59,97,
　127,156,177,193,206,216,231
スメルスケープ　231

世界農業遺産　73,153
赤飯　158,162
鮮魚店　23,59,112,127,156,216

葬儀　26,196
惣菜　44,161,183,193,217

●た行
大根寿司　82

地域資源　49,74,89,97,99,262

鶴来　147,172
ツルモ　27,44

年取り魚　111,124,139,140

●な行
なれずし（すす）　57-58,72-73,82

日本遺産　152,236

のり島　19,204

●は行
バ（場）消費　231
白山市　88

半夏生鯖（はげっしょさば）　215,
　231-232,235,245,255,258
発酵調味料　88
ばらずし　249
半夏生　213

飛騨　105,140

仏事　27,196
ブリ　103,111,126

へしこ　237

ほうらい祭り　95,96,172,193-195,
　257
ホンダワラ　20,26-27

●ま行
「見える化」　5,7,51,74,139,233,245,
　259
味噌　90

モズク　24,157
物語性　42,46,97,140,193,255,267

●や行
やりとり　20,24,39,77,207

ヨバレ（よばれ）　152,168-169

●ら行
令和6年能登半島地震　203

●わ行
輪島塗　153,168,191,193,198,208

林　紀代美（はやし・きよみ）

金沢大学人間社会研究域地域創造学系・准教授．専門は，地理学・地理教育．特に，水産物の流通・消費構造，地域の食文化・食生活に注目．著書に，『魚食と日本人』（古今書院）など．

〈金沢大学人間社会研究叢書〉
ローカルな伝統食の消費, 認識, その変容
北陸・魚食の「見える化」事例から

令和6年12月25日　発　行

著作者　　林　　紀　代　美

発行者　　池　田　和　博

発行所　　丸善出版株式会社
〒101-0051　東京都千代田区神田神保町二丁目17番
編集：電話(03)3512-3264／FAX(03)3512-3272
営業：電話(03)3512-3256／FAX(03)3512-3270
https://www.maruzen-publishing.co.jp

© Kiyomi Hayashi, 2024

組版印刷・創栄図書印刷株式会社／製本・株式会社 松岳社

ISBN 978-4-621-31065-6　C 3025　　　　　Printed in Japan